BARBER

이용사 필기·실기

202X

백태윤
- 남성컷트 부평역점 원장, 인천부평이미용학원 / 이용강사

노환국
- 이용장, 시내코스 평생교육원 / 이미용 강사

박철희
- 보닛바버 원장, 파주아뜰리에뷰티아카데미 / 이미용강사

※ 협찬사 : 천혜인

이용사 필기·실기

초 판 발 행	2019년 3월 4일
초판2쇄발행	2021년 1월 5일
개정1판발행	2022년 1월 25일
개정2판발행	2025년 2월 25일

저 자	백태윤·노환국·박철희
발 행 인	조규백
발 행 처	도서출판 구민사
	(07293) 서울시 영등포구 문래북로 116, 604호(문래동 3가 46, 트리플렉스)
전 화	(02) 701-7421
팩 스	(02) 3273-6942
홈 페 이 지	www.kuhminsa.co.kr
신 고 번 호	제 2012-000055호(1980년 2월 4일)
I S B N	979-11-6875-501-7 (13590)
정 가	29,000원

이 책은 구민사가 저작권자와 계약하여 발행했습니다.
본사의 서면 허락 없이는 어떠한 형태나 수단으로도 이 책의 내용을 이용할 수 없음을 알려드립니다.

BARBER

이용사 필기

202X

구민사

Introduction

이 책의 특성 및 구성

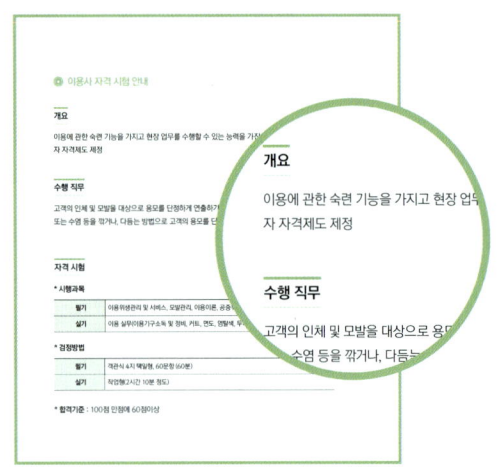

최신 출제 기준에 의거한 편집

한국산업인력공단 출제 기준의 세부항목과 세세항목에 의거하여 내용을 편집하였습니다.

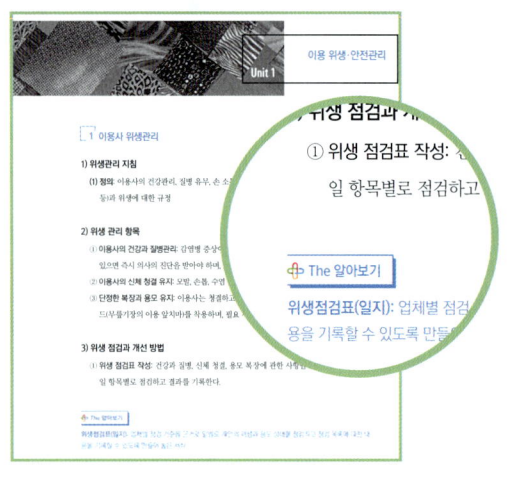

핵심이론의 정리

알아보기 쉽게 표를 통해 핵심 내용을 요약하였고, 추가적인 설명은 The 알아보기로 깔끔하게 정리하였습니다.

NCS를 기반으로 최신 변경사항이 반영된 필기 출제기준을 적용하였습니다.

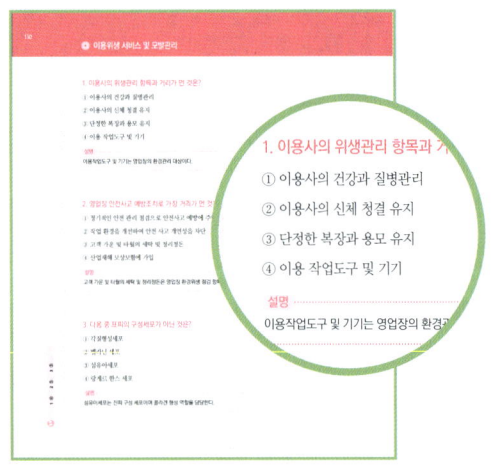

단원별 기출 문제와 친절한 설명

단원별 기출문제를 통해 핵심이론 학습과 실전문제 풀이를 병행할 수 있도록 하였습니다.

이용사 자격 시험 안내

개요

이용에 관한 숙련 기능을 가지고 현장 업무를 수행할 수 있는 능력을 가진 전문기능인력을 양성하고자 자격제도 제정

수행 직무

고객의 인체 및 모발을 대상으로 용모를 단정하게 연출하기 위하여 이용기술을 활용하여 머리카락 또는 수염 등을 깎거나, 다듬는 방법으로 고객의 용모를 단정하게 하는 직무를 수행

자격 시험

* 시행과목

필기	이용위생관리 및 서비스, 모발관리, 이용이론, 공중위생관리
실기	이용 실무(이용기구소독 및 정비, 커트, 면도, 염탈색, 두피스케일링 및 샴푸, 정발, 아이론펌)

* 검정방법

필기	객관식 4지 택일형, 60문항 (60분)
실기	작업형(2시간 10분 정도)

* 합격기준 : 100점 만점에 60점이상

이용사 실기 시험 안내

과제	단발형(하상고)		단발형(중상고)		짧은 단발형(둥근형)	
1과제	이용 기구 소독 및 정비	5분	이용기구소독 및 정비	5분	이용기구소독 및 정비	5분
2과제	하상고 커트	30분	중상고 커트	30분	둥근형 스포츠 커트	30분
3과제	면도	15분	면도	15분	면도	15분
4과제	탈색	35분	염색	35분	염색	30분
5과제	샴푸 트리트먼트	10분	샴푸 트리트먼트	10분	두피 스케일링 및 샴푸 트리트먼트	20분
6과제	정발	15분	정발	15분	아이론 펌	20분
7과제	아이론 펌	20분	아이론 펌	20분	-	
시험시간		130분		130분		120분

이용사 필기 시험 안내

직무분야	이용·숙박·여행 오락·스포츠	중직무분야	이용.미용	자격종목	이용사	적용기간	2022.01.01 ~2026.12.31

- **직무내용** : 이용기술을 활용하여 머리카락·수염 깎기 및 다듬기, 염·탈색, 아이론, 가발, 정발 등을 통해 고객의 용모를 단정하게 연출하는 직무이다.

필기검정방법	객관식	문제수	60	시험시간	1시간

필기과목명	문제수	주요항목	세부항목
이용 및 모발관리	60	1. 이용 위생·안전관리	1. 이용사 위생관리
			2. 영업장 위생관리
			3. 영업장 안전사고 예방 및 대처
			4. 피부의 이해
			5. 화장품 분류

필기과목명	문제수	주요항목	세부항목
이용 및 모발관리	60	2. 이용 고객서비스	1. 고객 응대
			2. 고객 상담
			3. 고객 관리
		3. 모발관리	1. 모발진단
			2. 모발의 물리적 손상 처치
			3. 모발의 화학적 손상 처치
		4. 기초 이발	1. 이용 역사
			2. 기본 도구 사용
			3. 기본 이발 작업
		5. 이발 디자인의 종류	1. 장발형 이발
			2. 중발형 이발
			3. 단발형 이발
			4. 짧은 단발형 이발
		6. 기본 면도	1. 기본 면도 기초지식 파악
			2. 기본 면도 작업
			3. 기본 면도 마무리
		7. 기본 염·탈색	1. 염·탈색 준비
			2. 염·탈색 작업
			3. 염·탈색 마무리
		8. 샴푸·트리트먼트	1. 샴푸 트리트먼트 준비
			2. 샴푸·트리트먼트 작업
			3. 샴푸 트리트먼트 마무리
		9. 스캘프 케어	1. 스캘프 케어 준비
			2. 진단·분류
			3. 스캘프 케어
			4. 사후 관리
		10. 기본 아이론 펌	1. 기본 아이론 펌 준비
			2. 기본 아이론 펌 작업
			3. 기본 아이론 펌 마무리
		11. 기본 정발	1. 기초 지식 파악
			2. 기본 정발 작업
			3. 마무리 작업 및 정리 정돈
		12. 패션 가발	1. 패션 가발 상담
			2. 패션 가발 작업
			3. 패션 가발 관리
		13. 공중위생관리	1. 공중보건
			2. 소독
			3. 공중위생관리법규(법, 시행령, 시행규칙)

Contents

SECTION 1. 이용사 필기

Chapter 01 — 이용위생 서비스 및 모발관리

Unit 01	이용 위생·안전관리	14
Unit 02	이용고객 서비스	37
Unit 03	모발관리	42

Chapter 02 — 이용이론

Unit 04	기초 이발	52
Unit 05	이발 디자인의 종류	63
Unit 06	기본면도	66
Unit 07	기본 염·탈색	70
Unit 08	샴푸·트리트먼트	73
Unit 09	스켈프 케어	76
Unit 10	기본 아이론 펌	81
Unit 11	기본 정발	86
Unit 12	맞춤 가발	89

Contents

SECTION 1. 이용사 필기

Chapter 03 공중위생관리

Unit 13	공중 보건	94
Unit 14	소독	106
Unit 15	공중위생관리법규(법, 시행령, 시행규칙)	114

Chapter 04 핵심 기출(복원)문제

| Unit 16 | 핵심 기출(복원)문제 | 130 |
| Unit 17 | 모의고사 | 168 |

01

이용위생 서비스 및 모발관리

Unit 01 • 이용 위생·안전관리

Unit 02 • 이용 고객 서비스

Unit 03 • 모발관리

이용 위생·안전관리

Unit 1

1 이용사 위생관리

1) 위생관리 지침
(1) 정의: 이용사의 건강관리, 질병 유무, 손 소독 및 신체적 청결(모발, 손톱, 수염, 체취, 구취 등)과 위생에 대한 규정

2) 위생 관리 항목
① **이용사의 건강과 질병관리**: 감염병 증상이 의심되거나 위생에 영향을 미칠 수 있는 질환이 있으면 즉시 의사의 진단을 받아야 하며, 연 1회 이상 건강검진을 통해 건강관리를 한다.
② **이용사의 신체 청결 유지**: 모발, 손톱, 수염 및 구취 관리를 통해 청결을 유지한다.
③ **단정한 복장과 용모 유지**: 이용사는 청결하고 단정한 복장(유니폼)을 원칙으로 하고 타바드(무릎기장의 이용 앞치마)를 착용하며, 필요 시 토시를 사용한다.

3) 위생 점검과 개선 방법
① **위생 점검표 작성**: 건강과 질병, 신체 청결, 용모 복장에 관한 사항을 점검표를 만들어 매일 항목별로 점검하고 결과를 기록한다.

🔷 The 알아보기

위생점검표(일지): 업체별 점검 기준을 근거로 일별로 개인의 위생과 용모 상태를 점검하고 점검 목록에 대한 내용을 기록할 수 있도록 만들어 놓은 서식

② **피드백과 개선 조치:** 점검표를 통해 개선 조치 유무를 분석하여 지속적인 이용사 위생을 관리 유지한다.

2 영업장 위생관리

1) 영업장 환경위생

(1) **환경위생의 정의:** 인간의 신체발육, 건강과 생존에 유해한 영향을 미치거나 미칠 가능성이 있는 인간 생활 환경에서의 모든 요인을 통제하는 것 (WHO, 세계 보건기구)

(2) **환경위생 관리의 필요성:** 이용 영업장의 작업 도구와 시설 및 설비는 이용사와 고객 모두의 위생과 안전에 직결되는 사항이므로 위생관리를 철저히 하여야 한다.

(3) **이용 영업장의 환경 관리 대상:** 작업도구와 기기, 시설과 설비
① **작업도구:** 가위, 빗, 핀셋, 브러시, 펌 로드, 핀셋 등
② **기기:** 클리퍼, 아이론, 드라이기, 자외선 소독기 등

> ✚ The 알아보기
>
> **작업기기:** 기구(수납장, 샴푸대, 작업대)와 기계(클리퍼, 아이론 등)를 포함하여 작업기기로 통칭하기도 한다.

③ **내부 시설:** 작업장, 고객 대기 공간, 제품 진열대, 샴푸대, 화장실 등
④ **외부 시설:** 계단, 외관 벽면, 간판, 입간판, 현수막 등
⑤ **설비:** 환기, 조명, 급 배수, 음향, 소방 및 전기 설비 등

2) 영업장 위생 점검 항목
① 청소 점검표에 따라 영업장 내 외부 청소 시행
② 영업장 주요 시설 설비의 정리 정돈

③ 고객 가운 및 타월의 세탁 및 정리정돈

④ 이용 도구의 살균과 소독

⑤ 영업장 쓰레기 분리 배출 및 정리

3 영업장 안전 사고 예방 및 대처

1) 영업장 안전사고

(1) 안전사고의 정의: 안전 위험이 발생할 수 있는 장소에서 안전교육의 미비, 안전 수칙 위반, 부주의 등으로 발생하는 사람 또는 재산 피해를 주는 사고를 의미

(2) 영업장 안전사고의 종류

① 작업장 바닥에 미끄러짐, 넘어짐 사고

② 가위나 클리퍼로 인한 상처 및 출혈

③ 아이론, 드라이기 등으로 인한 화상

④ 누전이나 절연 불량의 전기기기 사용으로 인한 감전 사고

⑤ 화재 사고

⑥ 낙상이나 추락으로 인한 사고

2) 안전사고 예방 및 대처

(1) 영업장 안전 사고 예방

① 작업자의 기구 사용과 사용방법의 훈련을 통하여 안전 사고 예방

② 안전 사고 발생시 빠른 응급처치로 추가적인 사고로의 진행을 차단

③ 주기적인 안전 점검을 통해 안전사고 대비

④ 불의의 사고 발생 시 잘못을 인정하고 배상 책임 조치에 최선

(2) 안전사고 응급처치

영업장에서 출혈, 화상, 낙상 사고에 대비하여 소독약, 탈지면, 거즈, 반창고, 압박붕대 및 지혈제, 진통제, 화상 연고 등의 구급약과 응급 구급함을 구비하여 안전사고에 따른 신속한 응급처치를 한다

(3) 화재 대피 및 소화기 사용 행동요령을 숙지

① 화재 대피 모의 훈련을 실시
② 소화기 사용 모의 훈련을 실시

(4) 안전사고 예방 대책

① 정기적인 안전 관리 점검으로 안전사고 예방에 주력
② 작업 환경을 개선하여 안전 사고 개연성을 차단
③ 기구나 기기의 사용방법을 충분히 숙지하여 안전사고 예방
④ 산업재해 보상보험에 가입
⑤ 정기적인 안전 보건 교육 실시
⑥ 발생된 사고에 대해서는 기록을 남겨 보관

4 피부의 이해

1) 피부의 구조와 기능

① 피부는 인체에서 가장 넓은 부위를 차지하고 있는 복합 조직층이다.
② **피부의 구성**: 표피, 진피, 피하 조직으로 구성되어 있다.
③ 피부의 기능

보호기능	외부자극 (각종 세균, 미생물, 자외선 등)에 대한 보호
체온조절 기능	혈관확장과 수축으로 열과 땀 분비를 하여 체온 조절
분비 및 배설 작용	피지와 땀으로 각종 노폐물을 피부 표면으로 배출

감각 작용	통각, 촉각, 냉각, 압각, 온각 (통각이 가장 넓게 분포)
호흡 작용	산소 흡수, 이산화탄소를 방출

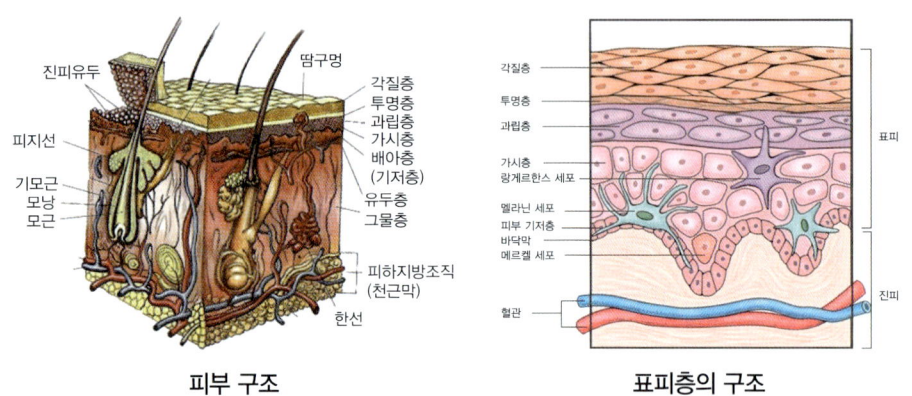

피부 구조 　　　　　 표피층의 구조

(1) 표피

표피는 피부의 표면층으로 세균, 유해물질 자외선으로부터 피부를 보호한다.

① 표피의 구조

각질층	• 표피의 최상층으로 외부자극으로부터 피부보호 및 이물질 침투 방지 • 죽은 세포로서 각질이 되어 탈락(박리현상) 하는 층 • 각질층 주성분: 케라틴, 천연보습인자, 지질로 구성 • 라멜라(널판지 모양의 결정) 구조로 결합 • 각화주기: 기저층에서 생성되어 각질층까지 올라와 박리될 때까지 기간(약 28일 소요) • 천연보습인자가 존재하며 각질층의 수분량을 결정
투명층	• 손 발바닥에 존재하는 투명막, 유핵층 • 엘라이딘(Elaidin)이라는 반유동성 물질 함유
과립층	• 각질화 준비 단계, 유핵세포와 무핵세포 공존 • 수분저지막(Rein Membrane)존재로 수분 증발을 막아주고 외부로부터 피부를 보호
유극층	• 표피에서 가장 두꺼운 층, 무핵층 • 영양공급과 면역기능(랑게르한스 세포) 담당
기저층	• 표피의 가장 아래층에 위치, 무핵층 • 기저세포(각질형성세포), 멜라닌세포, 머켈세포 존재 • 모세혈관을 통해 영양을 공급받아 새로운 세포 생성

② 표피의 구성 세포

각질형성세포	표피의 주요 구성성분, 피부의 각질(케라틴)을 만들어 내는 세포
멜라닌 세포	기저층에 위치, 색소세포로서 자외선으로부터 피부 보호
랑게르한스 세포	유극층에 위치, 피부 면역 반응에 관여
머켈세포	기저층에 위치, 촉각세포로서 촉감을 감지

➕ The 알아보기

표피의 각화현상: 표피의 기저층에서 발생된 각질형성세포가 기저층-유극층-과립층-투명층-각질층으로 이동되어 각질로 탈락되는 현상이며 약 28일(4주)가 소요된다.

(2) 진피

진피는 표피와 피하지방층 사이에 위치하고 유두층과 망상층으로 구성되어 있다.

① 진피의 구조 및 구성성분

유두층	• 진피의 상단부분 • 모세혈관, 림프관, 신경이 분포됨 • 혈관을 통해 기저층에 영양공급, 림프관으로 표피의 노폐물을 배설
망상층	• 유두층 아래에 위치하고 있으며, 망상구조의 결합조직 • 교원섬유(콜라겐섬유), 탄력섬유(엘라스틴섬유), 기질(무코다당류)로 구성 　ⓐ 콜라겐섬유: 피부에 탄력성과 장력 제공, 보습작용 　ⓑ 엘라스틴섬유: 피부 탄력성 유지 　ⓒ 무코다당류: 세포와 섬유성분 사이를 채우고 있는 물질

② 진피의 구성 세포

섬유아세포(fibroblast)	콜라겐, 엘라스틴, 기질을 합성하는 역할 (결합조직 세포라고도 함)
대식세포(Macrophage)	면역 담당 세포
비만세포(Mast Cell)	알레르기 반응을 일으키는 세포

2) 피부 부속기관

피부 부속기관에는 한선, 피지선, 모발, 손발톱이 있다.

(1) 한선 (땀샘)

소한선(에크린선)	• 입술, 생식기, 손발톱을 제외한 전신에 분포 (손발바닥, 이마에 많이 분포) • 체온 조절 및 노폐물 배출 역할 • 무색 무취의 맑은 액체를 분비
대한선(아포크린선)	• 귀, 겨드랑이, 배꼽주위, 성기주변 등 특정부위에 존재 • 공기에 산화되어 특유의 냄새 발생(액취증) • 남성보다 여성이 발달 (흑인〉백인〉동양인)

(2) 피지선 (기름샘)

① 피지선은 진피의 망상층에 위치
② 손바닥과 발바닥을 제외한 전신에 분포
③ 수분 증발 억제 작용과 모발의 윤기와 광택 유지 효과
④ 피부의 PH를 약산성으로 유지시켜 세균 및 이물질 침투를 방지

 **The 알아보기**

1일 분비하는 피지 분비량: 1~2g

3) 손발톱

(1) 손발톱의 개요

① 표피의 각질층과 투명층이 변형된 반투명 각질판
② **손발톱의 구성:** 케라틴 (섬유단백질), 탄소, 산소, 질소 황, 수소등으로 구성
③ **손발톱의 성장 속도:** 0.1 ~0.15 ㎜ (1일), 3㎜ (30일)

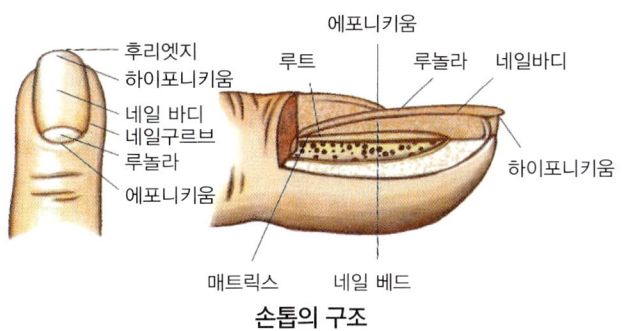

손톱의 구조

(2) 손발톱의 구조와 기능

조체(네일바디)	손톱의 몸체, 보호작용을 하는 각질세포
조근(네일 루트)	손톱 아래의 부드러운 부분, 네일의 성장이 시작되는 곳
자유연(프리에지)	손톱 끝
조상(네일베드)	네일 바디를 받치고 있는 밑부분, 신진대사와 수분공급
조모(네일 메트릭스)	네일 루트 밑에 위치 네일의 생산과 성장에 관여
반원(루놀라)	반달모양의 손톱 아래 부분

(3) 피부 유형 분석

피부타입	특징	관리방법
정상피부	• 가장 이상적인 피부로 수분과 피지 분비량이 적당한 피부 • 피부결이 부드럽고 탄력이 있는 피부 • 화장이 잘 지워지지 않으며 적당한 모공을 가진 피부	유·수분을 적절하게 관리하도록 노력.
건성 피부	• 유분과 수분 함량이 부족하여 피부 탄력저하가 발생한 피부 • 피부결이 얇아지고 색소침착, 주름이 쉽게 생긴다	충분한 유분과 수분이 함유된 화장품 사용
지성 피부	• 모공이 넓고, 피부가 두꺼우며 피지 분비가 많은 피부 • 여드름과 뽀루지가 생기기 쉽고 블랙헤드가 쉽게 생긴다	피지제거와 세정을 주기적으로 진행
복합성 피부	• 2가지 이상의 피부타입이 공존하는 피부 • T 존 부위는 피지분비가 많고, U 존 부위는 건성인 피부	각각 부위별로 차별적 관리

피부타입	특징	관리방법
민감성 피부	• 모세혈관이 확장되어 실핏줄이 드러나 있고, 홍반, 색소 침착 등이 발생되는 피부 • 외부 환경이나 화장품에 쉽게 반응	무 알코올 계통 저자극성 화장품 사용
노화 피부	• 노화 현상으로 피부 탄력성이 저하, 주름이 발생되는 피부 • 표피와 각질층이 두꺼워지며, 세안 후 당김 현상이 많은 피부	피부 재생과 영양공급을 주 목적으로 관리

4) 피부와 영양

(1) 3대영양소, 비타민, 무기질

① 영양소의 구성

3대 영양소	탄수화물, 단백질, 지방
5대 영양소	탄수화물, 단백질, 지방, 비타민, 무기질
6대 영양소	탄수화물, 단백질, 지방, 비타민, 무기질, 물
7대 영양소	탄수화물, 단백질, 지방, 비타민, 무기질, 물, 식이 섬유

🔷 The 알아보기

영양소: 음식물 속에 들어 있는 에너지원이나 몸의 구성 성분이 되는 물질

② 영양소의 기능

	작용	종류
열량 영양소	에너지 보급, 신체의 체온 유지	탄수화물, 단백질, 지방
구성 영양소	신체조직의 형성과 보수, 혈액 및 골격을 형성	단백질, 무기질, 물
조절 영양소	생리기능의 조절 보조 작용	비타민 무기질, 물

(2) 피부와 영양

① 3대 영양소와 피부

탄수화물	① 기능: 에너지 공급 (1g 당 4 kcal의 에너지 생산), 혈당유지 ② 종류: 단당류(포도당, 과당), 이당류(맥아당), 다당류(전분, 글리코겐) 등 ③ 피부의 영향 　- 피부세포에 활력, 보습효과, 체온조절 및 피로회복에 도움을 줌 　- 과잉 섭취 시 피지 분비량 증가, 피부염기
단백질	① 기능: 에너지 공급 (1g 당 4 kcal의 에너지 생산), PH 조절, 면역세포와 항체 형성 역할 ② 종류: 필수 아미노산 10종 (식품을 통해서만 섭취 가능) ③ 피부의 영향 　- 손톱과 발톱을 건강하게 유지피부 건조 방지, 피부 재생에 도움을 줌 　- 과잉 섭취 시 수분 부족
지방	① 기능: 에너지 공급 (1g 당 9 kcal의 에너지 생산), 체온유지, 신체장기보호 ② 종류: 포화지방산, 불포화지방산, 중성지방 등 ③ 피부의 영향 　- 피부 건조 방지, 피부 재생에 도움을 줌 　- 과잉 섭취 시 피부 탄력성 및 보습력이 저하됨 　　(콜레스테롤이 혈관벽에 쌓여 영양 및 과 산소 공급 저하 현상 발생)

② 비타민, 무기질과 피부

비타민	① 기능: 생리대사의 보조역활, 세포의 성장 촉진, 신경 안정 ② 종류: 지용성 비타민(A, D, E, K), 수용성 비타민 (B_1, B_2, B_{12}, C) ③ 피부의 영향 　- 피부재생촉진 (A), 피부 면역성 향상(K), 콜라겐 형성(C), 피부병 치료에 도움(P) 등
무기질	① 기능: 효소와 호르몬의 주성분, 근육의 탄력성 유지 ② 종류: 칼슘, 인, 마그네슘, 나트륨, 칼륨, 황, 아연, 구리, 요오드, 크롬, 코발트 등 ③ 피부의 영향 　- 피부신진대사 촉진(칼슘), 산소와 영양소를 피부에 운반(철), 수분조절 (칼륨) 등 　- 과잉 섭취 시 부종, 고혈압 등

✚ The 알아보기

비타민의 기능과 특성
㉠ 지용성 비타민

종류	기능	결핍 시 증상	함유 식품
비타민 A	피부재생, 노화방지	야맹증, 피부건조증	녹황색 채소, 해조류, 토마토, 계란
비타민 D	뼈의 발육 촉진	구루병, 피부 건선	우유, 버섯, 계란
비타민 E	황산화 기능, 노화지연	빈혈, 피부노화	푸른 야채, 식물성 기름
비타민 K	혈액응고 관여, 모세혈관강화	혈액응고 지연,	녹황색 채소, 우유, 간

㉡ 수용성 비타민

종류	기능	결핍 시 증상	함유 식품
비타민 B1	피부면역 증진	각기병, 여드름	돼지고기, 콩류
비타민 B2	보습과 성장 촉진	구순염, 습진	우유, 치즈
비타민 B12	혈액생산, 세포재생	빈혈, 피부염	우유, 소고기, 계란
비타민 C	노화예방, 피부탄력유지	괴혈병, 색소 침착	감귤, 녹황 채소

5) 피부와 광선

(1) 자외선이 미치는 영향

① **자외선의 의미**: 태양광의 스펙트럼을 사진으로 찍었을 때, 가시광선보다 짧은 파장 (200~400nm)으로 눈에 보이지 않는 빛

② 종류

종류	파장	기능 및 역할
UV-A	320~400nm(장파장)	진피층까지 침투, 색소침착, 광노화 발생
UV-B	290~320nm(중파장)	표피의 기저층까지 도달, 홍반 수포 주근깨 유발
UV-C	200~290nm(단파장)	대기 오존층에서 흡수됨, 오존층 파괴 시 피부에 노출되면 피부암

③ **자외선 효과**
- **긍정**: 살균 및 소독, 비타민 D 형성, 혈액순환 촉진
- **부정**: 일광화상, 색소침착, 홍반 반응, 일광화상, 광노화현상, 광과민(일광알레르기) 등

🔹 The 알아보기

광노화 현상: 자외선에 과다 노출될 경우 피부를 보호하기 위해 기저층의 각질형성 세포증식이 빨라져 피부가 두꺼워지는 현상

(2) 적외선이 미치는 영향

① **역할**: 인체의 별다른 영향 없이 피부 깊숙하게 침투하여 체온을 상승키는 열선 역할

② **종류**

근적외선	진피에 침투, 소독과 멸균, 근육치료에 이용
원적외선	표피 전 층 침투, 진정효과, 탈취효과

③ **적외선의 효과**: 혈액순환 및 신진대사 촉진, 통증완화, 진정효과, 근육이완과 수축

6) 피부 면역

(1) 면역의 정의
외부의 미생물(세균, 바이러스)이나 화학물질로부터 생체를 방어하는 기능으로서 특정 병원체나 독소에 대한 저항력을 가지는 상태

(2) 면역의 종류와 작용

① **선천적 면역**: 태어날 때부터 가지고 있는 면역체계로 인종, 종족에 따른 차이가 있다.

② **후천적 면역**: 후천적으로 형성된 면역

능동면역	자연 능동면역	전염병 감염에 의해 형성된 면역
	인공 능동면역	예방접종의 결과로 획득된 면역
수동면역	자연 수동면역	모체로부터 생성된 면역
	인공 수동면역	면역 혈청주사에 의해 획득된 면역

(3) 면역 반응(면역 메커니즘)

B 림프구	특정항원에만 반응하는 체액성 면역(항체 형성하여 면역 역할 수행)
T 림프구	직접 항원을 파괴하는 세포성 면역, 피부 및 장기 이식 시 거부반응에 관여

7) 피부노화

(1) 피부 노화의 원인
① **노화의 정의:** 나이에 들어가면서 신체의 전반적인 활력이 떨어지고, 모든 생리적인 기능이 저하되는 과정을 말한다.

(2) 피부 노화현상

내인성 노화 (생리적노화)	나이에 따른 과정성 노화	• 표피와 진피가 얇아짐 • 피부가 건조해주고 잔주름 증가 • 면역(랑게르한스 세포 감소), 신진대사 기능 저하 • 색소 침착
광노화 (환경적 노화 현상)	생활여건 외부환경 노출로 일어나는 노화 현상	• 각질층이 두꺼워짐, 주근깨, 색소 침착 • 면역성 감소 (랑게르한스 세포수 감소) • 과도한 색소 침착

8) 피부장애와 질환

(1) 피부장애
① **원발진:** 피부질환 형태의 초기 증상

반점	피부 표면의 피부 색조 변화 (기미 주근깨)
반	반점보다 넓은 피부 색조 변화
구진	직경 1cm 미만의 단단한 피부 융기물
결절	1cm 이상의 단단한
종양	2cm이상의 피부 융기물

팽진	일시적 부종으로 가려움증을 동반한 발진 현상 (모기 물렸을 때)
소수포	액체나 피가 고인 피부 융기물 (화상 상처)
농포	고름이 생긴 형태 (여드름)

② 속발진: 2차적 피부 질환

미란	표피가 벗겨진 증상
찰상	긁어서 생기는 표피의 결손
인설	각질이 떨어져 나가는 현상
가피	고름 등이 표피에 말라붙은 것
태선화	표피 등이 건조화 되면서 가죽처럼 두꺼워지는 현상
반흔	일반적인 상처나 흉터를 의미함

(2) 피부질환

① 색소 이상 증상

    ㉠ **과색소 침착**: 멜라닌 색소 증가로 나타나며 기미, 주근깨, 몽고반점 등이 있다

    ㉡ **저색소 침착**: 멜라닌 색소 감소로 나타나며, 백색증과 백반증이 있다

② 습진에 의한 피부질환

    ㉠ **접촉성 피부염**: 외부환경 및 대상에 접촉되어 발생되는 피부염

    ㉡ **지루성 피부염**: 과다한 피지 분비로 머리 얼굴 가슴 등에 발생하는 염증성 피부염

    ㉢ **아토피성 피부염**: 유전적, 환경적 요인으로 인해 발생되는 만성 습진

③ 감염성 피부질환(바이러스성)

단순포진	입술 주위에 생기는 급성 수포성 질환
대상포진	수두 바이러스가 원인이 되어 발생되고 심한 통증을 동반
수두	소아에게 발생되는 피부 전염성 수포 질환으로 흉터를 남김
홍역	소아에게 발생되는 급성 발진성 질환

④ 열에 의한 피부질환

㉠ 화상

1도 화상	피부가 붉게 변하고 국소 열감과 통증 수반
2도 화상	진피 층까지 손상되어 수포 발생
3도 화상	피부의 전층 및 신경 손상까지 동반한 상태
4도 화상	피부의 전층, 근육, 신경, 뼈, 조직까지 손상된 상태

㉡ 땀띠(한진): 과도한 땀이나 자극으로 인해 피부에 생기는 붉은색의 작은 수포성 발진

⑤ 기타 피부질환

비립종	눈 아래 모공과 땀구멍에서 발생
하지정맥류	정맥과 혈관이 비정상적으로 확장되고 신전되거나 비틀려서 피부 밖으로 돌출되어 보이는 현상
주사	혈관 흐름이 원활하지 않아서 발생하며 코 주위에 붉게 나타나는 현상
여드름	피지의 과다 분비나 각질이 모공을 막으면서 발생

5 화장품 분류

1) 화장품 기초

(1) 화장품의 정의

① 인체를 청결, 미화하여 매력을 더하고 용모를 밝게 변화시키거나

② 피부·모발의 건강을 유지 또는 증진하기 위하여 인체에 바르고 뿌리는 등의 방법으로 사용되는 물품으로서

③ 인체에 대한 작용이 경미한 것을 말한다. (화장품법)

④ 또한 의약품에 해당하는 물품은 제외한다. (약사법)

(2) 화장품, 의약부외품, 의약품의 구분

구분	대상	사용 목적	기간	부작용	비고
화장품	정상인	청결, 미화	장기	없어야 함	스킨, 로션, 크림 등
의약부외품	정상인	위생, 미화	장기	없어야 함	탈모제, 염모제 등
의약품	환자	질병의 진단 및 치료	단기	있을 수도 있음	항생제, 스테로이드 연고 등

(3) 화장품의 분류

사용 목적과 대상 따른 분류	기초 화장품, 메이크업 화장품, 방향 화장품, 바디 화장품,
허가규정에 른 분류	일반 화장품, 기능성 화장품,
대상에 따른 분류	여성용 화장품, 남성용 화장품, 어린이용 화장품, 유아용, 공용화장품 등

2) 화장품 제조

(1) 화장품의 원료

화장품은 수성원료, 유성원료, 계면 활성제, 보습제, 방부제, 색소, 기타 성분으로 구성된다.

① **수성 원료:** 정제수(물), 에틸 알코올(에탄올),

② **유성 원료:** 오일과 왁스로 구분

③ **계면활성제:** 물에 녹기 쉬운 친수성 성분과 기름에 녹기 쉬운 친유성 성분을 함께 가지고 있는 물질로 양이온성, 음이온성, 비이온성, 양쪽성 계면활성제로 구분된다.

양이온성	살균 소독 작용 우수	헤어 린스, 헤어 트리트먼트 등
음이온성	세정작용, 기포형성 작용 우수	비누, 샴푸, 클렌징 폼
비이온성	피부자극이 적어 기초화장품에 사용	화장수의 가용화제, 크림의 유화제
양쪽성	세정작용, 피부자극이 적음	베이비 샴푸, 저 자극 샴푸

🔷 The 알아보기

계면활성제의 순서: 음 이온성 〉 양쪽 이온성 〉 양 이온성 〉 비 이온성

④ **보습제**: 피부의 건조함을 방지하는 역할

천연보습인자(NMF)	아미노산 (40%), 젖산(12%), 요소(7%), 지방산 등
고분자 보습제	가수분해 콜라겐, 히아루론산염 등
폴리올계	글리세린, 프로필렌글리콜 등

⑤ **방부제**: 화장품의 변질 방지 및 살균 작용으로 파라벤, 이미다졸리디닐우레아, 파라옥시안식향산메틸, 파라옥시안식향산 프로필 등이 있다.

⑥ **색소**: 채색 및 자외선 차단의 역할로 염료와 안료로 구분된다.

| 염료 | 화장품의 색상효과 | 물이나 오일에 잘 녹으며, 수용성 염료와 유용성 염료가 있음 |
| 안료 | 빛 반사 및 차단의 역할 | 물이나 오일에 녹지 않으며, 유기안료와 무기안료가 있음 |

(2) 화장품의 제조 기술

화장품은 분산공정, 유화공정, 가용화 공정, 혼합공정, 분쇄공정을 거쳐 제조된다.

① **분산 (Dispersion)**

　㉠ 물 또는 오일에 미세한 고체 입자가 계면활성제에 의해 균일하게 혼합하는 기술
　㉡ **분산기술을 활용한 화장품**: 립스틱, 마스카라, 아이섀도, 아이라이너, 파운데이션

② **유화 (Emulsion)**

　㉠ 물에 오일 성분이 계면활성제에 의해 우유 빛 상태로 섞여 있는 상태의 제품
　㉡ **유화형태의 화장품**: 크림과 로션

◈ The 알아보기

| O/W (Oil in Water) | 물(W)에 오일(O)이 분산되어 있는 형태 (수중유 유화) | 로션 |
| W/O (Water in Oil) | 오일(O)에 물(W)이 분산되어 있는 형태 (유중수 유화) | 영양크림, 클렌징크림 |

③ 가용화 (Solubilization)
  ㉠ 계면활성제 성분에 의해 물에 소량의 오일 성분이 투명하게 용해되어 있는 상태의 제품
  ㉡ **가용화 현상을 이용한 화장품**: 화장수, 투명 에멀전, 에선스, 립 스틱, 네일에나멜, 향수, 헤어 토닉

(3) 화장품의 특성

① 화장품 품질의 4대 특성
  ㉠ **안전성**: 피부에 자극, 독성, 알러지 반응이 없어야 한다.
  ㉡ **안정성**: 보관 시 변질, 변색, 변취 및 미생물 오염이 없어야 한다
  ㉢ **사용성**: 피부에 잘 스며들고 부드러우며 촉촉해야 한다.
  ㉣ **유효성**: 적절한 보습, 노화 억제, 미백효과, 주름방지, 세정, 색채효과 등을 부여할 수 있어야 한다.

② 화장품 용기 기재 사항
  ㉠ 화장품의 명칭
  ㉡ 제조업자 및 제조판매업자의 상호 및 주소
  ㉢ 내용물의 용량 또는 중량.
  ㉣ 제조번호
  ㉤ 사용기간 또는 개봉 후 사용기간
  ㉥ 가격 및 주의 사항

3) 화장품의 종류와 기능

(1) 화장품의 분류

기초 화장품	세안용 화장품, 피부 정돈 화장품, 피부 보호 화장품
메이크업 화장품	베이스 메이크업, 포인트 메이크업 화장품
모발 화장품	세정용, 정발용, 트리트먼트, 염모제, 탈색제, 퍼머넌트제 등

바디관리 화장품	세정제, 트리트먼트, 각질 제거, 체취 방지 제품 등
네일 화장품	리무버, 큐티클 오일, 네일 에나멜 등
방향 화장품 (향수)	퍼퓸, 오데퍼퓸, 오데토일렛, 등
에센셜(아로마) 및 캐리어 오일	에센셜 오일, 케리어 오일
기능성 화장품	미백, 주름개선, 자외선 차단, 썬텐, 탈색, 탈염, 제모, 여드름 및 아토피 케어 화장품 외

① **기초화장품**: 피부 세정, 정돈 및 보호를 위해 사용하는 기초적인 화장품

피부 세정	피부의 노폐물 및 화장품의 잔여물 제거	클렌징 (크림, 로션, 오일, 젤, 폼, 워터)
피부 정돈	피부에 수분공급, PH 조절, 피부 진정	화장수(Skin), 스킨로션, 스킨 토너, 토닝 로션 등
피부 보호	피부에 수분과 영양 공급	로션, 크림, 에센스

② **메이크업화장품**: 피부에 색조효과를 부여하고 음영효과를 주어 입체감 연출을 위해 사용하는 화장품.

㉠ 베이스 메이크업

메이크업 베이스 (Make-up Base)	피부톤을 정돈하고 화장의 지속성을 높여주는 역할	다양한 색상이 있음
파운데이션 (Foundation)	베이스 컬러, 얼굴색의 변화와 피부의 결점을 보완	리퀴드, 크림, 압축고형 파우더
파우더 (Powder)	색조효과 부여, 피부가 번들거리는 것을 감추어 주는 역할	콤펙트 파우더, 루스 파우더

㉡ 포인트 메이크업 화장품

아이섀도 (Eye Shadow)	눈과 눈썹 부위에 색채와 음영 효과
마스카라 (Mascara)	속눈썹을 길게 연출하고, 눈매를 아름답게 표현
아이브로우 (Eyebrow)	비어 있는 눈썹을 채워 주고, 눈썹 모양을 연출
아이라이너(Eye liner)	눈매 수정, 뚜렷한 눈매 연출

립스틱 (Lipstic)	입술에 색채와 광택 부여, 수분 증발 방지 효과
블러셔 (Blusher)	볼에 도포하여 음영과 윤곽을 주어 입체감 연출

③ **모발화장품**: 모발을 청결히 유지하고 모발의 스타일을 연출하기 위하여 사용하는 화장품의 통칭

세발용	모발 및 두피를 청결하게 관리하는 목적	샴푸, 린스
정발용	보습효과 및 헤어 스타일링 유지 목적	헤어 오일, 포마드, 헤어스프레이, 젤, 헤어 무스
트리트먼트	모발 손상 방지 및 손상된 모발 복구	헤어트리트먼트 크림, 헤어팩, 헤어코트

④ **바디 관리 화장품**: 바디의 세정과 바디 관리에 도움을 주는 화장품

세정제(목욕제)	피부 노폐물 제거	비누, 바디클렌져, 입욕제
바디 각질 제거제	피부의 각질을 제거	바디스크럽, 바디솔트
바디 트리트먼트	수분과 영양 공급	(바디 & 핸드) 로션, (바디 & 핸드) 오일
액취 방지제	신체의 냄새를 억제하는 기능	데오도란트
태닝제품	피부를 균일하게 그을려 건강한 피부 표현	선케어 제품
슬리밍 제품	노폐물 배출하고 지방을 분해하는데 도움	지방분해크림, 바스트 크림

⑤ **네일 화장품**: 손, 발톱에 색상과 광택을 여하거나, 유분과 수분을 공급하여 손발톱을 보호하는 화장품

네일 에나멜	손 발톱에 색상을 주는 제품, 네일 폴리시 또는 래커 라고도 한다..
베이스 코트	손발톱 표면에 바르는 투명한 액체, 손톱 변색과 오염방지 및 에나멜 밀착력 높임
탑 코트	에나멜 위에 도포하여 에나멜의 광택이 지속적으로 유지되도록 하는 역할
프라이머	손발톱 표면의 PH 밸런스를 조절하여 아크릴의 접착력을 높이는 역할
에나멜리무버	손발톱의 에나멜을 제거할 때 사용, 폴리시 리무버 라고도 한다
큐티클 오일	손 발톱 주변이 큐티클을 부드럽게 제거하기 위하여 사용

⑥ 방향용 화장품 (향수)

㉠ 희석 정도에 따른 분류

종류	부향율	지속시간	특성
퍼퓸(Perfume)	15~30 %	6~7 시간	향이 풍부하고 고가임.
오데퍼퓸(Eau de Perfume)	9~12 %	5~6 시간	퍼퓸과 오데토일렛의 중간
오데토일렛(Eau de Toilette)	6~8 %	3~5 시간	가장 범용적으로 사용
오데코롱(Eau de Cologne)	3~5 %	1~2 시간	상쾌한 향취, 향수 입문자에게 적합
샤워코롱(Shower Colongne)	1~3 %	1시간	가장 낮은 농도로 은은하고 산뜻한 향

🔷 The 알아보기

부향률(향료와 알코올의 배합비율), 지속시간 순서: 퍼퓸 〉 오데퍼퓸 〉 오데토일렛 〉 오데코롱 〉 샤워코롱

㉡ 향수의 발산 속도에 따른 분류

탑 노트 (Top Note)	• 처음 느끼게 되는 향 (향수 용기를 열거나, 뿌렸을 때) • 휘발성이 강한 에센스 사용 (오렌지, 라임 등)
미들 노트 (Middle Note)	• 중간 단계의 향, 향수가 가진 본연의 향 • 꽃과 과일향 류(라벤더, 카모마일 등)
베이스 노트 (Base Note)	• 마지막 남는 향, 사용자의 체취와 혼합되어 발산되는 자신의 향 • 휘발성이 낮은 향료 (페출리, 시더우드 등)

🔷 The 알아보기

향을 맡을 수 있는 순서: ① 탑노트 → ② 미들노트 → ③ 베이스 노트

⑦ 에센셜(아로마)오일 및 캐리어 오일
　㉠ 아로마 오일: 식물의 꽃, 줄기, 잎, 뿌리, 열매 등 다양한 부위에서 추출된 휘발성 높은 방향성 오일을 통칭하며, 고농축 원액 상태를 에센셜 오일 (Essential Oil) 이라고 한다.
　　ⓐ 아로마 (에센셜) 오일의 종류

꽃	라벤더	상처치유, 불면증 스트레스 완화 등
	캐모마일	사과향, 항균 진정효과
	쟈스민	정서적 안정감 호르몬 조절에 도움
허브	페파민트	피로회복, 통증완화에 도움
	로즈마리	기억력 증진, 두통제거 이뇨작용 촉진 등
	티트리	살균, 소독, 무좀, 화상 완화 등
과일	레몬	기미완화, 림프 순환 촉진
	오렌지	면역작용, 살균, 미백작용 등
수목	유칼립투스	항균, 항박테리아, 근육통 치유에 도움

　　ⓑ 에센셜(아로마) 오일의 추출 방법

수증기 중류법	증발되는 향기 물질을 냉각시켜 추출하는 방법
압착법	과일을 즙 만드는 방법과 같이 압착하여 향을 추출하는 방법
용매추출법	용매를 이용하여 향기 성분을 녹여서 추출하는 방법

　㉡ 캐리어 오일 (베이스 오일)
　　캐리어 오일은 에센셜 오일을 희석시켜 피부 흡수율을 높이기 위해 사용하는 식물성 오일을 말하며 베이스 오일이라고도 한다.

호호바 오일	인체 피지와 유사하여 피부 흡수가 잘됨, 여드름 케어에 효과적
아보카도 오일	비타민, 단백질 등 영양성분 풍부, 노화피부에 효과
아몬드 오일	크림, 마사지 용도로 사용, 가려움증, 튼 살에 효과
올리브 오일	유분 함량이 높고, 튼 살에 효과

⑧ 기능성화장품

㉠ 기능성 화장품의 범위(화장품법)

ⓐ 피부의 미백에 도움을 주는 화장품

ⓑ 피부 주름을 완화 또는 개선하는 기능을 가진 화장품

ⓒ 피부를 곱게 태워주거나, 자외선으로부터 피부를 보호하는 기능을 가진 화장품

ⓓ 모발의 색상 변화 (탈염, 탈색) 시키는 기능을 가진 화장품 (단 일시적으로 색상 변화시키는 제품은 제외)

ⓔ 체모의 제거 기능을 가진 화장품 (단 물리적으로 체모를 제거하는 제품은 제외)

ⓕ 여드름성 피부를 완화하는데 도움을 주는 화장품

ⓖ 아토피성 피부로 인한 건조함 등을 완화하는데 도움을 주는 화장품

ⓗ 튼 살로 인한 붉은 선을 엷게 하는데 도움을 주는 화장품

㉡ 기능성 화장품의 종류

미백화장품	• 멜라닌 색소 침착 방지, 기미 주근깨 생성을 억제하여 피부 미백에 도움을 주는 화장품
주름완화 개선 화장품	• 피부 노화를 억제하고 세포의 재생 효과를 주는 기능을 가진 화장품
썬케어 화장품	• 자외선을 산란, 반사하여 차단하는 기능을 가진 화장품 (선스크린 화장품) • 피부 손상 없이 갈색 피부 톤으로 피부를 그을리게 도움을 주는 화장품 (선탠 화장품)
탈염제, 탈색제	• 염색으로 착색된 색상을 제거 (탈염) 혹은 모발의 멜라닌 색소를 분해 (탈색)하는 화장품
제모 화장품	• 미용 목적으로 얼굴, 팔, 다리, 겨드랑이 등에 털을 제모하기 위한 화장품(제모제)
여드름 케어 화장품	• 피지 분비와 배출을 촉진시켜 여드름 치료에 도움을 주는 화장품
아토피 케어 화장품	• 피부에 유수분을 공급하여 피부 장벽을 보호하는데 도움을 주는 화장품
튼살용 화장품	• 피부의 붉은 선이나 띠를 완화시키는데 도움을 주는 화장품

이용고객 서비스 Unit 2

1 고객 응대

1) 고객 응대의 필요성

① 처음 만난 직원의 응대가 샵의 이미지를 결정하는 중요 한 역할을 함
② 직원은 고객의 입장이 되어 고객의 행동을 이해하고 친절한 말투와 세련된 화술, 적극적인 마음가짐, 친절한 매너와 자세가 필요함

2) 고객 응대

(1) 고객 응대 절차

① **고객 맞이하기**: 고객과의 대화에서 어떻게 반응하고 표현하는가에 따라 고객과의 관계가 형성됨
② **분위기 조성**: 차나 다과를 권하며 고객과 친근한 분위기 형성
③ **요구분석 처리**: 고객의 니즈를 분석하여 만족스러운 서비스 제공
④ **고객 만족 여부 확인**: 서비스나 시술, 사용 제품에 대한 만족을 확인하고 고객과의 충분한 의사소통

➕ The 알아보기

라포(Rapport): 주로 두 사람 사이의 상호 신뢰관계를 나타내는 심리학 용어로 마음이 통하는 관계를 의미함

(2) 고객 접점(Moment of Truth, MOT)
① MOT 개념: 고객이 샵에 들어와서 서비스가 마무리될 때까지의 전 과정을 의미
② MOT 목적: 접점별로 서비스 매뉴얼을 만들어 고객 만족을 향상시키는 목적으로 활용 가능함

(3) 고객 접점의 3요소

시설	매장의 이미지, 브랜드 파워, 매장 편의시설, 인테리어, 시설, 주차장 등
운영시스템	서비스 프로그램, A/S와 고객 관리 시스템, 서비스처리 기간 등
인적시스템	표정, 대화, 복장, 용모, 전화 응대, 자세, 태도 등

2 고객 상담

1) 고객 상담
① 의미: 고객 상담은 적절한 서비스 제공을 위해 합리적인 의사결정을 내릴 수 있도록 하는 활동
② 목적: 고객 상담을 통해 알게 된 정보는 마케팅이나 고객 니즈에 맞는 서비스를 제공하기 위함

2) 상담 매뉴얼 구축
상담 시기에 따라 사전 상담과 사후 상담 단계로 분류하여 각 단계별로 고객의 요구 사항을 파악하여 고객의 만족도를 최대한 높여야 한다.

(1) 사전상담
① 고객이 어떠한 서비스를 원하는지 사전 상담을 통해 정확하게 파악하여 서비스를 제공
② 시술 후에 고객의 만족감을 충족시켜야 함

③ 시술 과정 중의 불안감을 없애기 위해 소요 시간과 서비스 요금 및 시술 후의 상태를 명확하게 제시

(2) 사후상담
① 고객이 만족하도록 사후 홈 케어 관리 방법을 설명
② 고객 카드에 현재 받은 서비스 정보를 세세하게 명시하여 다음에 살롱을 방문할 경우 이를 활용
③ 각종 매체를 통한 새로운 정보를 알려주어 고객이 폭넓은 선택을 할 수 있게 도움

3) 고객 상담 기록
모든 상담이나 시술 과정에서 얻은 정보는 고객 카드 혹은 고객 관리프로그램에 기록 저장하여 이용 시술활동 및 판매활동에 활용 가능하다.

(1) 고객 상담카드 작성 목적
① 고객에게 정확한 이용 시술과 서비스를 제공할 수 있음
② 이용 시술 시 사전 부작용을 막고 트러블이 일어나는 제품을 자제할 수 있음
③ 다음 시술 시 고객이 사전의 시술과 같은 결과를 원한다면 동일하게 진행할 수 있음
④ 시술 후에 만족도를 묻거나 혹은 불만족한다면 재시술을 권할 때 사용할 수 있음
⑤ 고객의 AS 차원이나 DM필요시 활용할 수 있음
⑥ 각각의 이용 시술 때마다 고객의 변화를 인지할 수 있음

(2) 고객 관리프로그램의 효과
① 고객 데이터를 확보하여 이탈 고객을 방지함
② 데이터베이스를 분석하여 고객의 구매 특성과 시기를 파악하여 재방문 유도
③ 고객들과 좋은 관계를 구축함으로써 충성도를 고취시키고 구전으로 퍼트려 신규 고객 확보에 도움을 줌
④ 불필요 한 마케팅 비용을 최소화함으로써 효율성을 높일 수 있음

⑤ 경영 실적을 정기적으로 분석, 검토하여 성공 사례와 실패 원인을 분석하고 파악할 수 있음

3 고객 관리

1) 고객 관리 방법

(1) 고객관리 주기

고객이 샵에 대한 정보를 접하고 방문하여 상담을 통해 원하는 관리를 받으며 다시 샵을 방문하기까지 각 시점에 따라 지속적으로 고객을 관리하는 것을 의미

① **매장 노출:** 잠재 고객을 대상으로 고객을 관리하는 것으로 SNS, DM, 온라인 매체를 통해 매장을 홍보하고 주기적으로 고객에게 노출시켜 매장의 방문을 유도
② **방문 주기:** 고객이 샵을 방문하고 다음 방문까지의 주기를 의미하며 다양한 관리 프로그램을 만들어 고객의 재방문율을 높일 수 있는 전략이 필요함
③ **시술 주기:** 고객이 시술하는 주기를 파악하고 각 시기에 맞추어 시각 광고, 문자를 통해 노출시켜 회전율을 높임
④ **상담 주기:** 정기적인 상담을 통해 추가적인 시술과 홈 케어 제품 판매를 유도할 수 있음

(2) 고객 맴버십 등급

① **의미:** 사용 금액에 따라 회원에게 보상을 제공하는 시스템으로 고객이 매장에 회원으로 등록함으로써 매장에서 서비스나 시술을 할 때 다양한 혜택을 돌려받고 지속적으로 이용을 유도하는 마케팅
② **등급 예시:** VIP, GOLD, 프라임, 패밀리
③ 고객 등급에 따른 다양한 프로모션을 통한 매출 증대

2) 불만 고객 관리 방법

불만고객은 시술에 대해 고객이 만족하지 못하거나 직원의 불친절, 서비스 불만족, 스타일링이 만족스럽지 못한 경우 등의 이유로 불만을 제기하는 것을 의미

① **고객의 불만을 경청**: 고객의 말을 있는 그대로 받아드리는 것이 중요함
② **진심을 담은 사과**: 고객의 불만에 대해 공감하며 불만 사항이 발생한 것에 대해 사과
③ **불만의 원인을 파악**: 문제가 발생하게 된 원인과 문제점을 파악
④ **해결책 모색**: 고객의 입장에서 만족할 수 있는 결과나 해결할 수 있는지를 파악
⑤ **해결책 제시**: 해결 방법에 대해 자세하고 공손하게 설명하며 고객에게 처리 방법을 선택할 수 있도록 제시
⑥ **신속한 처리**: 고객의 요구를 신속하게 처리하여 고객의 불만을 해소한다.
⑦ **만족도 여부 확인**: 대응 과정과 방법에 대해 만족하였는지 여부를 확인하고 고객에게 감사 인사로 마무리

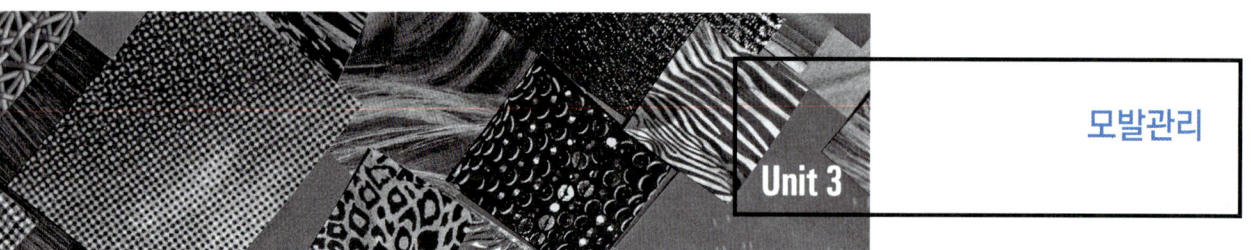

Unit 3 모발관리

1 모발 진단

1) 두피 형태 및 유형 분석

(1) 정상두피

두피의 특징	• 청백색을 띠며 맑고 투명함 • 1개의 모공에 모발이 2~3개 정도 있음
모발과 모공상태	• 매끄럽고 윤기가 있으며, 모공은 오목하게 파여 열려 있음
관리방법	• 현재 상태 유지하면서 영양 공급

(2) 지성 두피

두피의 특징	• 피지 분비가 과도하고 비듬과 각질이 피지와 엉켜 있음
모발과 모공상태	• 피지 덩어리가 붙어 있으며 노화 각질과 피지 분비물이 모공을 막고 있음
관리방법	• 두피 청결을 유지하도록 지성용 샴푸 사용하고 스트레스나 음식으로 인한 두피자극을 최소화시키는 노력 필요함

(3) 건성 두피

두피의 특징	• 두피가 탁해 보이며 각질이 하얗게 쌓여 있음
모발과 모공상태	• 건조한 각질이 모발에 붙어 있고 모공을 막고 있음
관리방법	• 마사지 및 두피 자극으로 비듬과 각질을 제거

(4) 예민성 두피

두피의 특징	• 두피톤이 붉으며 부분적으로 염증이 보임
모발과 모공상태	• 피지 덩어리와 노화 각질이 모공을 막고 있음
관리방법	• 두피 청결과 세균번식의 억제 예방에 주력

(5) 탈모성 두피

두피의 특징	• 두피가 가렵고 비듬이 많아지고 점차 두피가 딱딱해지고 광택을 띄게 됨
모발과 모공상태	• 모발이 가늘고 탄력이 없으며 비듬과 피지가 모공을 막고 있음
관리방법	• 영양공급과 혈액순환 및 스트레스 해소에 노력

2) 모발의 일반적 특성

(1) 모발의 정의

① 사람의 털을 총칭하는 말로 신체에 나 있는 모든 털을 의미

② 털이 난 부위에 따라 두발(hair), 수염, 속눈썹, 겨드랑이 털, 음모 등으로 세분화됨

(2) 모발의 기능

① 외부 충격이나 자연환경으로부터 보호의 기능

② 인체에 쌓여 있는 노폐물을 체외로 배출하는 기능

③ 사람의 이미지나 미를 나타내는 장식의 기능

④ 감각 전달의 기능

(3) 모발의 생리적 특성

① **모발의 수**: 평균적으로 9만~14만개 (한국인은 대략 10만개)

② **성장속도**: 0.34 ~ 0.35mm (1일), 1 ~1.5 ㎝ (30일)

③ 모발 성장은 낮보다 밤에, 연중 5~ 6월에 가장 많이 성장하고, 가을철에 모발이 가장 많이 빠진다.

④ **수명**: 3~6년 (남성: 3~5년, 여성: 4~6년)
⑤ **모발의 색**: 피부색과 같이 멜라닌의 합성 정도에 따라 색상이 결정

> **The 알아보기**

멜라닌 색소	페오멜라닌	노란색과 빨간색 모발 (서양인 모발)
	유멜라닌	흑갈색과 검은색 모발 (동양인 모발)

(4) 모발의 구성 성분
① 모발은 펩타이드 결합(CO-NH)를 기본단위로 축·중합체인 폴리펩타이드를 구한다.
② **모발의 구성 성분**: 단백질[80~85%], 수분[10~15%], 멜라닌 색소[3~4%], 지질[1~9%], 미량 원소[0.6~1%] 이다.

3) 모발의 성장과 구조

(1) 모발의 성장
① 모발은 손발톱과 같은 피부의 부속물이다.
② 모낭의 발생은 외배엽판 → 전모아기 → 모항기 → 모구성 모항기의 5단계의 과정을 통해 형성된다.
③ **모발의 성장주기(모주기)**: 성장기-퇴행기-휴지기-발생기의 4단계를 거친다.

> **The 알아보기**

모주기(Hair Cycle): 모발은 4단계의 성장주기를 약 10~15회를 거치면서 성장과 탈모를 반복한다.

성장기	• 세포 분열을 통해 성장하는 시기 • 전체 모발의 80~85%이며 3년~6년간 해당
퇴행기	• 세포 분열과 성장이 둔화되는 단계 • 전체 모발의 1%이며 30~45일에 해당
휴지기	• 성장이 멈추는 시기 • 전체 모발의 4~14%이며 3~4개월에 해당
발생기	• 세포 분열이 일어나는 시기 • 휴지기의 모발을 밀어내고 새로운 모발로 대체되는 시기

(2) 모발의 구조

모발은 모간부와 모근부로 구성되어 있다.

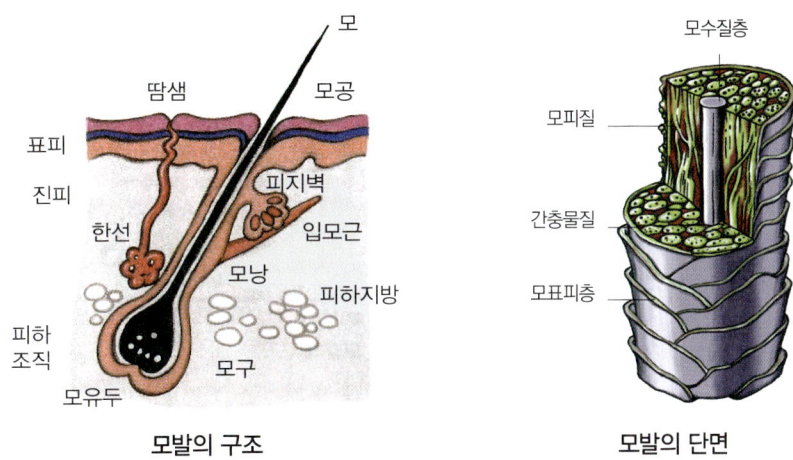

모발의 구조   모발의 단면

① **모간부**: 피부 밖으로 나와 있는 부분

모표피	모발의 가장 바깥부분으로 얇은 비늘 모양
모피질	모표피의 안쪽부로 멜라닌 색소 함유하고 있어 모발의 색상 결정
모수질	모발의 중심부, 수질세포로 공기함유

② **모근부**: 피부 속 모낭에 있는 모발

모낭	모근을 싸고 있는 주머니 모양의 조직
모구	모근의 뿌리 부분
모유두	모낭 끝에 위치하고 있으며 모발에 영양 공급
모모세포	모유두에 인접한 세포층으로 새로운 머리카락을 형성

4) 모발의 특성

(1) 형태적 특성

모발은 민족, 성별, 연령, 개인에 따라 다양한 형상을 가지고 있으며, 직모, 파상모, 축모로 분류됨

직모 (straight hair)	모낭이 피부표면으로부터 수직형태	황인종(아시아)
파상모(wavy hair)	모낭이 피부표면으로부터 비스듬히 누워 있는 형태	백인
축모(curly hair)	모낭이 피부표면으로부터 굽어진 형태	흑인

(2) 모발의 성장 방향

① **가마(whorl)**: 두정부에서 모류가 원형의 모양(소용돌이)을 형성하는 것
② **카우릭(cowlick)**: 이마선과 목선에서 두발의 흐름이 중력의 역방향으로 치켜 자라는 것

2 모발의 물리적 손상 처치

1) 모발의 흡습 메커니즘

(1) 모발의 흡습성

① 모발은 수분을 흡수하는 성질이 있다.
② 모발은 보통 공기중에서 10~15%의 수분을 포함하고 있다.
③ 모발은 샴푸 후에 60%, 드라이기로 건조 후 10%의 수분을 흡착하고 있다.

(2) 모발의 팽윤성

① **팽윤**: 모발이 액체를 흡수하여 본질은 변화하지 않고 체적을 늘이는 현상을 의미
② 모발을 물에 적셔 두면 길이는 1~2% 길어지고, 두께는 12~15% 두꺼워지고, 중량은 30~40% 증가한다.

(3) 모발의 흡수 평형

건조 모발은 습한 공기 중에서 천천히 수분을 흡수하고, 젖은 모발은 건조한 공기중에서 수분을 탈수하는 그 이상의 변화가 일어나지 않는 동적 평형 상태를 유지한다.

2) 모발의 물리적 손상

① 드라이기, 아이론기, 전기 세팅기에 의한 모발 손상
② 샴푸, 타월드라이, 브러싱, 빗질에 의한 모표피 층의 손상
③ 건조한 모발을 테이퍼링, 스트록컷 등의 테크닉으로 모표피 층을 절단하여 생기는 모발 손상

3) 모발의 물리적 손상 처치

시술 작업	모발 손상 요인	모발 손상 처치법
타월 드라이	모발을 비비면서 건조	모다발을 타월에 감싼 후 두드려서 건조한다.
샴푸 작업	거품이 없는 상태에서 샴푸	충분한 거품을 낸 후 매니플레이션
빗질 작업	무리한 빗질	모류 또는 모발의 큐티클 방향으로 빗질
드라이기 작업	높은 열을 이용한 드라이기 세팅	적당한 열과 정확한 시술로 작업

4) 모발의 변성

(1) 모발의 열변성

① 모발은 건열과 습열에 따라 다르게 변화한다.
② **건열 상태:** 120℃에서 팽윤, 130~150℃에서 변색 및 시스틴 감소, 180℃에서 케라틴 구조 변형
③ **습열 상태:** 100℃에서 시스틴 감소, 130℃에서 케라틴 구조 변형됨

3 모발의 화학적 손상 처치

1) 모발 구성 물질

① 모발은 탄소, 수소, 산소, 질소, 황의 5가지 원소가 결합하여 단백질을 형성한다.

② 단백질을 구성하는 성분이 아미노산이며 모발은 18개의 아미노산이 결합되어 이루어져 있다.

③ 모발은 아미노산을 기본단위로 3가닥의 케라틴 단백질이 실처럼 단단하게 꼬여서 구성된 물질이다.

2) 모발의 화학구조 및 손상

(1) 모발의 화학구조

① 주쇄결합(세로결합)

아미노산이 다른 아미노산과 화학 결합을 하는데 이를 펩티드 결합이라고 한다.
펩티드 결합은 주쇄결합 혹은 세로 결합이라고 하며 결합력이 강하다.

② 측쇄결합(가로 결합)의 종류와 특성

시스틴 결합	황 결합은 화학약품을 사용하여야 만 끊어지며 이러한 원리를 이용한 것이 펌이다.
수소 결합	수분에 의해 쉽게 깨지는 성질을 이용한 것이며 일시적인 드라이 혹은 세트의 원리이다.
이온 결합	이온간의 결합을 의미하며 상대적으로 결합력이 약하다.

(2) 모발의 화학적 손상

퍼머넌트 약품에 의한 손상	약품 처리시간, 온도, 방법의 미숙으로 인한 모발 손상
염·탈색에 의한 손상	알칼리제가 모발의 결합력을 약화시키거나, 염모제로 인한 알레르기 반응 유발
태양광선에 의한 손상	적외선에 의한 케라틴 단백질 손상이나 자외선에 의한 모발 손상

3) PH 농도에 따른 모발 손상 처치

(1) 모발과 pH
① 모발의 pH는 4.5~5.5이다.
② 모발은 산성 쪽으로 갈수록 수렴, 경화되고, 알칼리 쪽으로 갈수록 팽윤, 연화 된다.
③ 모발의 pH가 10이상이면 모발이 부풀어 손상된다.

(2) 모발의 손상처치
① 펌 용제, 염모제, 탈색제에 함유된 알칼리 제품은 모피질을 팽윤시켜 모표피를 열어 알칼리 상태로 만들어 준다.
② 모발 내에 잔류된 알칼리는 산 균형(pH balance) 컨디셔너를 사용하여 모발구조를 수축시켜 모발을 건강한 상태로 환원시킨다.

02

이용이론

Unit 04 • 기초 이발

Unit 05 • 이발 디자인의 종류

Unit 06 • 기본 면도

Unit 07 • 기본 염·탈색

Unit 08 • 샴푸·트리트먼트

Unit 08 • 스캘프 케어

Unit 10 • 기본 아이론 펌

Unit 11 • 기본 정발

Unit 12 • 맞춤 가발

Unit 4 기초 이발

1 이용의 역사

1) 이용의 개념

(1) 이용의 정의 및 목적
손님의 머리카락 또는 수염을 깎거나 다듬는 등의 방법으로 손님의 용모를 단정하게 하는 영업(공중위생법)

(2) 이용사의 업무 범위
이발, 아이론, 면도, 머리피부 손질, 머리카락 염색 및 머리감기(공중위생법 시행규칙)

2) 한국 이용의 역사

(1) 전통 헤어스타일(이용 도입 이전)

상고시대	긴 모발을 길게 늘어뜨린 머리 모양(피발)이나 남자의 경우 앞과 옆의 모발을 깎아내고 남은 모발을 땋는 형태(변발)로 관모를 착용
고구려	두상의 좌우에 두 개의 상투를 트는 쌍상투머리와 상투머리를 함
백제	정수리가 뾰족하게 솟도록 하는 수계식 상투머리
신라	수계식 상투와 쌍상투머리를 하였고 모발을 길러 두건을 착용하기도 함
통일신라시대	신라시대와 같은 머리 모양을 하였고, 삼국의 문화가 융합되어 다양하고 화려한 스타일로 변화됨
고려시대	미혼은 모발을 땋아 늘어뜨려 묶었으며 기혼 남성은 상투머리를 함
조선시대	미혼자는 땋아 늘여 뜨리는 댕기머리를 하고 기혼자는 상투머리를 함

(2) 근대~현대(이용 도입 이후)

1895년	고종의 단발령: 남자들이 머리를 짧게 깎기 시작함
1901년	안종호가 최초로 이발소 개설
1946년	전국이용사 총연합회 창립
1953년	6.25 사변 이후 이용 사설학원과 기술학교가 급속하게 확산
1961년	이·미용사법 제정
1982년	사단법인 한국이용사 중앙회 창립
1986년	이·미용사법 폐지되고 공중위생법이 제정 공포

3) 서양의 이용

(1) 중세시대

중세 종교전쟁의 시기에 외과의사가 부상치료와 모발을 삭발함

 The 알아보기

이발소 사인보드: 적색(동맥), 청색(정맥), 흰색(붕대)으로서 근세 시대의 외과의사가 이발사를 겸직하던 시절의 병원 간판으로부터 유래됨

(2) 근세 시대

① 1804년 나폴레옹 시대에 프랑스의 장바버(Jeang Barber)가 외과와 이용원을 분리시켰고, 이용원도 그의 이름을 따 바버샵(Barber shop)으로 통칭됨
② 1871년 프랑스의 바리캉 마르(Bariqunn Mar) 회사가 이발도구인 바리캉(Bariquant)을 발명함.

2 기본 도구의 사용

1) 이발 도구의 종류

(1) 빗

모발을 빗어 주는 도구이며, 모발을 매만져 주거나 시술 각도에 따라 모발을 들어올리거나 분배하는 도구

① 빗의 구조와 명칭

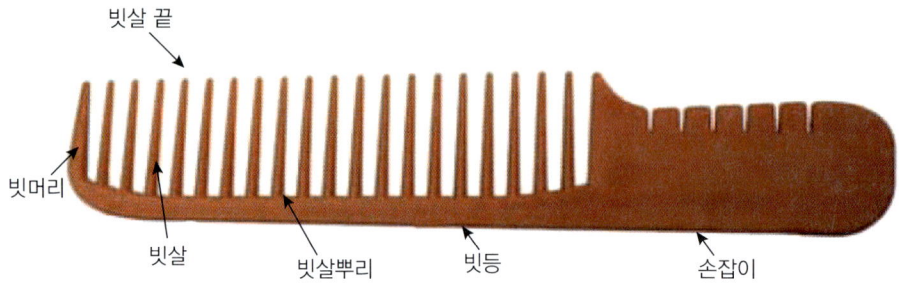

빗 살	모발속으로 빗질 될 수 있은 하는 역할
빗살 끝	모발을 일으켜 세우는 작용
빗살 뿌리	모발을 정돈하면서 빗질 시 각도를 유지하는 역할
빗 등	빗 전체를 지탱하며 균형을 잡아주는 역할
빗 머리	모발을 분배할 때 사용

② 빗의 종류

㉠ 손잡이가 있는 빗: 모발 길이에 따라 대, 중, 소 빗으로 구별됨

㉡ 고운살과 얼레살(굵은 살)로 이루어진 빗

(2) 가위(Scissors)

지렛대의 원리로 만들어진 도구로 가위끝, 날끝, 동인, 정인, 다리, 회전축, 엄지환, 약지환, 소지걸이로 이루어짐

① 가위의 구조 및 명칭

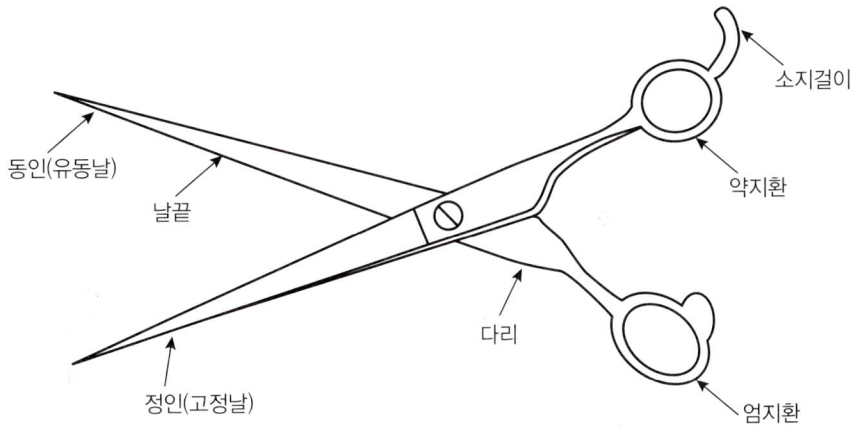

② 가위의 종류

용도	커팅 가위	두발을 자르는 일반적인 가위
	틴닝 가위	모발 길이는 자르지 않고, 두발 숱을 감소시키기 위해 사용
재질	착강 가위	날부분(특수강)과 협신부(연강)이 서로 다른 재질로 만들어진 가위
	전강 가위	전체가 특수강으로 만들어진 가위

(3) 클리퍼 (Clipper)

① 클리퍼의 개요

　㉠ 커트할 때 사용하는 전동식 기계

　㉡ 초기 수동식에서 전동식 클리퍼로 발전되어 사용되고 있음

　㉢ **작동원리**: 고정된 밑날과 움직이는 윗날이 좌우로 교차하면서 모발이 절단됨

　㉣ **주요 구성품**: 블레이드(커트날), 모터, 배터리

② 클리퍼의 종류

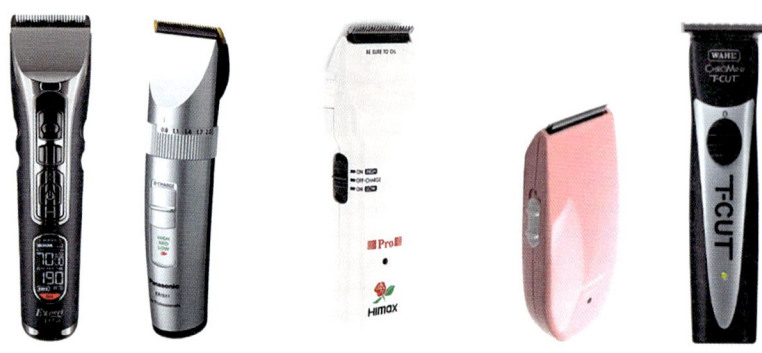

조절기가 있는 클리퍼	① 두꺼운 보통 모발을 커트할 때 사용 ② 밑날판의 두께를 조절하여 커트되는 모발의 길이가 조정됨
조절기가 없는 클리퍼	① 얇은 모발이나 곱슬머리 커트할 때 사용 ② 밑날의 두께 및 커트되는 모발의 길이 조정이 불가능 함 ☞ 이용사 자격시험에서 사용하는 바리캉
소형 클리퍼	목부분과 구레나룻의 잔털 제거나 문양을 넣을 때 사용

(4) 면도기

① 면도기의 종류

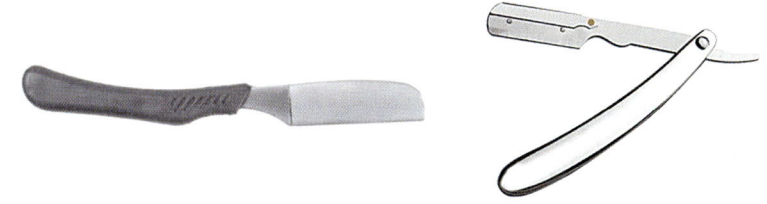

일도	몸체와 손잡이가 일자 형태로 되어 있는 면도기
양도	몸체가 손잡이로 접히도록 되어있는 면도기

(5) 기타 도구

헤어 클립, 분무기, 넥 페이퍼, 이발 앞장(커트 보), 털이 솔

2) 이발 도구의 사용법

(1) 빗 잡는법

① 엄지와 검지로 빗 손잡이 면의 앞쪽을 잡는 방법

② 엄지와 검지를 빗의 빗 등과 빗살 쪽에 위치시키는 방법

③ 검지와 중지 사이에 빗을 끼워 잡는 방법

(2) 가위 잡는 법

① **기본가위**: 약지환에 약지를 넣고, 소지 걸이에 소지를 얹은 후 가위 끝이 작업자 쪽으로 위치시키고 엄지환에 엄지를 살쩍 걸쳐서 잡는다.

② **응용가위**: 기본가위 잡는 방법에서 약지와 소지의 관절을 굽혀 검지를 피봇 나사 위에 위치시킨다.

3 기본 이발 작업

1) 이발의 기초 이론

(1) 두부 지점의 명칭

① **두부의 지점**: 두상에서 모발을 구획 짓는 범위를 의미함

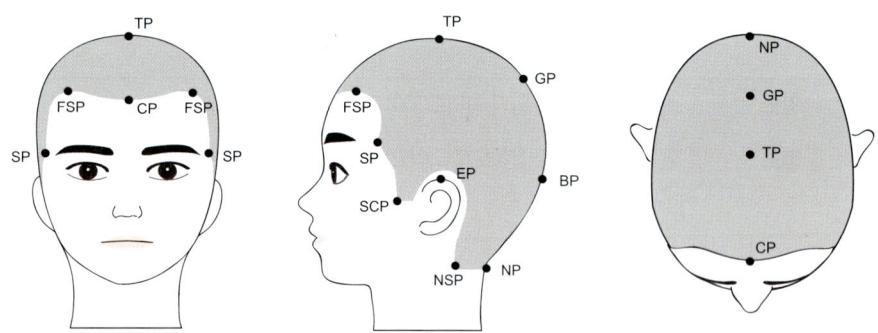

CP	Center Point	센터 포인트
TP	Top Point	탑 포인트
GP	Golden Point	골든 포인트
BP	Back Point	백 포인트
NP	Nape Point	네이프 포인트
FSP	Front Side Point	포론트사이드 포인트
SP	Side Point	사이드 포인트
SCP	Side Corner Point	사이드코너포인트
EP	Ear Point	이어 포인트
EBP	Ear Back Point	이어 백 포인트
NSP	Nape Side Point	네이프 사이드 포인트

(2) 두상의 기본 선과 구획

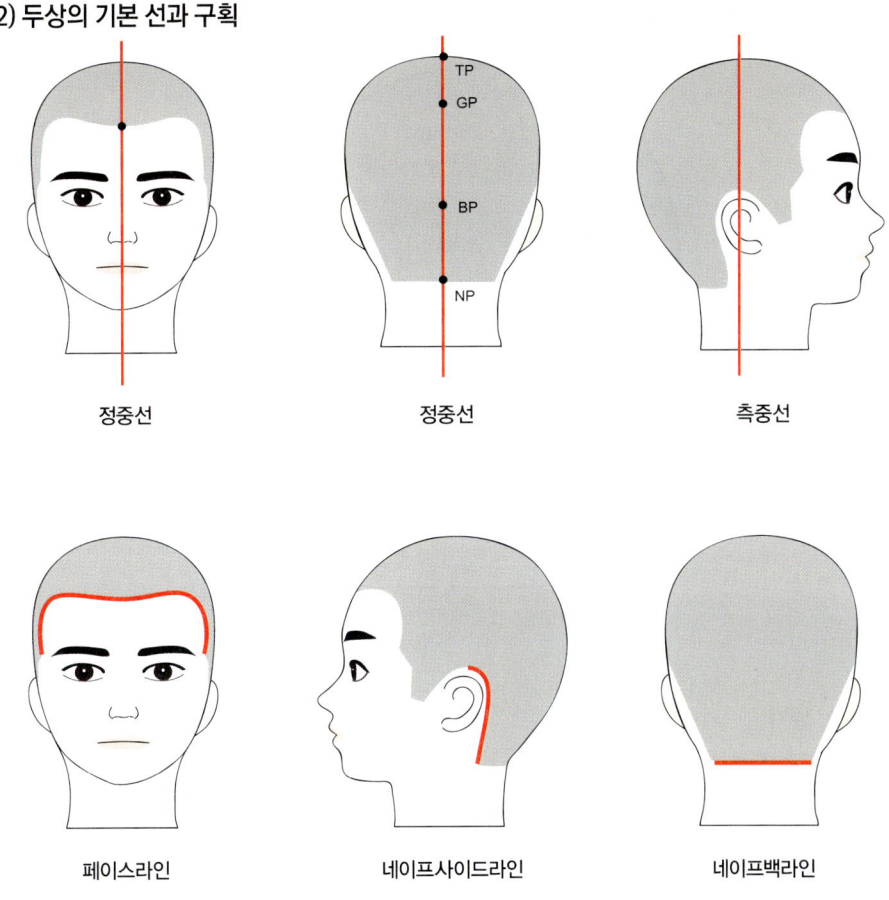

정중선		코를 중심으로 두부 전체를 수직으로 이등분한 선 (CP- TP-GP-NP)
측중선		TP에서 EP로 수직으로 내린 선 (EP-TP-EP)
헤어라인 (발제선)	페이스라인 (얼굴선)	CP를 중심으로 양쪽 SCP를 연결한 선 (SCP-CP-SCP)
	네이프백라인 (목 뒷선)	좌우 NSP의 연결선 (NSP-NP-NSP)
	네이프사이드라인(목 옆선)	EP에서 NSP 연결선 (EP-NSP)

* **발제선**: 머리털이 난 부위의 경계선

(3) 두상의 부위별 명칭

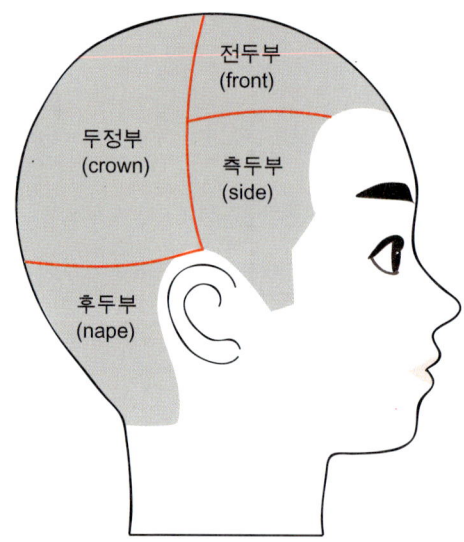

(4) 두상 영역

헤어스타일의 형태, 기법에 따라 작업의 용이성을 위하여 두상 영역을 나눈다.

① **2등분**: U라인을 기준으로 오버 섹션과 언더 섹션으로 구분

② **3등분**: 크레스트 라인을 기준으로 오버 섹션, 미들 섹션, 언더 섹션으로 구분

(5) 분배(Distribution): 모발을 빗질하는 방향 또는 각도

① **자연분배**: 두상 곡면에서 중력방향으로 자연스럽게 0°로 빗질

② **직각분배**: 두상 곡면에서 직각인 90°로 빗질

③ **변이분배**: 자연분배, 직각분배를 제외한 빗질 방향

④ **방향분배**: 두상 곡면으로부터 모발을 위로 똑바로, 옆으로 똑바로, 뒤로 똑바로 빗질

(6) 시술각: 헤어 커트 시 두상으로부터 모발을 들어 올리거나 내리는 각도

① **자연 시술각도**: 중력 방향으로 두발이 자연스럽게 떨어지는 0°가 기준이 되는 각도

② **두상 시술각도**: 모발을 두상에서 들어 올려 빗어서 만드는 각도

(7) 베이스(base): 헤어 커트 시 모발을 잡아 커트하는 접점의 위치를 의미함

온 더 베이스	베이스 폭의 중간에 접점이 오는 것으로 동일한 길이로 커트할 때 사용
사이드 베이스	베이스 폭의 한 면에 접점이 위치하는 것으로 모발 길이를 점점 길게 또는 점점 짧게 자를 때 사용
프리 베이스	접점이 온베이스와 사이드베이스의 사이에 위치하고 이동방향으로 점점 길어 짐
오프 더 베이스	접점이 베이스 폭을 벗어나며 급격하게 모발 길이를 변화를 줄 때 사용

(8) 가이드라인(Guide line): 커트 시 머리 모양의 패턴이나 길이 가이드

① **고정 가이드**: 가이드라인이 고정된 선

② **이동 가이드**: 가이드라인이 이동 또는 진행되는 선

③ **혼합(고정+이동)**: 고정과 이동가이드라인의 혼용

2) 이발의 기본 기법

(1) 커트 형태

유니폼 레이어 (Uniform Layered)	모발 길이가 동일한 형태로 두피에 대하여 90도로 들어서 커트함
그래쥬에이션 (Graduation)	네이프에서 탑으로 갈수록 길이가 미세하게 길어지도록 커트, 무게선이 형성됨

(2) 커트 방법

① **지간깎기**: 빗질한 모다발을 왼손 검지와 중지 사이에 끼고 커트하는 테크닉이다. 손등을 향해 자르는 아웃커트와 손바닥을 향해 자르는 인커트가 있다.

② **연속깎기**: 두피면에 따라 빗을 전진시키면서 연속적으로 커트하는 방법이다.

③ **밀어깎기**: 가위날을 끝은 왼손의 엄지 바닥면 위에 고정한 후 앞으로 밀어주며 연속 커트하는 기법.

④ **끌어깎기**: 가위날을 끝은 왼손의 검지 바닥면 위에 고정한 후 시술자 앞으로 당겨 주며 연속 커트하는 기법

⑤ **떠올려깎기**: 떠내깎기라고도 하며 아래서부터 빗으로 두발을 떠내어 빗살 밖으로 나온 긴 두발을 잘라 형태를 만들며 상향으로 커트하는 기법

⑥ **숙음깎기**: 모발을 떠올려 모발이 뭉쳐있는 곳을 숙아주는 기법

(3) 이용 기본 용어

블로킹	Blocking	두부를 커트가 용이하도록 크게 분할하는 단위
파팅	Parting	필요한 만큼 작게 나눈 단위
슬라이스	Slice	커트할 양의 모발만큼 작게 나누는 것
텐션	Tension	지간 잡기하여 모발을 당기는 힘의 정도
가이드라인	Guide line	커트 시 기준이 되는 머리 길이 가이드
온더베이스	On the base	모발을 잡았을 때 중심부가 직각(90°)가 되도록 만든 상태
옥시피탈본	Occipital bone	후두부에 가장 튀어나온 부위
리세션에어리어	Recession area	양쪽 프론트 사이드포인트 부위의 움푹 들어간 부분
싱글링	Shingling	빗을 대고 가로로 두상을 따라 위로 올려 치며 커트하는 기법
헤어라인	Hair line	머리털이 난 부위의 경계선(발제선), 헴라인(Hem line)이라고도 한다.

이발 디자인의 종류 — Unit 5

1 장발형 이발

1) 장발형 이발의 종류와 특징

귀를 2/3 이상 길게 덮는 스타일로써 전체 두발 길이를 길게 커트하면, 솔리드, 레이어드, 그래쥬에이션으로 구분됨

종류	특징
솔리드	• 두상의 윗부분(top)의 두발 길이가 두상의 아랫부분(nape)까지 덮는 길이 구조이며, 네이프의 기장이 가장 짧고, 탑으로 갈수록 길어지는 구조 • 솔리드는 원랭스라고 하며, 목선의 두발 길이에 따라 수평 보브, 이사도라, 스파니엘의 스타일로 나뉨 • 수평보브(수평의 커트라인), 이사도락(전대각, 앞내림) 커트라인, 스파니엘(후대각, 앞올림) 커트라인
레이어드	• 두상으로부터 동일한 기장 또는 점차적으로 길어지는 길이 구조 • 모발의 단차를 내는 위치와 각도에 따라 유니폼 레이어와 인크리스 레이어로 나뉨 • 유니폼 레이어: 두상으로부터 동일한 기장 • 인크리스 레이어: 네이프로 갈수록 기장이 길어짐
그래쥬에이션	• 시술각에 따라 무게선(경사선)의 위치가 달라지는 구조 • 시술각이 낮으면 비활동적인 질감이 크고, 시술각이 높아 질수록 활동적인 질감이 더 크게 나타남 • 낮은 시술각 (1~30°), 중간 시술각(31~60°), 높은 시술각(61~89°)으로 구분

2 중발형 이발

1) 중발형 이발의 종류와 특징

귀를 닿는 길이부터 귀를 2/3 미만 덮는 스타일로서 하단부와 상단부의 단차에 따라 상, 중, 하 중발형으로 구분됨

종류	특징
상 중발형	• 귀를 닿는 지점부터 1/3덮는 기장의 남성 헤어 스타일 • 인크리스 레이어와 그래주에이션의 혼합으로 후두부 아래쪽에 볼륨이 있는 형태 • 낮은 시술각으로 경사 면적이 좁고 무게선 또한 B.P 아래에 있는 형태
중 중발형	• 귀를 1/3덮는 지점부터 1/2 덮는 지점까지의 기장 • 중간 시술각(45°)으로 B.P. 위치에 무게선과 중간의 경사선을 가짐 • 엑스테리어의 중간(45°) 시술각으로 라운드 혹은 미세한 마름모의 형태를 나타냄
하 중발형	• 이어라인의 길이가 귀를 1/2 덮는 지점부터 2/3 덮는 지점까지의 기장 • 전체적으로 스퀘어 형태의 구조 그래픽을 가짐 • 높은 시술각으로 전체적으로 모발의 단차가 많아 넓고 높은 경사 면적을 보임

3 단발형 이발

1) 단발형 이발의 종류와 특징

단발형(短髮形) 이발은 높게 치켜 깎은 상고(上高) 스타일로서 무게선의 위치에 따라 상, 중, 하로 분류됨

종류	특징
상 상고형	• 하이 그라데이션(high gradation) 커트로 무게선의 위치가 BP이상인 상단부에 위치
중 상고형	• 미디엄 그라데이션(medium gradation) 커트로 무게선의 위치가 중단부에 위치
하 상고형	• 로우 그라데이션(low gradaton) 커트로서 미하단부에 위치

4 짧은 단발형 이발

1) 짧은 단발형 이발의 종류와 특징

두상의 모발이 눕지 않고 세울 정도의 짧은 스타일로서 천정부의 형태에 따라 둥근형, 삼각형, 사각형으로 구분

종류	특징
둥근형	• 둥근 스포츠 커트이며 라운드 브로스라고도 함 • 인테리어 영역의 모발이 4㎝미만으로 둥근모양 • 익스테리어 영역은 하이그라데이션 커트로 높은 시술각도
삼각형	• 모히칸 커트 • 인테리어 영역은 삼각형 모양이며 앞쪽과 양 옆에서 T.P로 갈수록 길어지게 커트 • 익스테리어 영역은 하이그라데이션 커트로 높은 시술각도
사각형	• 각진 스포츠 커트이며 스퀘어 브로스라고도 함 • 인테리어 영역은 사각형 모양이며 탑을 평평하게 커트 • 익스테리어 영역은 하이그라데이션 커트로 높은 시술각도

기본면도

Unit 6

1 기본 면도 기초 지식

1) 수염 유형 및 특성

(1) 수염의 정의: 코 밑이나 턱 또는 뺨 언저리에 난 털을 의미

(2) 수염의 특성

① 수염은 연령에 따라 다르며, 일반적으로 젊은 층은 부드럽고, 노년층은 강한 특성이 있음
② 사람마다 수염의 강도, 양, 흐름 상태가 다양하게 나타남

2) 면도 도구의 소독

구분	소독 방법
자외선 소독	자외선 소독기에 넣고 20분간 처리
알코올 소독	70% 알코올로 소독
크레졸 소독	크레졸 수 3% 수용액에 10분간 담가서 소독

2 기본 면도 작업

1) 면도기 잡는 방법

프리핸드 (free hand)		기본으로 잡는 방법이며, 면도 자루를 엄지와 검지로 잡고 자루 끝부분을 약지와 소지 사이에 끼우는 방법
팬슬핸드 (pencil hand)		면도기를 검지와 중지 사이에 끼어 연필을 잡듯이 칼머리 부분을 밑으로 해서 잡는 방법. 연필 면도칼이라고도 한다
스틱핸드 (Stick hand)		면도기 손잡이를 일직선으로 잡고 몸체와 손이 일직선으로 움직이는 방법
푸시핸드 (Push hand)		면도기 날 부분이 바깥쪽으로 방형을 돌려 면도기 몸체를 밀어주는 방법
백핸드 (Back hand)		프리핸드 잡기에서 손 안쪽이 앞으로 향하 도록 하고 면도기 날 방향이 오른쪽으로 하여 면도기 손잡이를 반 바퀴만 돌려 잡는 방법

2) 기본 면도 작업 자세와 위치

① 이용사는 손님의 의자를 눕히고 안면을 중심으로 손이 자유롭게 움직일 수 있는 위치를 선정하여야 한다.

② 면도 부위로 두 팔의 손, 손목, 손가락 관절이 자연스럽게 움직일 수 있도록 편안한 자세를 잡아야 한다.

3) 면도 시술 전, 중, 후의 처치

① 시술 전에 충분한 거품이나 스티밍을 하여 피부나 수염을 청결하게 유지하여야 한다.

② 시술 중에도 적당한 수분을 유지하여 수염을 깎을 때 저항을 줄여 주어야 한다.

③ 시술 후 스팀 수건으로 비누 거품의 잔여물을 충분히 닦아내고, 스킨 로션을 도포하여 감염을 방지하도록 한다.

④ 아울러 매니플레이션을 통해 혈액 흐름을 좋게 하고 생리 기능을 높여준다.

4) 기본 면도 방법과 순서

(1) 면도 방법

① 면도칼의 사용 각도는 모류 방향의 45° 이내가 원칙이다.

② 수염이 많고 뻣뻣하면 피부에 면도기 각도를 최대한 눕히고, 부드러운 수염은 면도기 각도를 세운다.

③ 면도기 사용 속도는 1회 움직임에 1초가 표준이며, 일정한 속도를 유지하도록 한다.

(2) 면도 순서

① 오른쪽 수염 깎기 → ② 왼쪽 수염 깎기 → ③ 인중과 턱수염 깎기 → ④ 습포 수건 닦기 → ⑤ 매니플레이션 → ⑥ 로션 바르기

3 기본 면도 마무리

1) 면도 작업 후처리

얼굴 면도 후 피부에 남아 있는 크림, 비누 거품, 오물을 냉 온습포로 닦아내고 매니플레이션을 하여 혈액 흐름과 생리 기능을 높여준다.

(1) 습포 종류별 효과

온습포	• 피부 표면의 노폐물과 노화된 각질 제거 • 모공을 열어주어 혈액 순환을 촉진하는 효과 • 정상 피부나 지성피부에 사용
냉습포	• 피부 진정 효과 • 예민한 피부에 사용

(2) 매니플레이션의 종류와 방법

① 매니플레이션의 정의: 손을 이용하여 리듬, 강약, 속도, 시간, 밀착 등을 조절하여 적용하는 방법

② 매니플레이션의 효과: 신진대사와 혈액 촉진

종류	방법	효과
쓰다듬기 (경찰법)	• 손가락이나 손바닥 전체를 피부와 밀착시켜 가볍고 부드럽게 쓰다듬는 동작 • 테크닉 시작단계나 동작연결 시 또는 마지막 단계에 사용	• 모세혈관 확장시켜 혈액순환 촉진 • 피부진정, 긴장완화 • 혈액과 림프순환, 조직독소 제거
문지르기 (마찰법)	• 손바닥과 손가락으로 피부를 강하게 누르거나 문지르는 동작	• 혈액순환, 신진대사 촉진 • 피지 배출, 탄력증진, 근육이완
주무르기 (유연법)	• 손가락이나 전체로 반죽하듯 쥐었다가 푸는 동작의 반복	• 근육이완, 통증완화 • 피부 및 근육 탄력승 증대 • 혈액과 림프 순환, 신진대사 촉진
두드리기 (고타법)	• 손전체나 손가락으로 리듬감있게 두드리는 방법	• 근육이완, 피부탄력 증진 • 신경 조직 자극, 혈액과 림프순환
떨기 (진동법)	• 손 전체를 밀착시켜 빠르고 고르게 떨어주는 방법	• 근육 및 신경 기능 항진 • 림프 및 혈액 순환 촉진 • 신체 이완

Unit 7 기본 염·탈색

1 염·탈색 준비

1) 색과 모발 색상 이론

(1) 1차색과 색상

① 색은 빛의 현상으로 사물에 반사된 빛의 파장에 따라 눈은 다른 색감으로 지각하게 된다.
② 빨강, 노랑, 파랑은 인공적으로 만들어 낼 수 없는 기본색(1차색)이다.
③ 1차색을 적당한 양으로 혼합한 색은 2차색(동화색)이다.
④ 1차색과 2차색을 혼합하는 3차색이 만들어 진다.

(2) 모발에서의 기본색과 색상

① 모발의 색상은 인종과 개인의 유전적인 요인에 따라 다르다.
② 멜라닌의 색소의 양에 의해 모발의 색상이 결정된다.

유멜라닌	• 갈색, 검은색을 나타내는 색소 • 동양인, 흑인들의 피부색과 모발색에 영향을 줌
페오멜라닌	• 노란색, 빨간색을 나타내는 색소 • 서양인들의 피부색과 모발색에 영향을 줌

2) 염·탈색이론

(1) 염색
① 정의: 모발에 인공색소를 침투 및 착색시켜 희망하는 색상을 얻는 과정
② 원리: 혼합 약제가 멜라닌 색소를 파괴하여 탈색과 발색이 진행됨

(2) 탈색
① 정의: 모발에서 인위적으로 색소를 제거하여 명도를 밝게 변화시키는 것
② 원리: 1제는 모표피를 팽윤시켜 2제가 모피질내로 침투할 수 있도록 하고, 2제는 멜라닌 색소를 산화시켜 색이 없는 형태로 탈색시킴

(3) 염모제의 종류와 특징
① 염모제의 특성에 따른 분류

식물성 염모제	• 식물의 꽃, 열매로 만들며, 모발에 코팅을 입히는 방법 • 헤나와 카모마일이 있음
금속성 염모제	• 납, 철, 카드뮴을 함유한 염모제로 독성으로 인한 사용제한이 있음 • 양귀비, 속성 염색약이 있음
합성 염모제	• 유기 합성 화학의 방법으로 제조한 염료 • 산성염료는 일시적 염모제로 사용되고, 염기성 염료는 반영구염모제로 사용됨 • 산화염료는 영구 염색제로 사용됨

② 염모제의 유지 지속기간에 따른 분류

일시적 염모제	• 모발의 큐티클 층만 염색되어 샴푸로도 쉽게 제거되는 염모제 • 1제만으로 구성
반영구적 염모제	• 4~6주 정도의 지속력을 가진 염모제
영구적 염모제	• 모발의 모피질에 염모제가 침투되어 탈색과 발색이 진행되는 염모제 • 1제와 2제로 구성

(4) 탈색제의 성분과 특성

1제	알칼리제	• 모피질에 산화제가 침투하도록 하여 모발을 손상시킴
2제	산화제	• 멜라닌을 분해하여 모발의 색을 밝게 만듦 • 모발의 케라틴을 약화시킴 • 과산화 수소를 주로 사용함

2 염·탈색 마무리

1) 액상화(Emulsion)

(1) 의미: 방치 시간이 끝나기 전 약 3~5분간 염모된 모발과 두개피를 마사지하는 것을 의미

(2) 목적

① 모발과 두개피에 남아있는 염모제 잔여물 제거

② 얼룩과 색소 정착

③ 부드러움과 윤기 부여

④ 색소 유지력 증대

2) 샴푸와 컨디셔닝

염·탈색 후 모발내 오염물질과 이물질을 제거하고 두피의 혈액순환과 두발의 성장을 촉진하기 위하여 샴푸와 컨디셔닝제를 통해 깨끗하게 세척한다.

샴푸·트리트먼트

Unit 8

1 샴푸·트리트먼트 준비

1) 샴푸의 기초

(1) 샴푸의 의미 및 목적

① 모발 내의 오염물질과 이물질을 제거하고 두피의 혈액순환과 모발의 성장을 촉진시켜 두개피의 상태를 개선

② 두피 및 모발을 건강하게 유지하기 위해 사용하는 모발관리용 화장품의 의미

(2) 샴푸의 종류

플레인 샴푸	일반샴푸로 모발 세정용 샴푸
비듬 방지용 샴푸	노화된 각질과 비듬을 제거하고 항균·항염 효과가 있는 샴푸
탈모방지 샴푸	혈액순환 장애와 피지 과다분비, 영양부족의 문제점을 보완하는 기능이 있는 샴푸
산성 밸런스 샴푸	약산성 샴푸로 펌이나 염색으로 팽윤된 모발을 수축하고, 손상을 방지하는 샴푸
드라이샴푸	물을 사용하지 않는 샴푸, 분말형과 액상형으로 구분됨

(3) 샴푸의 성분과 원리

① 주요성분: 계면활성제, 정제수 및 기타 첨가제(거품제, 정전기방지제, 방부제, 조정제, 향료 등)

② 계면활성제의 종류와 특징

종류	특징	용도
양이온성	살균, 소독작용과 정전기 억제 기능	헤어 린스, 헤어 트리트먼트
음이온성	세정작용과 기포형성 작용이 우수	샴푸, 클린징 폼
비이온성	피부자극이 적어 화장수의 가용화제로 사용	클렌징 크림, 화장수, 스킨
양쪽성	세정력이 우수, 피부자극이 적음	유아용 샴푸, 저자극 샴푸

2) 트리트먼트제의 기초

(1) 트리트먼트제의 기능과 목적

① 샴푸 후 사용하여 모발을 유연하게 하여 빗질이 용이하게 만듦

② 모발에 수분, 유성 성분을 보충하고 광택을 부여

③ 정전기 발생억제, 방지 효과

④ 샴푸 후 제거되지 않은 음이온성 계면활성제를 중화

(2) 트리트먼트제의 구분

제형의 농도와 주성분의 배합에 따라 린스, 컨디셔너, 트리트먼트로 분류되며, 모발의 영양 성분 함유에 따라 선택 사용한다.

린스	모발의 부드러움과 정전기를 방지하여 모발 표면상태 정돈할 목적으로 사용
컨디셔너	모발에 코팅막을 형성시켜 촉감을 향상시키고 모발을 건강한 상태로 회복 유지시키는 기능
트리트먼트	손상된 모발에 영양을 공급하여 건강한 모발관리 목적으로 사용

2 샴푸 · 트리트먼트 작업

1) 매니플레이션

(1) 매니플레이션의 정의와 목적

① 매니플레이션(manipulation)은 두피 마시지를 의미함

② 두피마사지는 두피의 근육, 피지선을 자극하여 혈액순환을 촉진하고, 모공의 수축과 이완으로 피지분비를 촉진시키며, 두피 가려움증 완화에 도움을 줄 수 있음

(2) 매니플레이션 방법

① 샴푸 매니플레이션

문지르기	손가락을 이용하여 두피에 압을 주며 문지르는 동작
양손교차하기	양 손가락 사이로 손을 교차시켜 비벼 주는 동작
지그재그	손가락을 두상을 따라 지그재그로 움직여 마사지하는 동작
나선형	손가락이나 손을 둥글게 쥐어 두피를 둥글리며 마사지하는 동작
튕겨주기	손가락으로 두개피를 잡아 가볍게 튕겨 주는 동작

② 트리트먼트 매니플레이션

쓰다듬기	손바닥, 손가락을 이용해 가볍게 쓸어주는 동작
주무르기	엄지와 네 손가락으로 근육을 주물러 풀어주는 동작
떨어주기	두피에 진동을 주어 근육의 긴장을 풀어주는 동작
두드리기	손가락, 손바닥으로 두드리는 동작

3 샴푸 트리트먼트 마무리

타월드라이	샴푸 후 타월을 이용하여 꼼꼼하게 닦아주는 작업
핸드 드라이	타월드라이 후 남은 수분을 헤어드라이어를 이용하여 손으로 방향감을 주어 말리는 작업
스타일링 마무리	스타일에 따른 헤어 제품 사용(스프레이, 왁스, 에센스 등)
홈케어 방법 제안	고객에게 맞는 샴푸제나 영양제를 제안

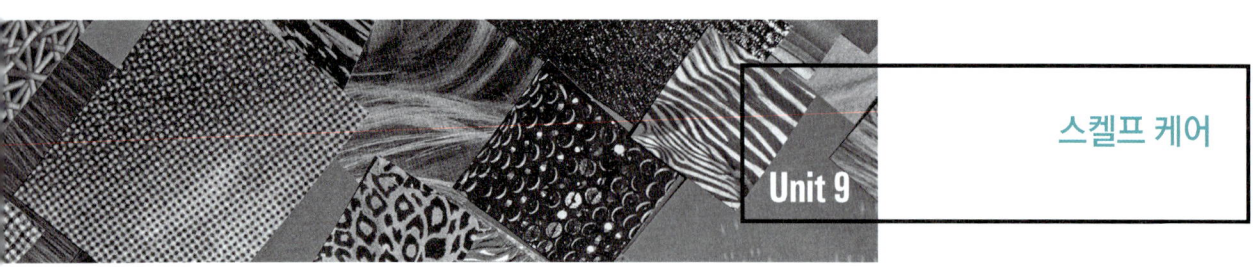

스켈프 케어

1 스켈프케어(두피관리) 준비

1) 두피관리의 기초

(1) 두피관리의 정의 및 효과

① **정의**: 두피의 노폐물을 제거하고, 영양분을 공급하여 건강하고 윤기 있는 모발로 성장하도록 도움을 주는 것

② 두피관리의 효과
- 혈액순환을 촉진시켜 모발 및 두피에 원활한 영양공급과 노폐물 배출
- 탈모 지연 및 예방 효과
- 비듬, 가려움 등 두피의 문제점 해결에 도움

(2) 두피 관리 기기

① **사용목적**: 두피관리 및 두피 관리제품의 흡수율을 높이고 두피의 신진대사를 활성화시키는 작용

② **기대효과**: 두피 혈행을 돕고 두피질환 및 탈모를 예방하고 관리하는데 도움을 줌

진단용 기기	두피 진단기, 모발 현미경
흡수 촉진용 기기	미스트기, 헤어 스티머, 휴대용 갈바닉
치료용 기기	적외선기
근육 이완용	진동 마사지기, 두피 마사지기
세정용 기기	스캘프 펀치, 쿨크린, 샴푸대

(3) 두피 관리 제품

샴푸제	두피상태에 따른 샴푸제
스케일링제	두피 클렌징 효과
두피 영양제	헤어토닉, 앰플, 팩

2) 두피 상담

① 고객 두피 및 모발에 대한 문제점을 파악화여 해결방안을 제시하고 도와주는 과정

② 두피 상담은 관리 전 상담-관리과정 중 상담- 관리 후 상담으로 구분됨

2 진단 분류

1) 두피 유형 및 특성

① 일반적인 두피 유형

정상 두피	• 피부 톤이 투명하며 적당한 피지와 수분에 의해 윤기가 나고, 노폐물과 각질 배출이 원활 히 진행됨 • 한 개의 모공에 2~4개의 모발이 자라고, 빈 모공이 거의 없는 건강한 두피
건성 두피	• 유·수분 이 부족하고, 피부 당김 현상, 가려움증이 나타나는 두피
지성 두피	• 과다한 피지 분비로 인해 피부 표면이 번들거리며 둔탁한 색상을 띰 • 비듬과 각질이 피지와 엉켜 모공을 막고 있어 모낭염, 탈모가 발생할 수 있음
민감성 두피	• 모세혈관이 확장되어 있어 홍반을 띠고 염증이 쉽게 발생하는 두피 • 선천적으로 두피가 얇거나 잦은 펌, 염색으로 발생하기도 함

② 문제성 두피 유형

비듬성 두피	각질의 들뜸 현상, 모공 주변에 잔존하고 있는 건성 비듬과 피지 분비량이 많아 모공이 막힌 상태로 비듬균이 증가되어 가려움이 수반됨
지루성 두피	만성 염증과 가려움이 동반되는 두피
탈모성 두피	여러 요인으로 인해 탈모가 동반되는 두피

2) 두피 영양

(1) 모발과 비타민

	작용	결핍 시
비타민 A	모발 건조 방지	두피 건조화로 탈모 촉진
비타민 B_1	비듬 방지	두피 건조로 인한 비듬 발생
비타민 B_2	모발 성장에 도움	모공확대, 탈모 촉진
비타민 D	모발 재생에 효과	
비타민 E	모발성장에 관여	

(2) 모발과 무기질

	작용	결핍 시
요오드	모발성장에 도움	탈모 발생
철	모발 성장과 유지에 관여	탈모 발생
칼슘	두피 신진대사를 원활	모발을 잡아주는 근육의 수축으로 탈모 발생
아연	흰머리 예방 및 모발생장 촉진	탈모 발생

(3) 두피 모발 건강과 식품

① **유익한 식품**: 검은콩, 다시마와 미역, 등 푸른 생선
② **유해한 식품**: 단 음식, 술, 담배, 인스턴트 식품, 기름진 음식, 탄수화물 식품

3) 탈모 유형 분류

(1) 탈모의 원인과 현상

① 탈모는 생리적으로 머리털이 빠지는 것을 의미
② 남성호르몬의 과다분비, 체질의 유전적 요인, 환경, 질병, 스트레스 등 다양한 요인으로 발생

③ 봄, 여름보다 가을, 겨울에 더 많이 발생
④ 두피가 가렵거나, 건조해지고, 피지와 노폐물이 증가하는 전조증상을 동반

(2) 탈모의 종류
① 반흔성 탈모: 모낭이 파괴되거나, 피부질환, 화상 등으로 영구적으로 모발이 나지 않는 것을 의미
② 비 반흔성 탈모: 남성형 탈모, 여성형 탈모, 원형탈모, 견인성 탈모 등이 있음

남성형 탈모	남성호르몬에 의한 탈모로 M형, O자형, M+O자형으로 나타남
여성형 탈모	분만 후 탈모나 피임약 복용 후 탈모증 혹은 폐경기 후 탈모증
원형 탈모	자가 면역질환으로 발생하는 탈모
견인성 탈모	업스타일, 모발을 묶거나 땋는 등의 요인으로 물리적 요인에 의한 탈모증

3 스켈프 케어

1) 두피 유형에 따른 샴푸 방법

정상 두피	청결함을 유지하는 식물성 샴푸와 컨디셔닝 효과를 주는 샴푸를 번갈아 가며 사용하여 적당한 유분과 수분을 공급
건성 두피	컨디셔너 기능이 있는 오일 샴푸, 광택용 샴푸, 유연 작용 샴푸, 건조 방지용 샴푸를 사용하여 샴푸 시 보습을 주며 두피의 자극을 최소화.
지성 두피	식물성 샴푸를 사용하여 세정력을 높이 고 피지 분비를 조절하여 세균 번식을 억제
민감성 두피	베이비 샴푸, 오일 샴푸를 사용하여 두피부에 자극을 최소화 시키고 산성 린스를 사용해 모발에 남아 있는 금속 성분을 제거
비듬성 두피	항비듬성 샴푸를 사용하여 비듬균의 성장을 억제시키고, 약용 린스를 사용하여 두피부와 모발에 살균 소독

2) 두피 유형에 따른 제품 적용

정상 두피	유수분 공급	에센스, 토닉
건성 두피	두피자극 최소화	습윤제가 배합된 크림, 로션, 오일타입
지성 두피	피지분비 조절, 세균번식 억제	오일
민감성 두피	두피자극 최소화	토닉, 에센스
비듬성 두피	비듬균 성장 억제	비듬균 제거 제품

3) 두피 스케일링

(1) 목적: 두피의 노폐물과 오래된 각질제거를 통해 두피에 영양을 공급하기 위함

(2) 시술 방법

① **우드 스틱 면봉**: 탈지면을 우드 스틱에 단단히 감아서 면봉을 만든다.

② 모발을 얇게 슬라이싱 한다(전두부 2등분, 후두부 3등분 섹션).

③ 우드 스틱을 10㎜ 간격으로 2회 정도 반복하면서 스케일링 제품을 도포한다.

4) 두피 매니플레이션

두피 메니플레이션은 약-강-약을 3초간 지그시 눌러 가볍게 회전하며 압을 주면서 두상 전체를 마사지한다.

기본 아이론 펌 — Unit 10

1 기본 아이론 펌 준비

1) 펌(퍼머넌트 웨이브, permanent wave)의 기초

(1) 퍼머너트 웨이브의 기초

① **정의**: 모발에 물리적(로드 와인딩, 아이론 와인딩), 화학적 방법(환원제, 산화제) 자극을 가하여 모발의 구조, 형태를 변경시켜 웨이브를 만드는 작업

② **원리**: 1제(환원제)가 모발 내부의 시스틴 결합을 절단한 후, 2제(산화제)의 작용에 의해 절단된 시스틴을 재결합하고 고정시켜서 장기적인 웨이브를 형성함

(2) 펌의 역사

1875년	프랑스인 마샬 그라또우가 아이론을 이용한 웨이브 창안
1905년	영국인 찰스 네슬러가 화학적인 처리 방법으로 영구적인 웨이브 펌을 고안
1940년	미국인 맥도우가 티오글리콜산을 주성분으로 하는 콜드 펌 연구 성공

2) 펌 용제

(1) 펌 용제 역할

구분	역할
1제(환원제)	알칼리제로 모발을 팽윤, 연화시키고, 환원제 성분 중 수소(H)가 모발 내의 시스틴 결합을 절단하는 작용(환원작용)
2제(산화제)	절단되었던 시스틴 결합을 산화제에 의해 로드(아이론)의 크기와 형태로 재결합시키는 작용(산화작용)

(2) 1제의 종류와 작용

구분	종류	작용
환원제	티오글리콜산, 시스테인 외	모피질 내의 시스틴 결합의 차단
알칼리제	암모니아수 외	화학반응을 활성화시키고, 팽윤도에 관여
첨가제	침투제, 습윤제, 향료 외	두발 보호 및 피부 자극완화 등의 기능

(3) 2제의 종류와 작용

구분	종류	작용
산화제	과산화수소, 브롬산 나트륨	시스틴 결합을 정착시키고, 웨이브를 고정하는 역할
첨가제	침투제, 습윤제, 향료 외	두발 보호 및 피부 자극완화 등의 기능

3) 아이론 기기 선정

(1) 아이론 기기의 명칭

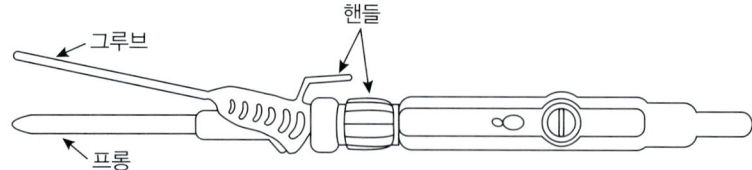

프롱(로드)	둥그런 쇠막대기 형상으로 모발을 누르거나 감아서 볼륨을 주는 역할
그루브	홈으로 파여진 부분으로 프롱을 감싸주며 모발을 고정시키는 역할
핸들	손잡이

(2) 아이론 기기 선정

아이론의 굵기는 모발의 길이와 사용용도에 따라 적합하게 선정한다.

모발길이	아이론 굵기	사용 용도
1~5cm	2~5mm	모류 교정
6~12cm	10mm~14mm	C-C컬, S컬
13cm 이상	16~22mm	S-S 컬

(3) 아이론 사용 방법

① 적정 사용 온도: 120 ~ 140℃
② 아이론 잡는 방법: 엄지와 인지로 손잡이를 잡고 중지, 약지로 감싸 주며, 소지는 핸들 안쪽으로 넣어준다.

(4) 아이론 빗의 기능과 사용법

① 모발의 흩어짐과 날림을 방지하고 웨이브 폭을 균등하게 조절
② 아이론 밑에 빗을 넣어 두피의 화상을 방지

2 기본 아이론 펌 작업

1) 시술 시 유의사항

① 고객의 모발이나 두피상태, 원하는 스타일을 분석 후에 시술 시작한다.
② 시술 전 가벼운 샴푸를 진행한다.
③ 모발길이, 디자인에 따라 적당한 로드나 아이론을 선정한다.
④ 고객의 옷, 안면에 약액이 묻지 않도록 유의
⑤ 퍼머넌트 시술 후 고객 카드 작성
⑥ 시술 후 고객에게 홈케어 손질 및 관리법을 설명

🔶 The 알아보기

이용사 자격시험에서 아이론 펌의 와인딩

검정형 시험	센터에서 9개 이상, 좌우 사이드에서 5개 이상 와인딩
과정평가형 시험	두상 전체를 와인딩

2) 펌 작업

(1) 비닐캡의 역할

와인딩이 끝난 후에 두피에서 발생하는 열을 이용하여 펌의 작용을 촉진시키고 모발에 도포된 환원제의 산화를 방지하기 위한 목적

(2) 방치시간(Processing time)과 컬의 관계

탄력 있고 균일한 웨이브를 얻기 위해서는 환원제 도포 후 적당한 방치시간을 준수하는 것이 중요하다.

오버 프로세싱 (over processing)	• 펌제 도포 후 오버타임 방치 • 모발이 늘어지고 부석부석해지는 현상
언더 프로세싱 (under processing)	• 웨이브 형성시간보다 짧게 방치 • 컬이 약하고 탄력이 없고 쉽게 풀어짐

(3) 테스트 컬

환원제가 모발에 어느정도 작용되었는지 여부를 판단하여 정확한 방치시간을 결정하고 웨이브의 형성 정도를 파악하는 작업

3 기본 아이론 펌 마무리

1) 펌 시술과 모발 케어

① 펌 시술 후에는 48시간 이내에 샴푸하지 않은 것이 좋다.

② 염색 후 펌은 최소한 2주후에 한다.

③ 펌 시술 후 염색은 1주 후에 한다.

④ 펌 후에는 약산성 샴푸나 산성 린스를 사용하는 것이 좋다.

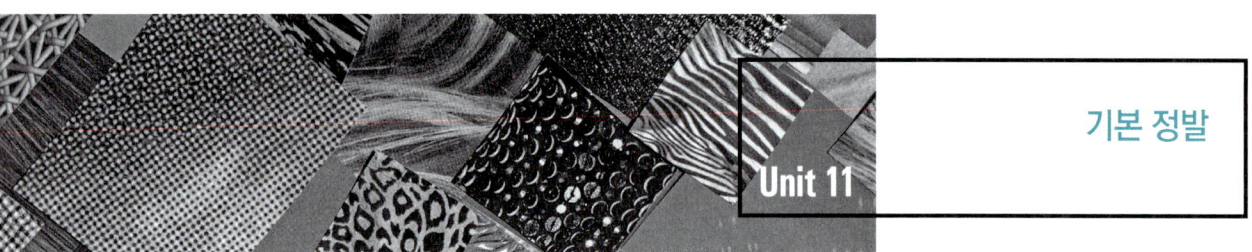

Unit 11 기본 정발

1 정발 기초 지식 파악

1) 블로 드라이의 기초

(1) 정의: 헤어 드라이기의 열과 바람으로 젖은 모발을 건조시켜 일시적으로 새로운 스타일을 만드는 작업

(2) 원리
① 드라이기의 온풍, 냉풍을 이용해 일시적으로 모발 구조에 변화를 주어 스타일을 형성시키는 방법
② 모발에 물이 닿으면 모발 내부이 수소결합이 일시적으로 끊어지고, 건조되면 재결합이 이루어지는 원리를 이용

2) 정발 작업의 기본 원리

(1) 정발의 개념
① 정발(hair setting)은 머리형을 만들어 마무리하는 것을 의미
② 정발은 오리지널 세트(original set)와 리셋(reset) 과정을 포함하는 개념

오리지널 세트 (Original set)	• 헤어스타일의 기본이 되는 세팅의 방법과 테크닉을 말함 • 종류: 헤어 파팅, 헤어 셰이핑, 헤어 컬링, 롤러 컬, 컬 핀닝 등
리셋 (Reset)	• 완성된 헤어 스타일링을 빗이나 브러시로 최종적으로 마무리하는 일련의 작업 • 종류: 콤아웃(빗으로 마무리), 브러시 아웃(브러시로 마무리)

> **The 알아보기**
>
> **헤어 셰이핑(hair Shaping)의 방법:** 헤어 모발을 정리 정돈하여 컬과 웨이브를 만들기 위한 기초 작업
>
> | 업 | 두상면보다 위로 빗질 | 스트레이트 | 직선으로 빗질 |
> |---|---|---|---|
> | 다운 | 두상면보다 아래로 빗질 | 라이트 고잉 | 오른쪽을 향하게 빗질 |
> | 포워드 | 안말음(귓바퀴 방향)으로 빗질 | 레프트 고잉 | 왼쪽을 향하게 빗질 |
> | 리버스 | 바깥말음(귓바퀴 반대 방향)으로 빗질 | | |

3) 얼굴 유형에 맞는 정발 스타일

사이드 파트 스타일 (side part style)	모난 얼굴형	4대 6 가르마	눈 안쪽을 기준으로 가르마를 나눔
	둥근 얼굴형	7대 3가르마	눈썹을 중심으로 가르마를 나눔
	긴 얼굴형	8대 2 가르마	눈꼬리를 기준으로 가르마를 나눔
센터 파트 스타일	타원형 얼굴	5대 5 가르마	얼굴의 정중선(코끝)을 기준으로 가르마를 나눔

2 기본 정발 작업

1) 정발 기구 및 제품

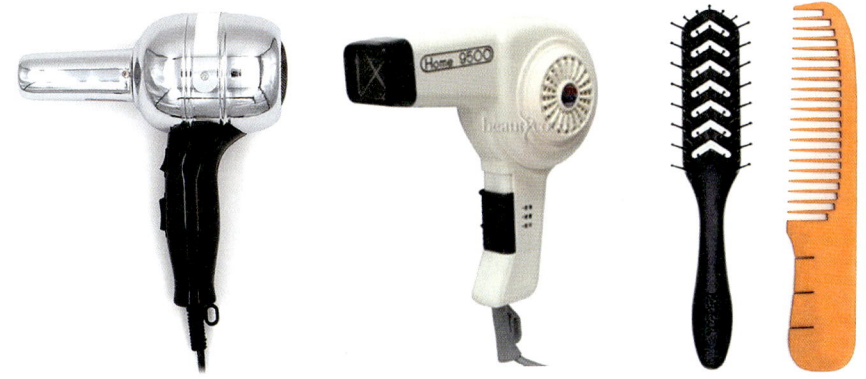

(1) 블로 드라이어

① **구성품**: 몸체, 손잡이, 흡입구, 송풍구, 팬과 모터, 열선, 노즐, 스위치

② **동작원리**: 팬 회전에 의해 생긴 바람이 열선을 통과하면서 온풍이 되어 노즐로 보내짐

(2) 빗/브러시

① **정발 빗**: 베크라이트(bakelite, 합성수지의 일종) 소재로 만들며, 모발길이와 숱에 따라 크기 선정하여 사용

② **덴맨 브러시**: 영국 덴맨사가 제작한 브러시로써, 모발에 텐션과 볼륨을 형성시킴

(3) 정발제

모발에 수분, 유분, 광택 등을 주어 모발을 보호하고 물리적으로 고정시켜 스타일을 정돈하는 역할

포마드	• 모발에 유분을 흡수시켜 광택과 정발력을 높이는 역할 • 피마자유, 올리브유 등에 밀랍을 첨가한 식물성 포마드를 많이 사용함
헤어 오일	• 모발에 유분 공급하여 유연성을 유지하여 정발 작업성 향상에 도움
헤어 크림	• 기름과 물을 혼합한 제품으로 끈적임이 적고 광택을 주는 역할
헤어 스프레이	• 두발에 분사시키면 리셋된 헤어스타일을 고정시키는 역할

2) 정발 순서

(1) 검정형 시험 기준

① 요구 조건

- 드라이어와 브러시, 일자 빗을 사용하여 정발작업
- 덴맨브러시로 뿌리 몰딩 기초 작업을 하고, 일자 빗으로 정발 작업 진행
- 가르마는 마네킹의 좌측 7:3으로 표현

② **작업순서**: 수건 대기 → 핸드 드라이하기 → 정발제 도포하기 → 머리 정발 하기 → 마무리작업 정리 정돈하기

맞춤 가발

Unit 12

1 맞춤 가발 상담

1) 가발의 기초

(1) 가발의 종류

종류	형태	적용
전체 가발	두상을 90~100%를 덮는 가발	넓은 남성형 탈모, 항암 치료환자
부분 가발	두상 일부분을 덧대는(Cover) 가발	탈모용 부분 가발
패션 가발	머리 모양을 꾸미고 치장하기 위한 가발	연극용 가발, 코스프레용 가발

(2) 가발의 재질

인모	사람의 머리털로 제작	• 헤어스타일이 자연스럽고, 펌과 염·탈색이 가능 • 샴푸 시에 엉킴이 심하고, 탈색이 쉽게 됨
합성모	화학섬유로 제작	• 컬러와 스타일 유지력이 좋음 • 펌과 염·탈색이 안되며, 열과 마찰에 약함

2) 가발의 패턴 제작법의 종류

비닐랩 패턴	두상을 비닐랩으로 감싼 후 투명테이프로 형틀을 만들어 부위를 측정하는 패턴 제작법
시트 패턴	시트지를 두상에 눌러 주어 형틀을 만드는 패턴 제작법
석고 붕대	석고 붕대를 씌워 패턴 제작하는 방법
투명 플라스틱 패턴	투명 플라스틱 캡을 씌워 패턴을 제작하는 방법
3D 영상 패턴	영상 측정 장치로 촬영하여 패턴을 제작하는 방법

2 맞춤 가발 작업

(1) 가발의 부착방법

착탈식	클립식	주변의 머리카락을 클립으로 고정
	테이프식	두피에 테이프로 고정
	밴드식	두상 주위를 고무밴드로 고정
고정식	접착식	테이프와 접착제로 고정
	결속식	주변 머리를 실로 결속 후 접착제로 고정

(2) 가발의 커트 방법

부분 가발을 쓴 사람을 커트할 때는 가발과 본 머리를 연결시켜 커트를 진행한 뒤에 가발을 벗은 후 본머리를 다시한번 체크 커트 진행한다.

3 맞춤 가발 관리

(1) 가발 홈케어

① 가장자리에서 가운데로 향해 브러싱 한다.
② 전용 위그 오일을 고르게 뿌려준다.
③ 가발 거치대에 보관한다.

(2) 가발 세척 방법

① 미지근한 물에 샴푸제를 적당량 풀어 가발을 담가준다.
② 브러시를 사용하여 모간에서 모근 쪽으로 가볍게 빗질한다.
③ 린스제에 담가서 잘 헹구어 낸다.
④ 타올로 덮어 손으로 두르려 주어 물기를 제거한다.

• Memo •

03

공중위생관리

- Unit 13 • 공중보건
- Unit 14 • 소독
- Unit 15 • 공중위생관리법규
  (법, 시행령, 시행규칙)

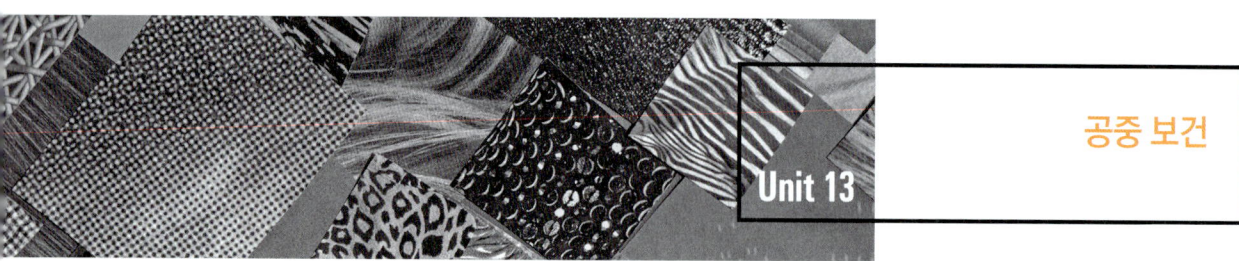

Unit 13 공중 보건

1 공중보건 기초

1) 공중보건학

(1) 공중보건학의 정의: 조직적인 지역사회의 노력을 통하여 질병을 예방하고, 생명을 연장시키며, 신체적 정신적 건강 및 효율을 증진시키는 기술이며 과학

(2) 공중보건학의 대상: 개인이 아닌 지역사회 주민 전체 및 인간 집단의 국민 전체를 대상

(3) 공중보건학의 목적: 질병예방, 수명연장을 위한 신체적·정신적 효율 증진

(4) 공중보건학의 범위

환경보건	환경위생, 식품위생, 환경오염, 산업보건
보건관리	보건행정, 보건교육, 인구보건, 모자보건, 가족보건, 노인보건, 사회보장제도 등
역학 및 질병관리	역학, 감염병관리, 기생충질환관리, 비감염성 질환관리

2) 건강과 질병

(1) 건강의 개념: 육체적, 정신적, 사회적 및 영적으로 완전히 행복한 역동적 상태를 의미

(2) 질병

① **정의:** 인체의 조직 혹은 기관의 이상으로 신체의 기능이나 구조에 장애를 초래한 상태
② **질병 발생의 3요인:** 병인, 숙주, 환경의 3요인이 상호작용함으로써 발생

병인	질병 발생의 직접적인 원인	세균, 바이러스, 기생충, 곰팡이, 성인병, 직업병, 중독증, 성인병 등.
숙주	질병 발생에 영향을 주는 신체 내부 요인	연령, 성별, 유전, 저항력, 생활습관, 스트레스 등
환경	병인과 숙주를 제외한 모든 요인	기후, 지형, 인구분포, 생활환경 등

🞤 The 알아보기

숙주의 개념: 일반적으로 기생충 등에게 영양분을 공급하고 쉼터가 되는 존재(인간)

3) 인구 보건

(1) 인구 구성: 성별, 연령별, 인종별, 직업별, 사회 계층별, 교육 수준별 등으로 표시

(2) 인구 피라미드: 특정 시점의 연령층 별 인구 구성을 한눈에 볼 수 있는 그래프

(3) 인구 피라미드의 종류

① **피라미드형(인구증가형):** 출생율이 사망률 보다 높은 형 (후진국형)

② **종형(인구 정지형):** 출생률과 사망률이 같은 형 (이상적인 형태)

③ **항아리형(인구 감소형):** 출생률보다 사망률이 높은 형 (선진국형)

④ **별형 (인구 유입형):** 생산연령 인구의 전입이 늘어나는 형 (도시형)

⑤ **표주박형(인구 감소형):** 생산연령 인구의 전출이 늘어나는 형(농촌형)

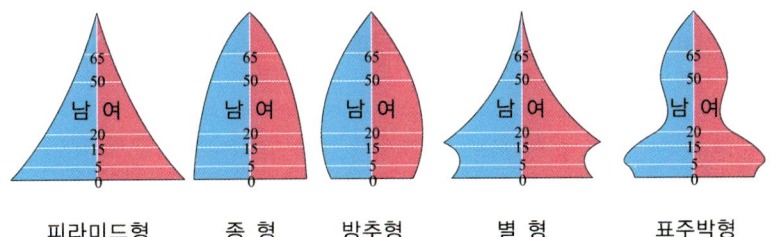

피라미드형   종 형   방추형   별 형   표주박형

4) 보건 지표

① **보건지표의 개념**: 국가나 지역사회의 건강상태 및 보건 실태를 측정하는 것

② WHO 3대 건강 수준 지표

평균수명	어떤 연령의 사람이 평균적으로 몇 년을 더 살 수 있는 지에 대한 기대치
비례사망자 수	년간 총사망자수에 대한 50세 이상의 사망자 수
보통사망률(조사망률)	특정 년도의 인구 중에서 같은 해의 총 사망자수를 의미

> **The 알아보기**
>
> 영아사망률 (출생 1,000명에 대한 생후 1년 미만의 사망 영아 수)는 한 국가의 건강수준을 나타내는 지표로 활용

2 질병관리

1) 역학

(1) 역학의 정의: 질병의 발생과 분포를 파악하고, 원인을 규명하여 예방대책을 수립하는 과학 또는 학문

(2) 역학의 목적:

① 질병의 발생원인 규명

② 질병 발생 및 유행의 감시 역할

③ 질병의 자연사에 관한 연구

④ 공중 보건정책을 개발하기 위한 기초 자료 제공

> **The 알아보기**
>
> **역학 조사:** 감염병의 차단과 확산 방지 등을 위하여 감염병 환자 등의 발생 규모를 파악하고 감염원을 추적하는 등의 활동과 감염병 예방접종 후 이상반응 사례가 발생한 경우 그 원인을 규명하기 위하여 실시하는 활동

2) 감염병 관리

(1) 감염병: 환자를 통해 새로운 환자를 만들 수 있는 질병을 의미

(2) 감염병의 3대 요인

감염원	병원체를 전파시키는 근원	환자, 보균자, 감염 동물, 오염 식품, 오염수 등
감염 경로	병원체가 생체로 침입하기까지의 경로	접촉 감염, 공기 전파, 동물 매게 전파, 개달물 전파
감수성 숙주	인체에 침입한 병원체에 대하여 저항력이 낮은 상태를 의미	숙주의 감수성이 높으면: 감염병 유행 숙주의 면역성이 높으면: 감염병 차단

> **The 알아보기**
>
> **감수성의 개념:** 숙주에 침입한 항원에 대항하여 감염이나 발병을 막을 수 있는 능력이 없어 건강이 악화될 우려가 있는 상태 (면역성의 상대적 개념)

(3) 감염병의 발생 과정

감염병의 생성과정은 병원체 → 병원소 → 병원소로부터 병원체의 탈출 → 전파 → 새로운 숙주로의 침입 → 숙수의 감수성 등의 요소가 연쇄적으로 연결되어 발생함

① **병원체:** 숙주에 기생하면서 질병을 발생시키는 미생물로 바이러스, 리케차, 세균, 진균 및 사상균 등

② **병원소:** 병원체가 증식하여 다른 숙주에 전파될 수 있는 상태로서 질병의 전염원

㉠ 인간 병원소

건강 보균자	병원체가 침입하였으나 증상이 없고 병원체를 배출하는 보균자, 감염병 관리가 어려움(B형 바이러스, 디프테리아, 폴리오, 일본뇌염)
잠복기 보균자	발병 전 잠복기간에 병원체를 배출하는 보균자 (홍역, 백일해, 유행성 이하선염)
회복기 보균자	감염병이 치료되었으나 병원체를 배출하는 보균자 (세균성 이질)

ⓛ 동물 병원소

병인	병원소	관련 질병
동물	쥐	페스트, 발진열, 살모넬라
	고양이	톡소프라스마증, 살모넬라
	토끼	야토병
	개	공수병(광견병)
	돼지	일본뇌염, 구제역, 탄저, 살모넬라
	소	결핵, 탄저, 파상열
곤충	모기	일본뇌염, 말라리아, 뎅기, 황열
	이	발진티푸스, 재귀열
	벼룩	흑사병, 발진열
	파리	콜레라, 이질, 장티푸스

ⓒ 인수공통 병원소
　ⓐ 동물이 병원소가 되면서 인간에게도 감염을 일으키는 감염병
　ⓑ 쥐(페스트), 돼지(일본뇌염), 개(광견병), 쥐(살모넬라), 산토끼(야토병), 소(결핵)

(4) 병원소로부터 병원체의 탈출

병원소에서 병원체가 탈출하면서부터 감염병의 전파가 시작되며, 병원체의 종류 및 숙주의 기생 부위에 따라 호흡기 계통, 소화기계통, 혹은 개방 병소로 직접 탈출하기도 한다.

(5) 감염병의 전파

① 직접 전파: 매개체 없이 전파
　㉠ 성병, 피부병, 매독 (직접접촉감염)
　㉡ 결핵, 홍역, 인플루엔자, 유행성 이하선염(기침, 재채기로 감염)

② 간접 전파: 매개체를 통해 간접적으로 전파

　㉠디프테리아, 결핵 (호흡기를 통해 감염)

(6) 면역의 종류와 질병

① **선천적 면역**: 태어날 때부터 가지고 있는 유전적 면역(인종, 종족, 개인차)

② **후천적 면역**: 후천적(감염, 예방접종)으로 성립된 면역

능동 면역	자연 능동 면역	감염병 감염 후에 형성된 면역
	인공 능동 면역	예방접종에 의해 형성된 면역
수동 면역	자연 수동 면역	태반이나 모유를 통해 생기는 면역
	인공 수동 면역	면역 혈청주사에 의해 얻어진 면역

(7) 감염병 관리

감염병의 심각도, 전파력, 격리 수준, 신고 시기 등을 기준으로 1~4급(級) 등으로 분류하여 관리한다.

① **1급 감염병**: 치명율 혹은 집단 발병의 우려가 높아 유행 즉시 신고하고 음압 격리가 필요한 감염병이다.

② **2급 감염병**: 전파가능성이 높아 24시간 이내에 신고하고 격리가 필요한 감염병이다.

③ **3급 감염병**: 계속 감시가 필요하고 24시간 이내에 신고하여야 하는 감염병이다.

④ **4급 감염병**: 유행 여부를 조사하기 위해 표본 감시가 필요한 감염병이다.

구분	감염병 종류	격리 수준	신고 시기
1급 (17종)	에볼라바이러스병, 마버그열, 라싸열, 크리미안 콩고출혈열, 남아메리카출혈열, 리프트밸리열, 두창, 페스트, 탄저, 보툴리눔독소증, 야토병, 신종 감염병증후군, 중증급성호흡기증후군(SARS), 중동호흡기증후군(MERS), 동물인플루엔자 인체감염증, 신종인플루엔자, 디프테리아	음압 격리 필요	발생 및 유행 즉시 신고

구분	감염병 종류	격리 수준	신고 시기
2급 (21종)	결핵, 수두, 홍역, 콜레라, 장티푸스, 파라티푸스, 세균성이질, 장출혈성대장균감염증, A형간염, 백일해, 유행성이하선염, 폴리오, 수막구균 감염증, b형 헤모필루스인플루엔자, 폐렴구균 감염증, 한센병, 성홍열, 반코마이신내성황색포도알균(VRSA) 감염증, 카바페넴내성장내세균속균종(CRE) 감염증, E형 간염	격리 필요	24시간 이내 신고
3급 (28종)	파상풍, B형간염, 일본뇌염, C형간염, 말라리아, 레지오넬라증, 비브리오패혈증, 발진티푸스, 발진열, 쯔쯔가무시증, 렙토스피라증, 브루셀라증, 공수병, 신증후군출혈열, 후천성면역결핍증(AIDS), 크로이츠펠트-야콥병(CJD) 및 변종크로이츠펠트-야콥병(vCJD), 황열, 뎅기열, 큐열, 웨스트나일열, 라임병, 진드기매개뇌염, 유비저, 치쿤구니야열, 중증열성혈소판감소증후군(SFTS), 지카바이러스 감염증, 엠폭스, 매독	계속 감시 필요	24시간 이내 신고
4급 (23종)	인플루엔자, 회충증, 편충증, 요충증, 간흡충증, 폐흡충증, 수족구병, 임질, 클라미디아 감염증, 연성하감, 성기단순 포진, 첨규콘딜롬, 반코마이신 내성장알균(VRE) 감염증, 메티실린내성황색포도알균 감염증, 다제내성녹농균 감염증, 다제내성아시네토박터바우마니균 감염증, 장관감염증, 급성호흡기감염증, 해외유입 기생충감염증, 엔테로바이러스 감염증, 사람유두바이러스 감염증, COVID-19	표본 감시	7일 이내 신고

3) 기생충 질환 관리

(1) 기생충의 종류

선충류	소화기, 근육, 혈액 등에 기생	회충, 구충(십이지장충), 요충, 편충
흡충류	숙주의 간, 폐 등에 흡착하여 기생	간흡충(간디스토마), 폐흡충(폐디스토마), 장흡충, 요코가와흡충
조충류	숙주의 소화기관에 기생	유구조충, 무구조충, 광절열두조충(긴촌충)

(2) 숙주와 기생충

① 어패류 매개 기생충

기생충	제1중간 숙주	제2중간 숙주
긴흡충(간디스토마)	우렁이	잉어, 붕어, 피라미
폐흡충(페디스토마)	다슬기	가재, 참게
요코가와흡충	다슬기	은어, 숭어
광절열두조충(긴촌충)	물벼룩	송어, 연어

② 육류 매개 기생충

기생충	중간 숙주
무구조충(민촌충)	소
유구조충(갈고리촌충)	돼지
만소니열두조충	닭

3 가족 및 노인 보건

1) 모자보건

(1) **목적:** 모성의 생명과 건강을 보호하고 건전한 자녀의 출산과 양육을 도모하여 국민 보건 향상에 기여함

(2) **대상:** 임신, 출산 및 수유 기간의 모성과 취학 전 영유아(6세미만)를 대상으로 한다.

(3) **모자보건의 3대 목적:** 산전관리, 산욕관리, 분만관리

2) 노인보건

(1) **목적:** 노인의 질환을 예방 및 조기 발견하고, 적절한 치료 요양으로 노후의 보건 복지 증진에 기여함

(2) 노인 보건의 대상: 65세 이상의 노인 (보건복지법)

전체 인구 중 65세 이상 노인인구가 차지하는 비율	장년기 사회	65세 이상의 인구가 전체의 4~7% 미만
	고령화 사회	65세 이상의 인구가 전체의 7% 이상
	고령 사회	65세 이상의 인구가 전체의 14% 이상
	초고령 사회	65세 이상의 인구가 전체의 20% 이상

> **The 알아보기**
>
> 한국은 2025년 초고령사회로 진입

4 환경 보건

1) 환경 보건

(1) 개념: 인체 건강에 잠재적으로 영향을 줄 수 있는 환경성 질환을 예방 관리하는 것을 의미

> **The 알아보기**
>
> **환경성 질환의 종류:** 수질오염물질로 인한 질환, 유해화학물질로 인한 중독증 및 신경계나 생식계 질환, 석면으로 인한 폐질환, 환경오염으로 인한 건강 장애 등을 의미함(환경보건법)

(2) 기후

① 기후의 3대요소: 기온, 기습(습도), 기류(기온과 기압 차이로 발생하는 공기 흐름)

② 기후의 4대요소: 기온, 기습, 기류, 복사열

2) 대기 환경

(1) 대기의 구성

① 질소(78%), 산소(21%), 아르곤, 이산화 탄소, 기타

② 대기의 유해 성분: CO(일산화탄), SO_2(아황산가스), O_3(오존)

> **⊕ The 알아보기**
>
> **군집독 현상:** 다수인이 밀집한 밀폐된 실내에서 기온상승, 습도 증가, 이산화 탄소의 증가로 현기증, 구토, 두통 등의 생리적 이상 현상이 발생하는 것을 의미함

(2) 대기오염

① **1차 오염물질:** 직접 대기에 배출되는 물질로서 분진, 연기, 재, 안개, 매연 등

② **2차 오염물질:** 1차 오염물질이 합성되어 새로이 생성된 물질로 오존, 스모그, 알데히드 등

3) 수질 환경

(1) 음용수 오염 측정 지표: 대장균 수

> **⊕ The 알아보기**
>
> 대장균의 검출 방법이 용이하고 정확하기 때문에 수질오염 지표로 활용됨

(2) 하천 오염의 측정 지표

생물학적 산소요구량 (BOD)	유기물이 세균에 의해 산화 분해될 때 소비되는 산소량, 단위 ppm	BOD 요구량이 높을수록 오염도가 높다.
용존 산소량 (DO)	물속에 녹아 있는 산소량, 단위 ppm	• DO가 낮을수록 물의 오염도가 높다. • DO가 높을수록 깨끗한 물이다.
화학적 산소요구량 (COD)	유기물을 산화시킬 때 소모되는 산소량, 단위 ppm 공장 폐수 오염도 측정 지표로 사용	COD가 높을수록 오염도가 높다.

(3) 수질오염 질환

수은 중독	미나마타 병	신경마비, 언어장애, 두통,
카드뮴 중독	이타이이타이 병	골연화증, 전신권태

4) 주거 및 의복 환경

(1) 주거 환경

① 채광(자연조명)의 조건

  ㉠ **창문의 면적**: 방바닥 면적의 1/5~1/7, 벽면적의 70%

  ㉡ **창의 입사각**: 28°이상

  ㉢ **창의 개각**: 4~5° 이상

② 인공 조명

전체 조명	전체적으로 밝게 하는 조명	강당, 가정
부분 조명	부분을 밝게 하는 조명	스탠드
직접 조명	조명 효율이 크고 경제적이나 불쾌감을 줄 수 있음	서치라이트
간접 조명	눈의 보호를 위해 가장 좋은 조명	형광등

③ 조명의 조건

  ㉠ 눈이 부시지 않고 그림자가 생기지 않아야 한다.

  ㉡ 폭발이나 화재의 위험이 없어야 한다.

  ㉢ 깜박거림이나 흔들림 없이 조도가 균등해야 한다.

  ㉣ 취급이 간단해야 한다

  ㉤ 색은 주광색에 가까운 것이 좋다

🔷 **The 알아보기**

이미용실 조명: 75 Lux 이상

(2) 의복환경

① **의복의 기능**: 신체 보호 및 체온조절, 장식 기능, 개성 표현 기능, 자유로운 활동 기능

② **의복의 조건**: 보온성, 통기성, 흡수성, 흡습성, 신축성, 내열성을 가져야 한다.

5 보건행정

1) 보건행정의 정의 및 체계

(1) 정의: 공중보건의 목적(수명연장, 질병예방, 건강증진)을 달성하기 위해 공공의 책임하에 수행하는 행정 활동

(2) 범위

① 보건 관계 기록의 보존
② 환경위생
③ 보건 교육
④ 감염병 관리
⑤ 의료, 모자보건 및 보건 간호

(3) 보건행정의 특성

공공성, 사회성, 교육성, 과학성, 기술성, 봉사성, 보장성을 특성으로 한다.

2) 사회보장과 국제 보건기구

(1) 사회보장

① **정의:** 국가가 주체적으로 국민을 보호하고 적절한 의료서비스를 제공하는 제도
② 종류

구분	종류	내용
사회보험	국민연금, 고용보험, 건강보험, 산재 보험	소득보장 및 의료 보장
공적부조	생활 보호, 의료보호	최저생활 보장, 의료 급여
사회복지 서비스	공공서비스	노인, 아동, 장애인, 가정 복지

(2) 보건 기구(WHO, World Health Organization)

① 1948년 발족, 본부는 스위스 제네바
② 한국은 1949년 65번째로 회원국 가입

Unit 14 소독

1 소독의 정의 및 분류

1) 소독 관련 용어 정의

멸균	병원성, 비병원성 미생물 및 포자를 포함한 모든 균을 사멸 또는 제거
살균	병원성 미생물을 물리, 화학적 작용으로 급속하게 제거하는 작업
소독	병원균을 파괴하여 감염력 및 증식력을 없애는 작업. 포자는 제거되지 않음
방부	병원성 미생물의 발육과 작용을 정지시켜서 부패나 발효를 방지

🔱 The 알아보기

소독력의 크기: 멸균 〉 살균 〉 소독 〉 방부

2) 소독 기전 (소독 메커니즘)의 종류

① **산화 작용:** 과산화수소, 염소, 오존에 의한 소독
② **균체 단백질 응고 작용:** 알콜, 석탄산 크레졸 포르말린에 의한 소독
③ **균체 효소의 불활성화 작용:** 알콜, 석탄산, 중금속에 의한 소독
④ **가수분해 작용:** 강산 강알칼리에 의한 소독

3) 소독법의 분류

소독법의 종류에는 자연 소독법(희석, 태양광선 등), 물리적 소독법, 화학적 소독법으로 분류됨

(1) 물리적 소독법

① 건열에 의한 소독법

화염 멸균법	불꽃에 20초 이상 가열하여 미생물을 태우는 방법	유리제품, 금속제품 등 불연성 제품
건열 멸균법	건열 멸균기 150~170℃에서 1~2시간 멸균 처리	주사기, 유리제품
소각법	불에 태우는 방법, 가장 안전한 소독법	환자의복, 개인물품

② 습열에 의한 소독법

자비소독법	• 100℃ 끓는 물에 15~20분 처리 (포자는 죽이지 못함)	금속성 식기, 면 의류, 타월 도자기
고압증기살균법	• 고압증기멸균기 사용(아포를 포함한 모든 미생물 멸균) – 10파운드: 115℃에서 30분 – 파운드: 120℃에서 20분 – 20 파운드: 127℃에서 15분	기구, 의류, 고무제품, 거즈
유통증기 멸균법	• 증기 솥을 100℃로 30~60분 처리	물에 넣을 수 없는 제품
저온 살균법	• 60~70℃에서 30분 가열	우유, 과즙 살균 (결핵, 살모넬라균 제거에 효과)

③ 기타 물리적 소독법

자외선 멸균법	자외선에 의한 소독법	무균실, 제약공장, 식품, 기구, 플라스틱 제품, 음료수
세균여과법	세균 여과기로 세균을 제거하는 방법	특수약품, 혈청
초음파 소독	초음파 기기를 10분 정도 사용하여 소독	미생물 (나선균) 소독

(2) 화학적 소독법

① 석탄산(페놀)

㉠ 소독약의 살균 지표로 사용

ⓛ 손 소독은 3%, 기구 소독은 5% 수용액을 사용

ⓒ 냄새가 독하고 독성이 강함

ⓔ 오염 의류, 침구, 배설물 (넓은 지역의 방역용 소독제로 적당)

② 승홍수(염화제2수은)

ⓐ 피부 소독에 0.1% 수용액 사용

ⓛ 독성이 강하고 금속을 부식시킴

③ 크레졸

ⓐ 석탄산의 2배 소독효과가 있으며, 피부 자극이 적음

ⓛ 손 및 피부 소독 시 1% 용액, 화장실 소독 시 3% 용액 사용

ⓒ 냄새가 매우 강함

④ 생석회(산화칼슘)

ⓐ 독성이 적고 가격이 저렴하여 넓은 장소의 소독에 이용,

ⓛ 분변, 하수, 오수의 소독

⑤ 포르말린

ⓐ 1~1.5% 수용액, 온도가 높을 때 소독력 강함

ⓛ 세균, 아포, 바이러스 등 미생물에 강한 살균 효과

ⓒ 고무제품 의류 소독

⑥ 역성비누

ⓐ 피부에 자극이 없고 소독력이 높음

ⓛ 이용사의 손 세정에 적당(1% 수용액)

(3) 소독 대상물에 따른 분류

대소변, 배설물, 토사물	소각법, 석 산, 크레졸, 생석회 분말
의복, 침구류, 모직물, 타월	일광소독, 증기소독, 자비소독, 크레졸, 석탄산
초자기구, 자기류	석탄산, 크레졸, 승홍, 포르말린
고무제품, 피혁제품, 모피	석탄산, 크레졸, 포르말린
화장실, 쓰레기통, 하수구	석탄산, 크레졸, 포르말린
병실	석탄산, 크레졸, 포르말린
환자	석탄산, 크레졸, 승홍, 역성비누
이용실 실내 소독	포르말린, 크레졸
이용실 기구 소독	크레졸, 탄산

2 미생물 총론

1) 미생물의 정의 및 역사

(1) **정의**: 육안으로 보이지 않는 0.1㎛ 이하의 미세한 생물체의 총칭

➕ **The 알아보기**

미생물의 크기: 곰팡이 > 효모 > 세균 > 리케차 > 바이러스

(2) 미생물의 역사

세포 (cell)의 발견 (1665)	로버트 훅
미생물 최초 관찰 (1676)	안톤 반 레벤후크
저온 살균법 고안 (1864)	파스퇴르 (근대 면역학의 아버지)
결핵균 발견 (1882)	로버트 코흐 (세균학의 아버지)

2) 미생물의 분류

병원성 미생물	세균(구균, 간균, 나선균) 리케차, 바이러스, 진균 등
비병원성 미생물	발효균, 효모균, 곰팡이균, 유산균 등

3) 미생물의 증식

① 미생물은 적당한 환경과 조건이 만들어지면 분열과 증식을 하게 된다.

② 미생물 발육의 필요 조건: 영양소, 수분, 온도, 산소, 수소이온농도, 광선 등

> **The 알아보기**
>
> 미생물의 증식의 3대조건: 영양소, 수분, 온도

3 병원성 미생물

1) 병원성 미생물의 분류

(1) 세균

구분		특성
구균	포도상구균	손가락 등의 화농성 질환의 병원균, 식중독의 원인균
	연쇄 상구균	편도선염, 인후염의 원인균
간균		긴막대기 모양, 탄저병, 파상풍, 결핵, 디프테리아의 원인균
나선균		S 또는 나선 모양, 매독, 재귀열의 원인균

(2) 리케차

① 세균과 바이러스의 중간 크기

② 벼룩, 진드기, 이 등의 절지동물과 공생

③ 사람을 비롯한 가축, 고양이, 개 등에도 감염되는 인수 공통의 미생물 병원체

(3) 바이러스

① 살아있는 생명체 중 가장 작은 병원체

② 페놀, 염소 포르말린 등으로 30분 이상 가열 시 감염력 상실

③ 감염력이 높이 다른 사람을 쉽게 감염시킴

③ AIDS, 백혈병, 감기, 인플루엔자, 홍역, 유행성 이하선염 등

(4) 진균

① 곰팡이 효모 버섯

② 무좀 백선의 피부병 유발

2) 병원성 미생물의 특성 (전염 경로)

직접 접촉 경로	매독 임질
간접 접촉 경로	장티푸스, 디프테리아
비말 접촉 경로	결핵, 디프테리아 백일해 성홍열
진애 접촉 경로	결핵 디프테리아 두창 성홍열
경구 감염	콜레라 이질, 폴리오 장티푸스 파라티프스
경피 감염	광견병 뇌염 파상풍 십이지장충
수인성 감염	장티푸스 파라티프스 이질 콜레라

4 소독방법

1) 소독 도구 및 기기 소독 시 유의사항

(1) 소독약의 필요조건
① 살균력이 강하고 높은 석탄산 계수를 가질 것
② 인체에 무해하고 독성이 낮을 것
③ 부식성 표백성이 없을 것
④ 냄새가 없고 탈취력이 있을 것
⑤ 경제성 사용법이 간단할 것
⑥ 용해성과 안정성이 있을 것
⑦ 환경오염을 유발하지 않을 것

(2) 소독약 사용과 보존 유의사항
① 소독 대상에 따라 적당한 소독 방법 소독약을 선택한다.
② 미생물의 종류, 저항성 정도 멸균, 살균 소독의 목적과 방법을 사전에 검토하여 소독한다.
③ 모든 소독약은 필요한 양만큼 조제하여 사용한다.
④ 약품은 밀폐된 상태로 직사광선을 피하고 통풍이 잘되는 곳에 보관한다.
⑤ 라벨이 오염되지 않도록 하여 약품끼리 섞이는 것에 유의한다.

2) 대상별 살균력 평가

(1) 석탄산 계수
① 석탄산의 안정된 살균력을 표준으로 하여, 몇 배의 살균력을 갖는가를 나타내는 계수이다.
② 살균력의 상대적 표시법이다
③ 살균 농도지수와 병행하여 살균 특성을 나타내는 값이다.
④ 석탄산을 기준으로 하여 어떤 소독약이 시험관내에서 몇 배의 효력을 갖는가를 나타내는 수치이다.

5 분야별 위생소독

1) 실내 환경 위생소독

작업장	① 환기장치를 설치하여 청정하고 신선한 공기가 순환되도록 한다. ② 적당한 조명 유지 ③ 작업장 시설물에 먼지 머리카락 화약약품이 묻은 채 방치되지 않도록 관리한다. ④ 에어컨 제습기의 필터를 주기적으로 청소 및 소독을 한다. ⑤ 청소가 용이하고 미끄럽지 않은 바닥재질로 시공한다.
입구, 카운터 및 대기실	① 입구 및 카운터 주변, 고객 대기실을 항상 청결하여 유지 관리한다. ② 진열장 및 옷장을 청결하게 관리한다.
샴푸실 및 화장실	① 샴푸대, 거울 선반 등을 청결하게 유지 관리한다. ② 샴푸대 주변의 물기로 인해 미끄러지지 않도록 유지 관리한다.

2) 도구 및 기기 위생소독

1) 이용기구의 소독기준 및 방법 (공중위생관리법 시행규칙)

자외선 소독	1cm²당 85μW 이상의 자외선을 20분 이상 쬐어준다.
건열 멸균 소독	섭씨 100℃ 이상의 건조한 열에 20분 이상 쐬어준다
증기 소독	섭씨 100℃ 이상의 습한 열에 20분 이상 쐬어준다
열탕소독	섭씨 100℃ 이상의 물속에 10분 이상 끓여준다
석탄수 소독	석탄산수(석탄산 3%, 물 97%의 수용액을 말한다)에 10분 이상 담가 둔다
크레졸 소독	크레졸수(크레졸 3%, 물 97%의 수용액을 말한다)에 10분 이상 담가 둔다
에탄올 소독	에탄올수용액(에탄올 70% 수용액)에 10분 이상 담가 두거나 에탄올수용액을 머금은 면 또는 거즈로 기구의 표면을 닦아준다.

2) 대상 도구 및 기기별 소독

가위	70 % 알코올을 적신 솜으로 닦아서 소독한다.
클리퍼	
면도기	면도칼은 일회용으로 사용한다.
각종 빗	미온수에 역성비누를 풀어 세척 후 자외선소독기로 넣어서 소독 및 보관한다.

Unit 15. 공중위생관리법규 (법, 시행령, 시행규칙)

1 공중위생관리법의 목적 및 정의

1) 목적
공중위생관리법은 공중이 이용하는 영업과 시설의 위생관리 등에 관한 사항을 규정함으로써 위생수준을 향상시켜 국민의 건강증진에 기여하기 위해 제정된 법률

2) 정의
① 공중위생영업은 다수인을 대상으로 위생관리서비스를 제공하는 영업으로서 숙박업·목욕장업·이용업·미용업·세탁업·건물위생관리업을 말한다.
② 이용업은 손님의 머리카락 또는 수염을 깎거나 다듬는 등의 방법으로 손님의 용모를 단정하게 하는 영업을 말한다.

2 영업의 신고 및 폐업

1) 이용업의 신고

(1) 이용업 신고
공중위생영업 (이용업)을 신고하려면 보건복지부령이 정하는 시설과 설비를 갖추고 시장, 군수, 구청장에게 신고하여야 한다.

(2) 영업신고 서류

공중위생영업의 신고를 위한 첨부서류는 ① 영업신고서 ② 영업시설 및 설비 개요서 ③ 교육필증(교육을 미리 받은 경우에만 해당)이다.

(3) 이용업 시설 필수 설비기준

① 소독 장비(소독기, 자외선 살균기)
② 소독한 기구와 소독하지 않은 기구를 구분하여 보관하는 용기
③ 영업소 안에 별실 그 밖에 이와 유사한 시설 설치 불가

(4) 변경신고

영업의 중요사항 변경인 경우 시장군수 구청장에게 변경 신고를 하여야 한다.
중요 변경 항목은 ① 영업소의 명칭 및 상호, 또는 영업장의 면적의 1/3이상을 변경할 때 ② 영업소의 소재지를 변경할 때 ③ 대표자의 성명을 변경할 때 ④ 이미용업 업종간 변경 등이다.

(5) 폐업신고

미용업을 폐업한 날부터 20일 이내에 시장 군수 구청장에게 신고하여야 한다

2) 영업의 승계

(1) 영업자의 지위 승계

공중위생영업자가 ① 공중위생영업을 양도하거나(양수인) ② 사망한 때(상속인) ③ 법인의 합병이 있는 때에는 그 양수인·상속인 또는 합병 후 존속하는 법인이나 합병에 의하여 설립되는 법인은 그 공중위생영업자의 지위를 승계한다

(2) 승계의 제한 및 신고

① 이용업의 경우 면허를 소지한 자에 한하여 승계 가능하다.
② 이용업자의 지위를 승계한 자는 1개월 이내에 시장 군수 구청장에게 신고하여야 한다.

3 영업자 준수사항

1) 위생관리 의무

공중위생영업자(미용업자)는 고객에게 건강상 위해 요인이 발생하지 아니하도록 영업관련 시설 및 설비를 위생적이고 안전하게 관리하여야 한다.

2) 이용업자 위생관리 기준

① 이용기구 중 소독을 한 기구와 소독을 하지 아니한 기구는 각각 다른 용기에 넣어 보관할 것
② 1회용 면도날은 손님 1인에 한하여 사용할 것
③ 영업장 조명은 75룩스 이상이 되도록 유지할 것
④ 영업소 내부에 이용업 신고증 및 개설자의 면허증 원본을 게시할 것
⑤ 영업소 내부에 최종 요금지불표(부가세, 재료비 및 봉사료 포함가)를 게시 또는 부착할 것
⑥ 영업장 면적이 66㎡ 이상일 경우 영업소 외부에도 3개이상의 최종지불요금표를 게시 또는 부착할 것
⑦ 영업소 내부에 최종지불요금표를 게시 또는 부착하여야 한다.
⑧ 3가지 이상의 미용서비스를 제공하는 경우에는 개별 미용서비스의 최종 가격 및 전체 총액에 관한 내역서를 이용자에게 미리 제공하고 사본은 1개월간 보관할 것

4 면허

1) 면허 발급 및 취소

(1) 면허 발급 자격 기준

① 전문대학 또는 교육부장관이 인정하는 학교에서 이용에 관한 학과를 졸업한 자
② 학점은행제 학점으로 이용에 관한 학위를 취득한 자
③ 고등학교 또는 교육부장관이 인정하는 학교에서 이용에 관한 학과를 졸업한 자

④ 교육부장관이 인정하는 고등기술학교에서 1년 이상 이용에 관한 소정의 과정을 이수한 자

⑤ 국가기술자격법에 의한 이용사 자격을 취득한 자

(2) 이용사의 면허를 받을 수 없는 결격사유

① 피성년 후견인

② 정신질환자 (전문의 소견서가 있을 경우 제외)

③ 감염병 환자 (AIDS, 결핵환자 등)

④ 마약 등의 약물 중독자 (향정신성 의약품 중독자)

⑤ 면허가 취소된 후 1년이 경과되지 아니한 자

(3) 면허 정지 및 취소

면허정지	이용 자격 정지 처분을 받을 때
	다른 사람에게 면허를 대여한 때 (1차 위반: 면허정지 3개월, 2차위반: 면허정지 6개월)
면허 취소	이용 자격이 취소되었을 때
	면허 결격사유자 (정신질환자, 감염병자, 마약중독자 등)
	이중으로 면허를 취득한 때
	면허를 다른 사람에게 대여(3차 위반 시)
	면허 정지처분을 받고 정지 기간에 업무를 수행할 때

5 업무

1) 이미용 종사 가능자

이용사 면허를 받은 자가 아니면 이용업을 개설하거나 그 업무에 종사할 수 없다.

단, 이용사의 감독을 받아 이용 업무의 보조를 행하는 경우에는 가능하다.

> **The 알아보기**
>
> **이용 업무 보조범위**
> 이용사 업무의 본질적이고 중요한 업무가 아닌, 이용사의 지도감독을 받아 행하는 사후 처리 및 단순 보조행위(아래 조력범위 예시)는 면허증이 없어도 가능하다.
> ① **이용업**: 면도
> ② **미용업(일반)**: 머리감기, 모발 건조하기, 펌제 염모제 도포, 로드 와인딩
> ③ **공통**: 잔여물 처리, 수건으로 닦기

2) 영업소 외에서의 이미용 업무

이용 업무는 영업소 외의 장소에서 행할 수 없다. 단 특별한 사유가 있을 경우는 가능하다.

① 질병 및 기타의 사유로 인하여 영업소에 나올 수 없는 자에 대하여 미용을 하는 경우
② 혼례 기타 의식에 참여하는 자에 대하여 그 의식 직전에 미용을 하는 경우
③ 사회복지시설에서 봉사활동으로 이미용을 하는 경우
④ 방송 등 촬영에 참여하는 사람에 대하여 그 촬영 직전에 이미용을 하는 경우
⑤ 특별한 사정이 있다고 시장 군수 구청장이 인정하는 경우

6 행정지도 감독

1) 영업소 출입검사

① 공중위생 관리상 필요하다고 인정하는 때에는 영업자 및 소유자 등에 대하여 필요한 보고를 하게 한다.

② 소속 공무원이 위생관리 의무 이행 및 시설의 위생관리 실태를 검사 및 영업 장부나 서류를 열람할 수 있다.

2) 영업 제한

시도지사는 공익상 또는 선량한 풍속을 유지하기 위하여 필요하다고 인정하는 때에는 영업시간 및 영업행위에 관한 필요한 제한을 할 수 있다.

3) 영업소 폐쇄

(1) 영업의 정지 및 폐쇄

이용업자가 아래의 사항을 위반했을 때 6월 이내의 기간을 정하여 영업 정지, 일부 시설 사용 중지 및 폐쇄 등을 할 수 있다.

① 영업신고를 하지 않거나 시설과 설비 기준을 위반한 경우
② 중요 사항의 변경 신고를 하지 않은 경우
③ 지위승계 신고를 하지 않은 경우
④ 위생관리 의무 등을 지키지 않은 경우
⑤ 필요 보고를 하지 않거나 관계 공무원의 출입 검사, 서류 열람을 거부 방해 기피한 경우
⑥ 풍속규제 법률, 성매매 알선 등 행위 처벌에 관한 법률, 청소년보호법, 의료법을 위반한 경우

(2) 청문 실시 사유

보건복지부장관 또는 시장군수 구청장은 청문을 하여 아래 항목에 해당하는 처분을 하기 위해서는 청문을 하여야 한다.

① 이용사의 면허취소 또는 면허정지
② 폐업신고나 사업자 등록 말소에 관한 신고사항의 직권말소
③ 일부 시설의 사용 중지
④ 영업 정지명령, 또는 영업소 폐쇄명령

4) 공중위생 감시원 임명

시도지자, 시장 군수 구청장은 소속 공무원 중에서 공중위생 감시원을 임명한다.

(1) 공중위생 감시원의 자격 요건

① 위생사 또는 환경산업기사 2급이상의 자격증 소지한 사람
② 대학에서 화학, 화공학, 환경공학, 위생학 분야를 졸업하거나 동등이상의 자격이 있는 사람
③ 외국에서 위생사 또는 환경기사 면허를 받은 사람
④ 1년 이상 공중위생 행정에 종사한 경력이 있는 사람
⑤ 기타 공중위생 행정에 종사하는 자 중 교육훈련을 2주이상 받은 사람

(2) 공중위생 감시원의 업무 범위

① 시설 및 설비의 확인
② 시설 및 설비의 위생상태 확인 검사, 영업자의 위생관리 의무 및 준수사항 이행여부 확인
③ 공중 이용시설의 위생상태 확인 검사
④ 위생지도 이행 여부 확인
⑤ 공중위생업소의 영업의 정지 일부 시설의 사용정지
⑥ 영업소 폐쇄명령 이행여부의 확인

The 알아보기

위생감시 대상 및 중점 점검내용: 면허 대여 여부, 밀실 및 불법 칸막이 설치 여부 등

3) 명예 공중위생 감시원

시·도지사는 공중위생의 관리를 위한 지도·계몽 등을 행하게 하기 위하여 명예공중위생감시원을 둘 수 있다.

(1) 자격
① 공중위생에 대한 지식과 관심이 있는 자
② 소비자 단체, 공중위생관련 협회 또는 단체의 소속 직원 중에서 당해 단체장의 추천이 있는 자

(2) 명예 공중위생 감시원의 업무
① 공중위생 감시원이 행하는 검사 대상물의 수거지원
② 법령 위반행위에 대한 시고 및 자료제공
③ 공중위생에 관한 홍보 계몽 등 시도지사가 정하여 부여하는 업무

7 업소 위생등급

1) 위생서비스 평가 (시장 군수 구청장)
① 시장 군수 구청장은 평가계획에 따라 관할지역별 세부평가계획을 수립한 후 공중위생 영업소의 위생서비스 수준을 평가한다.
② 시장 군수 구청장은 위생서비스 평가의 전문성을 높이기 위하여 필요하다고 인정하는 경우에는 관련 전문기관 및 단체로 하여금 위생서비스 평가를 실시하게 할 수 있다.

2) 위생서비스수준의 평가 주기: 매 2년 마다 실시한다.

3) 위생등급 시행규칙

(1) 위생 관리등급 구분 (보건복지부령)

최우수업소	녹색 등급
우수 업소	황색 등급
일반관리 대상 업소	백색 등급

(2) 위생관리 등급의 공표 (시장 군수 구청장)
① 시장, 군수, 구청장은 위생서비스 평가 결과에 따른 위생관리등급을 해당 공중위생영업자에게 통보하고 이를 공표하여야 한다.
② 공중위생영업자는 위생관리 등급의 표지를 영업소의 명칭과 함께 영업소의 출입구에 부착할 수 있다.

8 위생교육

1) 영업자 위생교육

(1) 교육 주기 및 시간: 매년 3시간

(2) 교육 대상
① 영업신고를 하려면 미리 위생교육을 받아야 한다.
② 영업 개시 후 6개월 이내에 위생교육을 받을 수 있는 경우
  ㉠ 천재 지변 본인의 질병 사고 업무상 국외 출장 등의 사유로 교육을 받을 수 없는 경우
  ㉡ 교육을 실시하는 단체의 사정 등으로 미리 교육을 받기 불가능한 경우

(3) 교육 내용
① 공중위생관리법 및 관련 법규
② 소양교육(친절 및 청결에 관한 사항 포함)
③ 기술교육
④ 기타 공중위생에 관하여 필요한 내용

(4) 교육 면제 사유
위생교육을 받은 날로부터 2년 이내에 위생교육을 받은 업종과 같은 업종을 업종의 영업을 하려는 경우에는 해당 영업에 대한 위생교육을 받은 것으로 본다.

9 벌칙

1) 벌금, 과징금, 과태료의 차이

벌금	형사 처벌로서 사법당국에 고발조치 대상임을 의미
과징금	일정한 행정법 상 의무를 위반하거나 이행하지 않을 때에 행정기관이 부과하는 금전적 제재
과태료	국가 또는 공공단체가 국민에게 가하는 금전벌(행정상의 질서 의무 위반행위에 대한 제재)

2) 위반자에 대한 벌칙, 과징금

(1) 벌칙

1년이하의 징역 또는 1천만원이하의 벌금	• 공중위생영업의 신고를 하지 아니한 자 • 영업소 폐쇄명령을 받고도 계속해서 영업을 한 자 • 영업정지 일부 시설의 사용중지 명령을 받고도 그 기간 중에 영업을 하거나 그 시설을 사용한 자
6개월 이하의 징역 또는 500만원이하의 벌금	• 공중위생영업의 변경 신고를 하지 않은 자 • 공중위생영업의 지위를 승계한 자로서 신고 (1월이내)를 아니한 자 • 건전한 영업 질서를 위하여 준수해야 할 사항을 준수하지 아니한 자
300만원 이하의 벌금	• 면허 취소 후에도 계속 이용업 업무를 행한 자 • 면허를 받지 않고 이용업 개설이나 업무에 종사한 경우

(2) 과징금 처분(시장 군수 구청장)

① 영업정지 처분에 갈음하여 1억원 이하의 과징금을 부과할 수 있다.

② 통지받은 날로부터 20일 이내에 과징금을 납부하여야 한다.

③ 과징금 징수절차는 보건복지부령으로 정한다.

3) 과태료 규정

① 과태료 처분

3백만원 이하의 과태료	• 폐업신고를 하지 않은 자 • 이용 시설 및 설비의 개선명령을 위반한 자 • 공중 위생법상 필요한 보고를 당국에 하지 아니한 자
2백만원 이하의 과태료	• 이용업소의 위생관리 의무를 지키지 아니한 자 • 영업소 이외의 장소에서 이용 업무를 행한 자 • 위생교육을 받지 아니한 자

② **과태료 부과**: 과태료는 시장 군수 구청장이 부과 징수한다.

③ **과태료 처분의 이의 제기**: 과태료 처분에 불복이 있는 자는 고지 30일 이내에 이의를 제기할 수 있다.

4) 행정 처분

(1) 면허에 관한 규정 위반

위반 사항	행정 처분 기준			
	1차 위반	2차 위반	3차 위반	4차 위반
㉠ 면허증을 다른 사람에게 대여한 때	면허 정지 3월	면허정지 6월	면허취소	
㉡ 이용사 자격정지 처분을 받은 때	면허 정지			
㉢ 이용사 자격이 취소된 때, 이중으로 면허 취득한 때	면허 취소			

(2) 법 또는 명령 위반

위반 사항	행정 처분 기준			
	1차 위반	2차 위반	3차 위반	4차 위반
㉠위생교육을 받지 아니한 때	경고	영업정지 5일	영업정지 10일	영업장 폐쇄명령

위반 사항	행정 처분 기준			
	1차 위반	2차 위반	3차 위반	4차 위반
ⓒ 소독한 기구와 미소독 기구를 별도 보관하지 않거나 1회용면도날을 2인이상 손님에게 사용한 때	경고	영업정지 5일	영업정지 10일	영업장 폐쇄명령
ⓓ 이용업신고증, 면허증원본, 요금표를 미게시 하거나 조명도를 준수하지 않은 때	경고 또는 개선명령	영업정지 5일	영업정지 10일	영업장 폐쇄명령
ⓜ 영업자의 지위를 승계한 후 1월이내에 신고하지 아니한 때	경고	영업정지 10일	영업정지 1월	영업장 폐쇄명령
ⓗ 보건복지부장관, 시도지사 또는 시군구청장의 개선명령을 이행하지 않은 때	경고	영업정지 10일	영업정지 1월	영업장 폐쇄명령
ⓢ 시설 및 설비기준을 위반한 때 (응접장소와 작업장소 또는 의자와 의자를 구획하는 커튼 칸막이 그 밖에 이와 유사한 커튼을 설치할 때)	개선명령	영업정지 15일	영업정지 1월	영업장 폐쇄명령
ⓢ-1. 시설 설비기준을 위반할 때 (이용업소 안에 별실 그 밖에 이와 유사한 시설을 설치할 때)	영업정지 1월	영업정지 2월	영업장 폐쇄명령	
ⓞ 신고를 하지 않고 영업소의 명칭, 상호 또는 면적의 1/3이상을 변경한 때	경고 또는 개선명령	영업정지 15일	영업정지 1월	영업장 폐쇄명령
ⓩ 필요한 보고를 하지 않거나 거짓으로 보고한 때 또는 관계공무원의 출입검사를 거부 기피하거나 방해한 때	영업정지 10일	영업정지 20일	영업정지 1월	영업장 폐쇄명령
ⓦ 영업소 이외의 장소에서 업무를 행한 때	영업정지 1월	영업정지 2월	영업장 폐쇄명령	
ⓚ 이용업소 안에 별실 그 밖에 이와 유산한 시설을 설치할 때	영업정지 1월	영업정지 2월	영업장 폐쇄명령	
ⓔ 신고를 하지 않고 영업소의 소재지를 변경한 때	영업정지 1월	영업정지 2월	영업장 폐쇄명령	
ⓟ 이용업소에 카메라나 기계장치를 설치할 때	영업정지 1월	영업정지 2월	영업장 폐쇄명령	

위반 사항	행정 처분 기준			
	1차 위반	2차 위반	3차 위반	4차 위반
ⓗ 피부미용을 위하여 의약품 의료용구를 사용하거나 보관하고 있는 때	영업정지 2월	영업정지 3월	영업장 폐쇄명령	
㉮ 점빼기, 귓볼뚫기, 쌍거풀수술, 문신 박피술 그밖에 이와 유사한 의료행위를 한 때	영업정지 2월	영업정지 3월	영업장 폐쇄명령	
㉯ 영업정지처분을 받고 그 영업정지 기간 중 영업을 한 때	영업장 폐쇄명령			

(3) 성매매 알선 등, 풍속 규제 등에 관한 법률, 의료법 위반

위반 사항	행정 처분 기준			
	1차 위반	2차 위반	3차 위반	4차 위반
㉠ 손님에게 윤락행위 또는 음란행위를 하게 하거나 이를 알선 또는 제공한 때				
• 영업소	영업정지 3월	영업장 폐쇄명령		
• 이용사(업주)	면허정지 3월	면허취소		
㉡ 손님에게 도박 그 밖에 사행 행위를 하게 한 때	영업정지 1월	영업정지 2월	영업장 폐쇄명령	
㉢ 음란한 물건을 관람 열람하게 하거나 진열 또는 보관한 때	경고	영업정지 15일	영업정지 1월	영업장 폐쇄명령
㉣ 무자격 안마사로 하여금 안마사의 업무에 관한 행위를 한 때	영업정지 1월	영업정지 2월	영업장 폐쇄명령	

• Memo •

04

핵심 기출(복원)문제

Unit 16 • 핵심기출(복원) 문제
Unit 17 • 모의고사

이용위생 서비스 및 모발관리

1. 이용사의 위생관리 항목과 거리가 먼 것은?

① 이용사의 건강과 질병관리
② 이용사의 신체 청결 유지
③ 단정한 복장과 용모 유지
④ 이용 작업도구 및 기기

> **설명**
> 이용작업도구 및 기기는 영업장의 환경관리 대상이다.

2. 영업장 안전사고 예방조치로 가장 거리가 먼 것은?

① 정기적인 안전 관리 점검으로 안전사고 예방에 주력
② 작업 환경을 개선하여 안전 사고 개연성을 차단
③ 고객 가운 및 타월의 세탁 및 정리정돈
④ 산업재해 보상보험에 가입

> **설명**
> 고객 가운 및 타월의 세탁 및 정리정돈은 영업장 환경위생 점검 항목이다.

3. 다음 중 표피의 구성세포가 아닌 것은?

① 각질형성세포
② 멜라닌 세포
③ 섬유아세포
④ 랑게르 한스 세포

> **설명**
> 섬유아세포는 진피 구성 세포이며 콜라겐 형성 역할을 담당한다.

이용위생 서비스 및 모발관리

4. 피부의 면역기능을 담당하는 세포는?

① 머켈세포

② 랑게르한스 세포

③ 헤모글로빈 세포

④ 멜라닌 세포

> **설명**
> 랑게르한스 세포는 주로 유극층에 분포하며 피부의 면역기능을 담당한다.

5. 피부색소의 멜라닌을 만드는 색소 형성세포는 어디에 위치하는가?

① 과립층　　　　　　② 유극층

③ 각질층　　　　　　④ 기저층

> **설명**
> 기저층은 표피의 가장 아래층에 있으며 새로운 세포를 형성하는 층으로 멜라닌을 형성하는 색소형성 세포를 가지고 있다.

6. 피부 세포가 기저층에서 생성되어 각질층으로 되어 떨어져 나가기까지의 기간을 피부의 1주기(각화주기)라 한다. 성인에 있어서 건강한 피부인 경우 1주기는 보통 며칠인가?

① 45일　　　　　　② 28일

③ 15일　　　　　　④ 7일

> **설명**
> 기저층에서 생성되어 각질층까지 올라와 박리될 때까지 기간은 약 28일이다

이용위생 서비스 및 모발관리

7. 한선(땀샘)의 설명으로 틀린 것은?

① 체온을 조절한다.

② 땀은 피부의 피지막과 산성막을 형성한다.

③ 땀을 많이 흘리면 영양분과 미네랄을 잃는다.

④ 땀샘은 손, 발바닥에는 없다.

> **설명**
> 땀을 통해 영양분까지 배출되지는 않는다.

8. 모발의 구성 중 피부 밖으로 나와 있는 부분은?

① 피지선　　　　　② 모표피
③ 모구　　　　　　④ 모유두

> **설명**
> 모간부(모표피, 모피질, 모수질)는 피부 밖으로 나와 있는 부분이고, 모근부(모낭, 모구, 모유두)는 피부 속에 위치한다.

9. 세포의 분열증식으로 모발이 만들어지는 곳은?

① 모모세포　　　　② 모유두
③ 모구　　　　　　④ 모낭

> **설명**
> 모모세포에서 새로운 모발이 형성된다.

이용위생 서비스 및 모발관리

10. 모발의 구성 중 가장 많이 있는 것은?

① 지질
② 멜라닌
③ 케라틴
④ 미량 원소

> 설명
> 모발은 80~90%의 케라틴과 멜라닌, 지질, 미량 원소 등으로 구성되어 있다.

11. 다음 중 모발의 성장단계를 옳게 나타낸 것은?

① 성장기 → 휴지기 → 퇴화기
② 휴지기 → 발생기 → 퇴화기
③ 퇴하기 → 성장기 → 발생기
④ 성장기 → 퇴화기 → 휴지기

> 설명
> 모발은 성장기 → 퇴화기 → 휴지기 → 성장기를 반복한다.

12. 피부 유형에 대한 설명으로 틀린 것은?

① 복합성피부: 얼굴에 두 가지 이상의 피부 유형이 있다.
② 노화 피부: 잔주름과 색소 침착이 일어난다.
③ 민감성 피부: 피부의 각질층이 두껍다.
④ 지성 피부: 모공이 크며 번들거린다.

> 설명
> 민감성 피부는 각질층이 얇아 수분의 양이 부족하고 가벼운 자극에도 예민하게 반응한다.

10 ③　11 ④　12 ③

이용위생 서비스 및 모발관리

13. 다음 중 신체조직의 형성과 보수, 혈액 및 골격 형성에 도움을 주는 영양소는?

① 구성 영양소 ② 열량 영양소
③ 조절 영양소 ④ 구조 영양소

> 설명
> 구성영양소: 단백질, 무기질, 물

14. 표피에서 자외선에 의해 합성되며, 칼슘과 인의 대사를 도와주고, 발육을 촉진시키는 비타민은?

① 비타민A ② 비타민C
③ 비타민E ④ 비타민D

> 설명
> 비타민D는 표피에서 자외선에 의해 합성되며, 칼슘과 인의 대사를 도와주고, 발육을 촉진하는 역할

15. 다음 중 원발진이 아닌 것은?

① 면포 ② 결절
③ 종양 ④ 태선화

> 설명
> 태선화는 2차적 피부질환으로 속발진에 속한다.

이용위생 서비스 및 모발관리

16. 다음 중 광노화 현상을 발생시키는 광선은?

① 가시광선   ② 적외선

③ 자외선   ④ 원적외선

> 설명
> 광노화 현상: 자외선에 과다 노출될 경우 피부를 보호하기 위해 기저층의 각질형성 세포증식이 빨라져 피부가 두꺼워지는 현상

17. 자외선 차단지수의 단위는?

① SPF   ② FDA

③ WHO   ④ BTS

> 설명
> 자외선 차단지수: Sun Protection Factor of UV

18. 예방접종의 결과로 획득된 면역은?

① 자연능동 면역

② 인공능동 면역

③ 자연수동 면역.

④ 인공수동 면역

> 설명
> ① 자연능동면역: 전염병 감염에 의해 형성된 면역
> ② 인공능동명역: 예방접종의 결과로 획득된 면역
> ③ 자연수동면역: 모체로부터 형성된 면역
> ④ 인공수동면역: 면역 혈청주사에 의해 획득된 면역

16 ③   17 ①   18 ②

이용위생 서비스 및 모발관리

19. 햇빛에 장시간 노출되었을 때 피부변화를 일으켜서 노화로 진행되는 형태는?

① 광노화 ② 생리적 노화
③ 내인성 노화 ④ 피부노화

> 설명
> ▶ 광노화(환경적 노화): 생활여건 외부환경 노출로 일어나는 노화 현상
> ▶ 내인성 노화(생리적노화): 나이에 따른 과정성 노화

20. 다음 중 화장품의 정의와 관련된 내용이 아닌 것은?

① 의약품에 속하며 피부 결을 부드럽게 한다.
② 인체를 청결하게 미화시켜준다.
③ 인체에 대한 작용이 경미하다.
④ 피부, 모발의 건강을 증진한다.

> 설명
> 화장품은 인체에 대한 작용이 경미한 것으로 의학품은 아니다. 인체를 청결, 미화하여 매력을 더하고 용모를 밝게 변화시키거나 피부, 모발의 건강을 유지 또는 증진하기 위한 물품이다.

21. 다음 중 기초화장품의 주된 사용목적에 속하지 않는 것은?

① 세안 ② 피부 정돈
③ 피부 보호 ④ 피부채색

> 설명
> 피부 채색은 주로 색조 화장품의 사용 목적에 들어가며 종류로는 베이스 메이크업, 포인트 메이크업, 손톱용 메이크업이 있다.

이용위생 서비스 및 모발관리

22. 화장품의 분류와 제품이 일치하지 않은 것은?

① 모발화장품: 헤어스프레이

② 기초화장품: 파우더

③ 방향화장품: 샤워 코롱

④ 메이크업화장품: 립스틱

> 설명
>
> ① 모발화장품: 헤어스프레이, 헤어로션, 헤어무스 등
> ② 기초화장품: 로션, 크림, 에센스, 화장유 등
> ③ 방향화장품: 샤워코롱, 향수 등
> ④ 메이크업화장품: 립스틱, 아이섀도, 파운데이션 등

23. 화장품을 만들 때 4대 조건은?

① 발림성, 안정성, 방부성, 사용성

② 안전성, 방부성, 방향성, 유효성

③ 안전성, 안정성, 사용성, 유효성

④ 방향성, 안전성, 발림성, 사용성

> 설명
>
> 화장품 품질 4대 요건: 안전성, 안정성, 사용성, 유효성

24. 화장품의 분류와 사용 목적이 잘못 짝지어진 것은?

① 기초화장품: 세안, 정돈, 보호

② 방향화장품: 신체보호, 미화, 체취억제

③ 모발화장품: 세정, 컨디셔너, 염색, 탈색

④ 메이크업화장품: 베이스, 포인트메이크업

> 설명
>
> 방향화장품: 향취부여

이용위생 서비스 및 모발관리

25. 향수를 뿌린 후 즉시 느껴지는 향수의 첫 느낌으로, 주로 휘발성이 강한 향료들로 이루어져 있는 노트(note)는?

① 탑노트 (top note)
② 미들노트 (middle note)
③ 하트노트 (heart note)
④ 베이스노트 (base note)

> 설명
> 탑노트는 처음 느끼게 되는 향이다.

이용이론

1. 이용사의 직무에 해당하지 않는 것은?

① 이발

② 면도

③ 얼굴 피부 손질

④ 머리카락 염색 및 머리감기

> 설명
> 이용사의 업무범위는 이발, 면도, 머리피부 손질, 머리카락 염색 및 머리 감기이다.

2. 우리나라 최초의 이용사는?

① 안종호　　② 서재필

③ 김홍집　　④ 김옥균

> 설명
> 고종황제의 어명으로 최초로 이용시술을 한 사람은 안종호이다.

3. 삼국시대 때 고구려에서의 상투머리 스타일은?

① 단상투머리

② 쌍단상투머리

③ 쌍쌍상투머리

④ 쌍상투머리

> 설명
> 고구려시대에는 두상의 좌우에 두개의 상투를 트는 쌍상투머리가 유행이었다.

이용이론

4. 우리나라 이용의 역사에 관한 내용중 틀린 것은?

① 구한말 상투머리를 하던 남성들이 두발을 자를 계기가 된 것은 단발령이다.
② 고종황제의 어명을 받은 우리나라 최초의 이용사은 안종호이다.
③ 최초의 이용원은 1901년 서울 종로에 개설되었다.
④ 단발령은 죄인을 처벌하기 위한 목적이었으며 삭발하여 기르는 동안 죄를 뉘우치도록 하였다.

> **설명**
> 고종황제의 단발령이 계기가 되어 머리를 자르게 되었다.

5. 이용기구인 클리퍼를 세계에서 처음으로 제작한 나라는?

① 프랑스　　　　　② 스위스
③ 독일　　　　　　④ 일본

> **설명**
> 1871년 프랑스 바리캉 마르가 클리퍼를 처음으로 제작하였다.

6. 현대적인 의미의 세계 최초 이용원 창설자는?

① 나폴레옹1세
② 바리캉 마르
③ 장바버
④ 마셀

> **설명**
> 1804년 프랑스의 장바버(Jeang Barber)가 외과와 이용원을 분리시켰고, 이용원도 그의 이름을 따 바버샵(Barber shop)으로 통칭되었다.

이용이론

7. 이용기구의 부분명칭 중 동인, 정인, 소지걸이, 다리 등의 명칭이 쓰이는 기구는?

① 가위 ② 면도
③ 아이론 ④ 빗

> 설명
> 가위는 가위끝, 날끝, 동인, 정인, 다리, 회전축, 엄지환, 약지환, 소지걸이로 구성된다.

8. 틴닝 가위를 사용하는 목적으로 가장 적합한 것은?

① 전체 모발을 잘라내기 위해서
② 윗머리를 짧게 자르기 위해서
③ 전체 머리 숱을 줄이기 위해서
④ 아이롱에 적합한 헤어를 만들기 위하여

> 설명
> 틴닝가위는 머리 숱을 줄이는 목적으로 사용한다.

9. 두부(Head) 내 각부 명칭의 연결이 잘못된 것은?

① 전두부 - 프론트(front)
② 두정부 - 크라운(crown)
③ 후두부 - 톱(top)
④ 측두부 - 사이드(side)

> 설명
> 후두부는 네이프부이다.

이용이론

10. 두부라인 명칭 설명 중에서 목 옆선(Nape side line)을 가장 올바르게 표현한 것은?

① EP에서 NSP를 연결한 선
② EP의 높이를 수평으로 연결한 선
③ 귀의 뒷면을 수직으로 연결한 선
④ NSP를 연결한 선

> **설명**
> 목 옆선은 이어포인트에서 네이프 사이드 포인트까지 연결한 선이다.

11. 전기 클리퍼(clipper) 선택 시 고려해야 할 사항에 대한 설명으로 틀린 것은?

① 작동 시 소음이 적을 것
② 전기에 감전이 안되고 열이 없을 것
③ 평면으로 보았을 때 윗날의 동요가 없는 것
④ 위에서 보았을 때 아랫날, 윗날이 똑바로 겹치는 것

> **설명**
> 클리퍼는 윗날과 밑날의 접촉이 원활한 것이 좋으며, 윗날과 아래날이 똑바로 겹쳐 있는 것이 좋다. 또한 윗날의 좌우로 움직여서 커트가 되기 때문에 동요가 없는 것과는 무관하다.

12. 원랭스(one length) 커트형에 해당되지 않는 것은?

① 수평보브
② 그래쥬에이션
③ 스파니엘
④ 이사도라

> **설명**
> 솔리드형에는 수평보브, 스파니엘, 이사도라형이 있다.

이용이론

13. 두상의 영역은 헤어스타일의 형태, 기법 등에 따라 작업이 용이하도록 영역을 나눈다. U라인을 기준으로 2등분을 하고자 할 때 영역은 어떻게 나뉘는가?

① 미들섹션 - 언더섹션

② 레이어섹션 - 언더섹션

③ 미들섹션 - 오버섹션

④ 오버섹션 - 언더섹션

> 설명
> 2등분은 오버와 언더 구간으로 나뉜다.

14. 헤어 커트형의 구성 요소를 세분화하여 머리형을 분석할 때, 중력에 의해 자연스럽게 늘어 떨어지는 모발의 길이 또는 위치를 무엇이라고 하는가?

① 자연 시술각   ② 임의 시술각

③ 일반 시술각   ④ 특수 시술각

> 설명
> 중력 방향으로 두발이 자연스럽게 떨어지는 0°가 기준이 되는 각도는 자연시술각이다.

15. 커트 방법으로 적합하지 않은 것은?

① 끌어깎기: 가위 날 끝을 왼쪽 손가락에 고정하여 당기면서 커팅한다.

② 밀어깎기: 빗살 끝을 두피면에 대고 깎아나가는 기법이다.

③ 떠올려 깎기: 빗으로 모발을 떠내어 깎는 기법이다.

④ 연속깎기: 검지와 중지 사이에 모발을 끼고 커트하는 기법이다.

> 설명
> ④는 지간깎기에 대한 설명이다.

13 ④ 14 ① 15 ④

이용이론

16. 단발형 이발 중 미디엄 그라데이션(medium gradation) 커트로서 무게선의 위치가 중단부에 위치하는 스타일은?

① 상상고형　　　　　② 중상고형
③ 하상고형　　　　　④ 단상고형

> **설명**
> 중상고형은 무게선의 위치가 중단부에 위치한다.

17. 다음 면도 기법 중 형식에 구애 없이 면도자루를 잡고 시술하는 방법으로 일반적으로 면도 순서에서 제일 처음 적용되는 경우가 많은 것은?

① 프리핸드 스트로크
② 푸시핸드스트로크
③ 펜슬헨드스크로크
④ 스틱핸드 스트로크

> **설명**
> 프리핸드: 면도자루를 엄지와 검지로 잡고 자루 끝부분을 약지와 소지 사이에 끼우는 방법

18. 안면 면도 시 습포(물수건)을 사용하는 목적 중 적합하지 않은 것은?

① 손님과의 눈 맞춤을 피하기 위하여
② 피부 손상과 자극을 최소화하기 위하여
③ 피부의 자극을 최소화하기 위하여
④ 피부 노폐물을 제거하기 위하여

> **설명**
> 습포는 모공확장 효과, 노폐물 제거, 피부자극 감소, 상처예방 등의 효과가 있다.

16 ②　17 ①　18 ①

이용이론

19. 손을 이용하여 리듬, 강, 약, 속도, 시간, 밀착 등을 조절하여 적용하는 방법으로 신진대사와 혈액을 촉진시켜 주는 효과가 있다. 이것은?

① 매니플레이션
② 매뉴얼
③ 면도
④ 정발

> 설명
> 매니플레이션은 손을 이용하여 리듬, 강약, 속도, 시간, 밀착 등을 조절하여 적용하는 방법이다.

20. 나선을 그리며 문지르는 동작으로 주름이 생기기 쉬운 부위에 중점적으로 실시한다. 피부를 누르면서 강하게 문지르며 자극을 주기 위한 기법은?

① 무찰법
② 마찰법
③ 유연법
④ 고타법

> 설명
> 마찰법은 손바닥과 손가락으로 피부를 강하게 누르거나 문지르는 동작이다.

21. 다음 중 두피관리의 효과가 잘못 설명된 것은?

① 혈액순환을 촉진시켜 모발 및 두피에 원활한 영양공급과 노폐물 배출
② 탈모 지연 및 예방 효과
③ 비듬, 가려움 등 두피의 문제점 해결에 도움
④ 모발에 수분, 유성 성분을 보충하고 광택을 부여

> 설명
> ④는 트리트먼트의 효과이다.

19 ① 20 ② 21 ④

이용이론

22. 다음 중 아이론의 사용에 있어 가장 적합한 온도 범위는?

① 140~160도 ② 100~130도

③ 80~100도 ④ 60~80도

> **설명**
> 아이론의 적정 사용 온도: 120 ~ 140℃

23. 아이론 도구 중 홈이 들어간 부분의 명칭은?

① 프롱 ② 로드

③ 그루브 ④ 핸들

> **설명**
> 홈으로 파여진 부분으로 프롱을 감싸주며 모발을 고정시키는 역할을 하는 것을 그루브이다.

24. 아이론에 대한 설명으로 적절하지 않은 것은?

① 일시적으로 두발에 열과 물리적인 힘을 가하여 웨이브를 형성한다.

② 그루브가 위로, 프롱이 밑으로 위치하도록 잡는다.

③ 모발이 가는 경우는 시술온도를 낮게 설정하여 작업한다.

④ 아이론 위로 빗을 넣어서 작업한다.

> **설명**
> 아이론 밑에 빗을 넣어 두피의 화상을 방지한다.

이용이론

25. 머리형을 만들어 마무리하는 것으로 오리지널 세트와 리셋 과정의 절차를 포함하는 것은?

① 모발
② 정발
③ 가발
④ 장발

> 설명
> 정발(hair setting)은 머리형을 만들어 마무리하는 것으로 오리지널 세트(original set)와 리셋(reset) 과정을 포함하는 개념이다.

26. 얼굴형이 둥근 경우 가르마의 기준으로 맞는 것은?

① 5:5 가르마
② 7:3 가르마
③ 8:2 가르마
④ 4:6 가르마

> 설명
> 모난얼굴: 4:6 가르마
> 긴얼굴: 8:2 가르마
> 둥근얼굴: 7:3 가르마
> 타원형얼굴: 5:5 가르마

27. 프로세싱 타임을 가장 잘 설명한 것은?

① 1제 도포 후 2제 도포하기 전까지의 방치시간을 의미한다.
② 처음과 마지막 와인딩한 로드를 풀어 1제 작용정도를 확인하는 것을 의미한다.
③ 로드를 말기 쉽도록 두상을 구획하는 작업을 의미한다.
④ 로드와 파지를 이용하여 모발을 감싸는 작업을 의미한다.

> 설명
> ②는 테스트 컬
> ③은 블로킹
> ④는 와인딩

25 ②　26 ②　27 ①

공중위생관리 - 공중보건

1. 다음 중 공중보건의 내용과 거리가 먼 것은?

① 수명 연장

② 질병 예방

③ 신체적 정신적 건강 및 효율 증진

④ 성인병 치료

> **설명**
> 공중보건학은 질병예방, 수명연장, 신체적 정신적 건강 및 효율을 증진시키는 기술이며 과학이다. 질병의 치료와는 거리가 멀다.

2. 공중보건에 대한 설명으로 적절한 것은?

① 예방의학을 대상으로 한다.

② 사회의학을 대상으로 한다.

③ 공중보건의 대상은 개인이다.

④ 집단 또는 지역사회를 대상으로 한다.

> **설명**
> 공중보건학의 대상은 개인이 아닌 지역사회 주민 전체, 인간집단을 대상으로 한다.

3. 질병 발생의 세 가지 요인으로 연결된 것은?

① 숙주-병인-환경

② 숙주-병인-유전

③ 숙주-병인-병소

④ 숙주-병인-저항력

> **설명**
> 질병의 3대 요인은 숙주 병인 환경이다.

공중위생관리 - 공중보건

4. 인구구성의 기본형 중 생산연령 인구가 많이 유입되는 도시지역의 인구구성을 나타내는 것은?

① 피라미드형
② 별형
③ 항아리형
④ 종형

> 설명
> 별형(인구 유입형: 생산연령 인구의 전입이 늘어나는 형

5. 국가의 보건수준을 평가하는 보건지표라고 할 수 있는 가장 대표적인 것은?

① 영아 사망률
② 성인 사망률
③ 사인별 사망률
④ 모성 사망률

> 설명
> 영아사망율(0세아의 사망률)은 한 국가의 건강수준을 나타내는 지표로 활용

6. WTO의 3대 건강수준 지표가 아닌 것은?

① 평균수명
② 보통사망율(조사망율)
③ 비례사망자수
④ 사인별 사망률

> 설명
> ▶ 평균수명: 출생시 평균여명
> ▶ 보통사망율(조사망율): 인구 1,000명당 1년간의 사망자수
> ▶ 비례사망자수: 50세 이상의 사망자수.

4 ②
5 ①
6 ④

공중위생관리 – 공중보건

7. 색출이 어려운 대상으로 감염병 관리상 중요하게 취급해야 할 대상자는?

① 건강보균자

② 잠복기 보균자

③ 회복기 보균자

④ 병후 보균자

> **설명**
> 건강 보균자는 병원체가 침입하였으나 증상이 없고 병원체를 배출하는 보균자, 감염병 관리가 어려움이 있다.

8. 모체를 통해서 형성되는 면역은?

① 자연능동면역

② 인공능동면역

③ 자연수동면역

④ 인공수동면역

> **설명**
> 자연수동면역은 태반, 모유 수유를 통해 생기는 면역이다.

9. 인수 공통 감염병이 아닌 것은?

① 나병　　　　　　② 일본뇌염

③ 광견병　　　　　④ 야토병

> **설명**
> 인수공통 병원소: 쥐(페스트), 돼지(일본뇌염), 개(광견병), 쥐 (살모넬라), 산토끼(야토병), 소(결핵) 등이 있다.

공중위생관리 - 공중보건

10. 다음 중 UN이 정한 고령사회에 대한 설명으로 틀린 것은?

① 65세 이상의 인구가 총인구에서 차지하는 비율이 7% 이상인 사회이다.

② 65세 이상 인구가 총인구에서 차지하는 비율이 14% 이상인 사회이다.

③ 한국은 2017년 고령 사회로 진입하였다.

④ 고령화 현상은 수명이 늘고 출산율이 하락하면서 고령인구가 늘고 생산 연령인구 (15~64세)는 줄어든 데 따른 영향이다.

설명
▶ 고령화사회: 65세 이상의 인구가 전체의 7% 이상
▶ 고령사회: 65세 이상의 인구가 전체의 14% 이상

11. 수질오염의 지표로 사용하는 "생물학적 산소요구량"을 나타내는 용어는?

① BOD   ② DO
③ COD   ④ SS

설명
Biochemical Oxygen Demand(BOD)는 수질오염의 지표로 사용되는 용어이다.

12. 다음 중 상호 관계가 없는 것으로 연결된 것은?

① 상수 오염의 생물학적 지표: 대장균
② 실내공기 오염의 지표: CO_2
③ 대기오염의 지표: SO_2
④ 하수오염의 지표: 탁도

설명
하수오염지표로는 생물학적 산소요구량(BOD)을 사용한다.

공중위생관리 – 공중보건

13. 식품을 통한 식중독 중 독소형 식중독은?

① 포도상구균 식중독

② 살모넬라균에 의한 식중독

③ 장염 비브리오 식중독

④ 병원성 대장균 식중독

> 설명
> ②, ③, ④는 감염형 식중독이다.

14. 보건행정에 대한 설명으로 가장 올바른 것은?

① 공중보건의 목적을 달성하기 위해 공공의 책임 하에 수행하는 행정활동

② 개인보건의 목적을 달성하기 위해 공공의 책임 하에 수행하는 행정활동

③ 국가 간의 질병교류를 막기 위해 공공의 책임 하에 수행하는 행정활동

④ 공중보건의 목적을 달성하기 위해 개인의 책임 하에 수행하는 행정활동

> 설명
> 공중보건의 목적(수명연장, 질병예방, 건강증진)을 달성하기 위해 공공의 책임하에 수행하는 행정활동이다.

15. 세계보건기구의 약자로 맞는 것은?

① WHO

② HOW

③ HOT

④ BTS

> 설명
> 세계보건기구(world health organization)

공중위생관리 – 소독

1. 비교적 약한 살균력을 작용시켜 병원 미생물의 생활력을 파괴하여 감염의 위험성을 없애는 조작은?

① 소독
② 멸균처리
③ 방부처리
④ 냉각처리

> 설명
> 소독은 감염병의 전파를 방지할 목적으로 병원 또는 비병원성 미생물을 죽이거나 그의 감염력이나 증식력을 없애는 작업

2 미생물을 대상으로 한 작용이 강한 것부터 순서대로 옳게 배열된 것은?

① 멸균 〉 소독 〉 살균 〉 청결 〉 방부
② 멸균 〉 살균 〉 소독 〉 방부 〉 청결
③ 살균 〉 멸균 〉 소독 〉 방부 〉 청결
④ 소독 〉 살균 〉 멸균 〉 청결 〉 방부

> 설명
> 소독력의 크기: 멸균〉살균〉소독〉방부

3 다음 중 물리적 살균법이 아닌 것은?

① 화염멸균법
② 자비소독법
③ 자외선 멸균법
④ 석탄산 살균법

> 설명
> 석탄산 살균법은 화학약품을 이용한 화학적 살균법이다.

1 ① 2 ② 3 ④

공중위생관리 - 소독

4. 다음 중 화학적 살균법이라고 할 수 없는 것은?

① 자외선 살균법

② 알코올 살균법

③ 염소 살균법

④ 과산화수소 살균법

5. 다음 중 습열 멸균법에 속하는 것은?

① 자비 소독법

② 화염 멸균법

③ 여과 멸균법

④ 소각 소독법

> 설명
> 습열 멸균법에는 자비 소독법, 고압증기멸균법, 유통증기멸균법, 저온살균법 등이 있다.

6. 금속성 식기, 면 종류의 의류, 도자기의 소독에 적합한 소독 방법은?

① 화염 멸균법

② 건열 멸균법

③ 소각 소독법

④ 자비 소독법

> 설명
> 자비소독법: 100℃의 끓는 물에 15~20분간 소독하며 금속성 식기, 면 의류, 타월 도자기 소독으로 사용한다.

공중위생관리 – 소독

7. 미생물에 오염된 대상을 불꽃으로 태우는 방법은?

① 간헐멸균법
② 자비소독법
③ 저온소독법
④ 소각소독법

> 설명
> 소각소독법은 불에 태우는 방법으로 감염병 환자의 배설물 등을 처리하는 가장 안전한 방법이다.

8. 자비소독 시 금속제품이 녹스는 것을 방지하기 위하여 첨가하는 물질이 아닌 것은?

① 2% 붕소
② 2% 탄산나트륨
③ 5% 알콜
④ 2~3% 크레졸 비누액

> 설명
> 자비 소독 시 2%붕소, 1~2% 탄산나트륨, 크레졸 비누액 2~3%를 첨가하면 살균력이 강화된다.

9. 소독약의 살균력 지표로 가장 많이 이용되는 것은?

① 알코올
② 크레졸
③ 석탄산
④ 포름알데히드

> 설명
> 석탄산은 소독제의 살균력을 비교할 때 기준이 되는 소독약이다.

공중위생관리 - 소독

10. 석탄산의 살균작용과 관련이 없는 것은?

① 중금속염의 형성작용   ② 단백질 응고작용

③ 세포 용해작용   ④ 효소계 침투작용

> **설명**
> 석탄산의 살균작용은 균체의 단백질 응고작용, 균체의 효소 불활성화 작용, 균체의 삼투성 변화 작용 등이 있다.

11. 이용업소에서 종업원이 손을 소독할 때 가장 보편적이고 적당한 것은?

① 승홍수

② 과산화수소

③ 역성비누

④ 석탄수

> **설명**
> 역성비누는 병원용 소독제로 많이 사용되며, 이·미용업소에서 종업원이 손을 소독할 때 가장 보편적으로 많이 사용된다.

12. 다음 중 병원성 미생물이 아닌 것은?

① 세균   ② 바이러스

③ 리케차   ④ 효모균

> **설명**
> 효모균은 비병원성 미생물이다.

공중위생관리 – 소독

13. 병원 미생물의 크기에 따라 나열한 것은?

① 바이러스 < 리케차 < 세균
② 바이러스 < 세균 < 리케차
③ 세균 < 리케차 < 바이러스
④ 세균 < 바이러스 < 리케차

> **설명**
> 리케차는 세균과 바이러스의 중간크기이다

14. 이용실의 실내소독법으로 가장 적당한 것은?

① 석탄산 소독
② 크레졸 소독
③ 승홍수 소독
④ 역성비누액

> **설명**
> 크레졸은 소독효과가 크며 피부자극이 적은 특징이 있다.

15. 이용실에서 사용하는 가위 등의 금속제품 소독으로 적합하지 않은 것은?

① 에탄올
② 승홍수
③ 석탄산수
④ 역성비누액

> **설명**
> 승홍수는 독성이 강하고 금속을 부식시키는 성질이 있어서 가위 등의 금속제품 소독으로 적합하지 않다.

13 ①　14 ②　15 ②

공중위생관리 – 공중위생 관리법규

1. 공중위생영업에 해당하지 않는 것은?

① 세탁업   ② 보건업
③ 이용업   ④ 목욕장업

> 설명
> 공중위생영업은 숙박업, 목욕장업, 이·미용업, 세탁업, 건물위생관리영업이 있다.

2. 다음 중 공중위생영업을 하고자 할 때 필요한 것은?

① 허가   ② 통보
③ 인가   ④ 신고

> 설명
> 이미용업을 하려면 보건복지부령이 정하는 시설과 설비를 갖추고 시장, 군수, 구청장에게 신고하여야 한다.

3. 공중위생영업의 신고를 위하여 제출하는 서류에 해당하지 않는 것은?

① 영업시설 및 설비개요서
② 교육필증
③ 면허증 원본
④ 재산세 납부 영수증

> 설명
> 이용업을 신고하려면 시설과 설비를 갖추고 시장군수구청장에게 신고하여야 한다.

정답: 1 ② 2 ④ 3 ④

공중위생관리 – 공중위생 관리법규

4. 다음 중 이용업 영업자가 변경신고를 해야 하는 것을 모두 고른 것은?

> ㄱ. 영업소의 소재지
> ㄴ. 영업소 바닥의 면적의 3분의 1이상의 증감
> ㄷ. 종사자의 변동사항
> ㄹ. 영업자의 재산변동사항

① ㄱ
② ㄱ, ㄴ
③ ㄱ, ㄴ, ㄷ
④ ㄱ, ㄴ, ㄷ, ㄹ

> **설명**
> **시장 군수 구청장에게 신고하여야 하는 중요 사항의 변경 항목**
> ▶ 영업장 면적의 1/3이상을 변경할 때
> ▶ 소재지를 변경할 때
> ▶ 대표자 성명을 변경할 때
> ▶ 이·미용업 업종간 변경 시

5. 이용 영업자의 지위를 승계한 자가 관계기관에 신고를 해야 하는 기간은?

① 1월
② 2월
③ 6월
④ 12월

> **설명**
> 이용업자의 지위를 승계한 자는 1개월 이내에 시장 군수 구청장에게 신고해야 한다

6. 이용업소 내 반드시 게시하여야 할 사항으로 옳은 것은?

① 요금표 및 준수사항만 게시하면 된다.
② 이용업 신고증만 게시하면 된다.
③ 이용업 신고증 및 면허증사본, 요금표를 게시하면 된다.
④ 이용업 신고증, 면허증원본, 요금표를 게시하여야 한다.

> **설명**
> 영업장 내부에 게시해야 할 사항: 이용업 신고증, 개설자의 면허증 원본, 최종지불요금표

4 ②
5 ①
6 ④

공중위생관리 – 공중위생 관리법규

7. 다음 중 이용사 면허를 받을 수 있는 자는?

① 약물 중독자　　② 암환자
③ 정신질환자　　④ 금치산자

> **설명**
>
> **면허 결격자**
> ▶ 피성년 후견인
> ▶ 정신질환자 (전문의 소견서가 있을 경우 제외)
> ▶ 감염병 환자 (AIDS, 결핵환자 등)
> ▶ 마약 등의 약물 중독자 (향정신성 의약품 중독자)
> ▶ 면허가 취소된 후 1년이 경과되지 아니한 자

8. 다음 중 이용사의 면허정지를 명할 수 있는 자는?

① 행정안전부 장관　　② 시, 도지사
③ 시장, 군수, 구청장　　④ 경찰서장

> **설명**
>
> 면허 취소권자는 시장, 군수, 구청장이다.

9. 이용사가 면허증 재교부 신청을 할 수 없는 것은?

① 면허증을 잃어버린 때
② 면허증 기재사항의 변경이 있는 때
③ 면허증이 못쓰게 된 때
④ 면허증이 더러운 때

> **설명**
>
> **면허증 재교부 사유**
> ▶ 기재사항의 변경이 있을 때
> ▶ 면허증을 잃어버린 때
> ▶ 면허증이 헐어 못쓰게 된 때

공중위생관리 – 공중위생 관리법규

10. 이용업무의 보조를 할 수 있는 자는?

① 이용사의 감독을 받는 자 ② 국가 기술 자격 응시자
③ 이용학원 수강자 ④ 시도지사가 인정한 자

> 설명
> 이용사는 면허를 받은 자만 업무에 종사할 수 있으나 이용사의 감독을 받아 업무의 보조를 행하는 경우에는 가능하다.

11. 특별한 사유가 있을 시 영업소 외의 장소에서 이용업무를 행할 수 있다. 그 사유에 해당하지 않는 것은?

① 기관에서 특별히 요구하여 단체로 이용을 하는 경우
② 질병으로 인하여 영업소에 나올 수 없는 자에 대하여 이용을 하는 경우
③ 혼례에 참여하는 자에 대하여 그 의식 직전에 이용을 하는 경우
④ 시장·군수·구청장이 특별한 사정이 있다고 인정한 경우

> 설명
> ②, ③, ④에 추가하여 사회복지시설에서 이용을 하는 경우와 방송 촬영 직전에 이용을 하는 경우는 특별한 사유로 인정된다.

12. 다음 (   ) 안에 알맞은 내용은?

> 이용업 영업자가 공중위생관리법을 위반하여 관계행정기관의 장의 요청이 있는 때에는 (   )이내의 기간을 정하여 영업의 정지 또는 일부 시설의 사용 중지 혹은 영업소 폐쇄 등을 명할 수 있다.

① 3월 ② 6월
③ 1년 ④ 2년

> 설명
> 시장 군수 구청장은 이용업자에게 6월 이내의 기간을 정하여 영업 정지, 일부 시설 사용 중지 및 폐쇄 등을 명령할 수 있다.

공중위생관리 – 공중위생 관리법규

13. 이용업소의 영업정지 및 폐쇄사유에 해당하지 않는 것은?

① 영업신고를 하지 않거나 시설과 설비 기준을 위반한 경우

② 중요사항의 변경 신고를 하지 않은 경우

③ 고시가격보다 비싼 서비스 요금을 청구한 경우

④ 위생관리 의무 등을 지키지 않은 경우

> **설명**
>
> **이용업소 정지 및 폐쇄사유**
> ①, ②, ④항목 이외에
> ▶ 지위승계 신고를 하지 않은 경우
> ▶ 필요보고를 하지 않거나 관계 공무원의 출입 검사, 서류 열람을 거부 방해 기피한 경우
> ▶ 풍속규제 법률, 성매매 알선 등 행위 처벌에 관한 법률, 청소년 보호법, 의료법을 위반한 경우

14. 공중 위생감시원의 자격요건에 해당되지 않은 사람은?

① 위생사 또는 환경산업기사 2급이상의 자격증 소지한 사람

② 대학에서 화학 화공학 환경공학 위생학 분야를 졸업하거나 동등이상의 자격이 있는 사람

③ 외국에서 위생사 또는 환경기사 면허를 받은 사람

④ 1년 이하 공중위생 행정에 종사한 경력이 있는 사람

> **설명**
>
> 공중위생감시원은 1년 이상 공중위생 행정에 종사한 경력이 있는 사람이다.

15. 일반 관리대상 업소에 해당하는 위생관리 등급 구분은?

① 녹색등급　　　　② 황색등급

③ 백색등급　　　　④ 적색등급

> **설명**
>
> ▶최우수업소: 녹색등급
> ▶우수업소: 황색등급
> ▶일반관리업소: 백색등급

13 ③
14 ④
15 ③

공중위생관리 – 공중위생 관리법규

16. 공중위생영업을 하고자 하는 위생교육을 언제 받아야 하는가? (단, 예외 조항은 제외한다.)

① 영업소 개설을 통보한 후에 위생교육을 받는다.

② 영업소를 운영하면서 자유로운 시간에 위생교육을 받는다.

③ 영업신고를 하기 전에 미리 위생교육을 받는다.

④ 영업소 개설 후 3개월 이내에 위생교육을 받는다.

> **설명**
> 영업신고를 하려면 미리 위생 교육을 받아야 하며, 단, 예외조항에 해당할 경우 6개월내에 받으면 된다.

17. 이용 면허가 취소된 후 계속하여 업무를 행자 자에 대한 벌칙사항은?

① 6월 이하의 징역 또는 300만원 이하의 벌금

② 500만원 이하의 벌금

③ 300만원 이하의 벌금

④ 200만원 이하의 벌금

> **설명**
> **3백만원이하의 벌금**
> ▶ 개선명령(위생관리 기준, 오염허용기준)을 위반한 자
> ▶ 면허 취소 후에도 계속 이용업 업무를 행한 자
> ▶ 면허를 받지 않고 이용업 개설이나 업무에 종사한 경우

공중위생관리 – 공중위생 관리법규

18. 다음 중 1년이하의 징역 또는 1천만원이하의 벌금에 해당하는 벌칙사항이 아닌 것은?

① 공중위생영업의 신고를 하지 아니한 자
② 영업소 폐쇄명령을 받고도 계속해서 영업을 한 자
③ 영업정지 일부 시설의 사용중지 명령을 받고도 그 기간 중에 영업을 하거나 그 시설을 사용한 자
④ 공중위생영업의 변경 신고를 하지 않은 자

> **설명**
> 공중위생영업의 변경 신고를 하지 않은 자는
> 6개월 이하의 징역 또는 500만원이하의 벌금이다.

19. 관계공무원의 출입·검사 기타 조치를 거부·방해 또는 기피했을 때의 과태료 부과기준은?

① 300만원 이하
② 200만원 이하
③ 100만원 이하
④ 50만원 이하

> **설명**
> **3백만원이하의 과태료**
> ▶ 폐업신고를 하지 않은 자
> ▶ 이용 시설 및 설비의 개선명령을 위한한 자
> ▶ 공중 위생법상 필요한 보고를 당국에 하지 아니한 자

공중위생관리 – 공중위생 관리법규

20. 과태료 처분에 불복이 있는 경우 어느 기간 내에 이의를 제기할 수 있는가?

① 처분한 날로부터 30일 이내

② 처분의 고지를 받은 날로부터 30일 이내

③ 처분한 날로부터 15일 이내

④ 처분이 있음을 안 날로부터 15일 이내

> **설명**
> 과태료 처분에 불복이 있는 자는 고지 30일 이내에 이의를 제기할 수 있다.

21. 면허증을 다른 사람에게 대여한 때의 2차 위반 행정처분 기준은?

① 면허정지 3월 ② 면허정지 6월

③ 영업정지 3월 ④ 영업정지 6월

> **설명**
> **면허증을 다른 사람에게 대여한 때**
> ㉠ 1차위반: 면허정지 3월
> ㉡ 2차위반: 면허정지 6월
> ㉢ 3차위반: 면허 취소

22. 이용업소를 신고를 하지 않고 영업소의 소재지를 변경한 경우 1차 행정 처분은?

① 영업정지 1월 ② 영업정지 2월

③ 영업장 폐쇄명령 ④ 개선명령

> **설명**
> **신고를 하지 않고 영업소 소재지를 변경한 경우**
> ㉠1차 위반: 영업정지 1월
> ㉡2차 위반: 영업정지 2월
> ㉢3차 위반: 영업장 폐쇄 명령

20 ②
21 ②
22 ①

공중위생관리 - 공중위생 관리법규

23. 이용업소에서 1회용 면도날을 손님 2인에게 사용한 때의 1차위반시 행정처분은?

① 시정명령 ② 개선명령
③ 경고 ④ 영업정지 5일

> 설명
> 소독한 기구와 미소독 기구를 별도 보관하지 않거나 1회용면도날을 2인이상손님에게 사용한 때: 1차 위반은 경고

24. 다음 위법 사항 중 가장 무거운 벌칙기준에 해당하는 자?

① 신고를 하지 아니하고 영업한 자
② 변경신고를 하지 아니하고 영업한 자
③ 면허정지처분을 받고 그 정지 기간 중 업무를 행한 자
④ 관계 공무원 출입, 검사를 거부한 자

> 설명
> ① 1년 이하의 징역 또는 1천만 원 이하의 벌금
> ② 6월 이하의 징역 또는 500만 원 이하의 벌금
> ③ 300만 원 이하의 벌금
> ④ 300만 원 이하의 과태료

25. 이용업소에서 손님에게 음란한 물건을 관람·열람하게 한 때에 대한 1차 위반 시 행정처분 기준은?

① 영업정지 15일 ② 영업정지 1월
③ 영업장 폐쇄명령 ④ 경고

> 설명
> 음란한 물건을 관람 열람하게 하거나 진열 또는 보관한 때: 1차 위반은 경고

• Memo •

예상모의고사 1회

1. 이용 시술을 위한 이용사의 작업을 설명한 내용으로 가장 거리가 먼 것은?

① 이용사 자신의 개성미를 우선적으로 표현한다.

② 고객의 용모에 대한 특성을 신속 정확하게 파악한다.

③ 시술에 대한 구상을 하기 전에 고객의 요구사항을 파악한다.

④ 시술 후에는 전체적인 조화를 종합적으로 검토한다.

2. 두부(Head) 내 각부 명칭의 연결이 잘못된 것은?

① 전두부 - 프론트 (front)

② 두정부 - 크라운 (crown)

③ 후두부 - 톱 (top)

④ 측두부 - 사이드 (side)

3. 이용원의 사인보드 색에 대한 설명 중 틀린 것은?

① 황색 - 피부

② 청색 - 정맥

③ 백색 - 붕대

④ 적색 - 동맥

4. 모량을 감소시키는 도구는?

① 세팅기

② 컬링아이론

③ 틴닝가위

④ 와인더

5. 커트용 가위의 선정방법에 대한 설명 중 틀린 것은?

① 날의 두께가 얇고 회전축이 강한 것이 좋다.

② 도금된 것이 좋다.

③ 날의 견고함이 양쪽 골고루 똑같아야 한다.

④ 손가락 넣는 구멍이 적합해야 한다.

6. 틴닝 가위 (thining scissors)를 사용하여 커트할 경우 모발 겉모습이 주는 가장 두드러지는 미적 표현은?

① 고전미

② 자연미

③ 고정미

④ 조각미

7. 머리카락에 영양분을 공급하며 새로운 모발을 성장시키는 곳은?

① 모모세포

② 모유두

③ 모낭

④ 모구

8. 영업장 안전사고 예방조치로 가장 거리가 먼 것은?

① 정기적인 안전 관리 점검으로 안전사고 예방에 주력

② 고객 가운 및 타월의 세탁 및 정리정돈

③ 작업 환경을 개선하여 안전 사고 개연성을 차단

④ 산업재해 보상보험에 가입

9. 다음 샴푸법 중 거동이 불편한 환자나 임산부에 가장 적당한 것은?

① 드라이 샴푸(dry shampoo)

② 핫오일 샴푸(hot oil shampoo)

③ 에그샴푸(egg shampoo)

④ 플레인 샴푸 (plain shampoo)

10. 커트 시술 시 작업순서를 바르게 나열한 것은?

① 구상-제작-소재-보정

② 소재-구상-보정-제작

③ 소재-구상-제작-보정

④ 구상-소재-제작- 보정

11. 웨트 커트를 하는 이유로 가장 적합한 것은?

① 시간을 단축하기 위해서이다.

② 깎기 편해서이다.

③ 가위의 손상이 적기 때문이다.

④ 두피의 당김을 완화시켜 주며 정확한 길이로 자를 수 있기 때문이다.

12. 면체(면도) 시 면도날을 잡는 기본적인 방법이 아닌 것은?

① 스타트 핸드(start hand)

② 프리 핸드 (free hand)

③ 백 핸드 (back hand)

④ 펜슬 핸드(pencil hand)

13. 안면 면도 시 습포(물수건)을 사용하는 주목적은?

① 손님의 긴장감을 풀어주기 위하여

② 수염과 피부를 유연하게 만들기 위하여

③ 피부의 탄력성을 높이기 위하여

④ 피부의 노폐물을 제거하기 위하여

14. 드라이어 정발술(hair blow dryer styling)의 순서를 열거한 것으로 가장 적합한 것은?

① 가르마   측두부   천정부

② 가르마   천정부   측두부

③ 가르마   후두부   천정부

④ 가르마   전두부   천정부

15. 얼굴형이 둥근 경우 가르마의 기준으로 맞는 것은?

① 5:5 가르마

② 7:3 가르마

③ 8:2 가르마

④ 4:6 가르마

16. 두개피(두피 및 모발) 상태에 따른 피지가 부족하여 건조할 때 쓰이는 트리트먼트는?

① 오일리 스캘프 트리트먼트

② 플레인 스캘프 트리트먼트

③ 댄드러프 스캘프 트리트먼트

④ 드라이 스캘프 트리트먼트

17. 매뉴얼테크닉에 대한 설명으로 거리가 먼 것은?

① 마찰에 의해 피부의 온도가 상승되면 피부의 호흡작용이 왕성해지고 화장품 유효물질의 경피 흡수가 많아진다.
② 피부의 세정작용을 도와 피부를 청결하게 한다.
③ 혈액과 림프액의 원활한 순환으로 피부 내 산소와 영양공급을 도와 신진대사를 촉진시킨다.
④ 심리적 안정감을 주지는 않지만 피로를 회복시킨다.

18. 일반적인 매뉴얼 테크닉 방법이 아닌 것은?

① 경찰법　　② 유연법
③ 진동법　　④ 구강법

19. 퍼머넌트 웨이브의 제1제의 주성분이 아닌 것은?

① 티오글리콜산　　② 시스테인
③ 시스테아민　　　④ 브롬산

20. 헤어 컬러링 기술에서 만족할 만한 색채효과를 얻기 위해서는 색채의 기본원리를 이해하고 이를 응용할 수 있어야 하는데 색의 3속성중 명도만을 갖고 있는 무채색에 해당하는 것은?

① 적색　　② 황색
③ 청색　　④ 백색

21. 염색 후 새로 자라난 두발에만 하는 염색은?

① 다이터치업
② 블리치
③ 헤어틴트
④ 헤어 다이

22. 모발에 대한 설명으로 옳지 않은 것은?

① 개인차가 있긴 하지만 평균 한달에 5㎝정도 자란다.

② 모발 성장은 낮보다 밤에 더 잘 자란다.

③ 모발 수명은 3~6년 정도이다.

④ 멜라닌의 합성 정도에 따라 모발 색상이 결정된다.

23. 두상의 특정한 부분에 볼륨을 주기 원할 때 사용되는 헤어 피스는?

① 위글렛 (wiglet)

② 스위치 (switch)

③ 폴 (fall)

④ 위그 (wig)

24. 다음 중 피부 구조에 대한 설명으로 틀린 것은?

① 피부는 표피, 진피, 피하조직으로 나누어진다.

② 표피의 가장 아래쪽은 기저층이다.

③ 피하조직은 피지선을 의미한다.

④ 피부 부속기관으로 모발, 한선, 피지선, 손발톱이 있다.

25. 다음 중 표피에 존재하며, 면역과 가장 관계가 깊은 세포는?

① 멜라닌 세포   ② 랑게르한스 세포

③ 머켈 세포   ④ 섬유아 세포

26. 교원섬유에 대한 설명으로 틀린 것은?

① 표피의 약 80~90%를 차지한다.

② 섬유아세포에서 생성된다.

③ 피부에 탄력성과 신축성을 부여한다.

④ 콜라겐이라고 불리기도 한다.

27. 다음 중 모발의 성장단계를 옳게 나타낸 것은?

① 성장기→휴지기→퇴화기
② 휴지기→발생기→퇴화기
③ 퇴화기→성장기→발생기
④ 성장기→퇴화기→휴지기

28. 다음 중 원발진이 아닌 것은?

① 면포
② 결절
③ 종양
④ 태선화

29. 화상의 구분 중 홍반, 부종, 통증뿐만 아니라 수포를 형성하는 것은?

① 제1도 화상
② 제2도 화상
③ 제3도 화상
④ 중급 화상

30. 예방접종의 결과로 획득된 면역은?

① 자연 능동면역
② 인공능동 면역
③ 자연수동면역.
④ 인공수동 면역

31. 출생률이 높고 사망률이 낮으며 14세이하 인구가 65세 이상 인구의 2배를 초과하는 인구 유형은?

① 피라미드형
② 종형
③ 항아리형
④ 별형

32. 국가의 보건수준을 평가하는 보건지표라고 할 수 있는 가장 대표적인 것은?

① 영아사망율
② 성인사망율
③ 사인별 사망률
④ 모성사망율

33. 감염병 유행지역에서 입국하는 사람이나 동물 또는 식품 등을 대상으로 실시하며 외국질병의 국내 침입방지를 위한 수단으로 쓰이는 것은?

① 검역 ② 격리
③ 박멸 ④ 병원소 제거

34. 인수 공통 감염병이 아닌 것은?

① 나병 ② 일본뇌염
③ 광견병 ④ 야토병

35. 무구조충은 다음 중 어느 것을 날 것으로 먹었을 때 감염될 수 있는가?

① 돼지고기 ② 이엉
③ 게 ④ 쇠고기

36. 다음 중 UN이 정한 고령사회에 대한 설명으로 틀린 것은?

① 65세 이상의 인구가 총인구에서 차지하는 비율이 7% 이상인 사회이다.
② 65세 이상 인구가 총인구에서 차지하는 비율이 14% 이상인 사회이다.
③ 한국은 2017년 고령 사회로 진입하였다.
④ 고령화 현상은 수명이 늘고 출산율이 하락하면서 고령인구가 늘고 생산 연령인구 (15~64세)는 줄어든 데 따른 영향이다.

37. 실내에 다수인이 밀집한 상태에서 실내공기의 변화는?

① 기온 상승, 습도 증가, 이산화탄소 감소
② 기온 하강, 습도 증가, 이산화탄소 감소
③ 기온 상승, 습도 증가, 이산화탄소 증가
④ 기온 상승, 습도 감소, 이산화탄소 증가

38. 식품을 통한 식중독 중 독소형 식중독은?

① 포도상구균 식중독

② 살모넬라균에 의한 식중독

③ 장염 비브리오 식중독

④ 병원성 대장균 식중독

39. 소독의 정의에 대한 설명 중 가장 옳은 것은?

① 모든 미생물을 열이나 약품으로 사멸하는 것

② 병원성미생물을 사멸 또는 제거하여 감염력을 잃게 하는 것

③ 병원성미생물에 의한 부패방지를 하는 것

④ 병원성미생물에 의한 발효방지를 하는 것

40. 미생물을 대상으로 한 작용이 강한 것부터 순서대로 옳게 배열된 것은?

① 멸균〉소독〉살균〉청결〉방부

② 멸균〉살균〉소독〉방부〉청결

③ 살균〉멸균〉소독〉방부〉청결

④ 소독〉살균〉멸균〉청결〉방부

41. 소독약을 사용하여 균 자체에 화학반응을 일으켜 세균의 생활력을 빼앗아 살균하는 것은?

① 물리적 멸균법　　　　② 건열 멸균법

③ 여과 멸균법　　　　　④ 화학적 살균법

42. 금속성 식기, 면 종류의 의류, 도자기의 소독에 적합한 소독 방법은?

① 화염 멸균법　　　　　② 건열 멸균법

③ 소각 소독법　　　　　④ 자비 소독법

43. 끓는 물 소독(자비소독) 방법으로 옳은 것은?

① 70℃ 이상에서 10분간 처리한다.

② 100℃에서 5분간 처리한다.

③ 100℃에서 20~30분간 처리한다.

④ 120℃에서 60분간 처리한다.

44. 이·미용업소에서 종업원이 손을 소독할 때 가장 보편적이고 적당한 것은?

① 승홍수　　　　　　　② 과산화수소

③ 역성비누　　　　　　④ 석탄수

45. 일반적으로 사용되는 소독용 알코올의 적정 농도는?

① 30%　　　　　　　② 70%

③ 50%　　　　　　　④ 100%

46. 이·미용실의 실내소독법으로 가장 적당한 것은?

① 석탄산 소독　　　　② 크레졸 소독

③ 승홍수 소독　　　　④ 역성비누액

47. 이용실에서 사용하는 빗이나 브러시의 소독방법으로 가장 알맞은 것은?

① 세척 후 자외선 소독기로 소독한다.

② 100℃의 물에 10분 정도 소독한다.

③ 고압 증기 멸균기로 소독한다.

④ 저온 살균법으로 소독한다.

48. 석탄산 계수에 대한 설명으로 틀린 것은?

① 살균력의 지표이다.

② 소독약의 희석배수이다.

③ 살균력을 비교할 때 사용된다.

④ 석탄산계수가 높을수록 살균력이 약하다.

49. 공중위생관리법에서 규정하고 있는 공중위생영업의 종류에 해당되지 않는 것은?

① 이용업 ② 위생관리용역업
③ 학원영업 ④ 세탁업

50. 공중위생영업의 신고를 위하여 제출하는 서류에 해당하지 않는 것은?

① 영업시설 및 설비개요서

② 교육필증

③ 면허증 원본

④ 재산세 납부 영수증

51. 이용업의 시설 및 설비기준 중 틀린 것은?

① 이용업의 경우 응접장소와 작업장소를 구획하는 커튼 칸막이를 설치할 수 있다.

② 소독기, 자외선 살균기 등 기구를 소독하는 장비를 갖추어야 한다.

③ 소독을 한 기구와 소독을 하지 아니한 기구를 구분하여 보관할 수 있는 용기를 비치하여야 한다.

④ 영업장 안의 조명도는 75룩스 이상이 되도록 유지하여야 한다.

52. 이용업 영업신고를 하지 아니하고 영업소의 소재지를 변경한 때 1차 행정 처분 기준은?

① 경고
② 영업정지 1개월
③ 영업정지 2개월
④ 영업장 폐쇄명령

53. 이용사의 면허를 받을 수 없는 자는?

① 전문대학에서 이용 또는 미용에 관한 학과를 졸업한 자
② 교육과학기술부장관이 인정하는 이·미용고등학교를 졸업한 자
③ 교육과학기술부장관이 인정하는 고등기술학교에서 6개월 수학한 자
④ 국가기술자격법에 의한 이·미용사 자격취득자

54. 이용사 면허 취소의 사유가 아닌 것은?

① 이중으로 면허를 취득한 때
② 면허를 다른 사람에게 대여한 때 (3차 위반)
③ 면허 정지처분을 받고 정지간에 업무를 수행할 때
④ 미용사 자격정지 처분을 받은 때

55. 이용사가 면허증 재교부 신청을 할 수 없는 것은?

① 면허증을 잃어버린 때
② 면허증 기재사항의 변경이 있는 때
③ 면허증이 못쓰게 된 때
④ 면허증이 더러운 때

56. 이용사 면허를 받지 아니한 자 중, 이용사 업무에 종사할 수 있는 자는?

① 이용 업무에 숙달된 자로 이용사 자격증이 없는 자
② 이용사로서 업무정지 처분 중에 있는 자
③ 이용업소에서 이용사의 감독을 받아 이용업무를 보조하고 있는 자
④ 학원 설립·운영에 관한 법률에 의하여 설립된 학원에서 3월 이상 이용에 관한 강습을 받은 자

57. 공익상 또는 선량한 풍속유지를 위하여 필요하다고 인정하는 경우에 이용업의 영업시간 및 영업행위에 관한 필요한 제한을 할 수 있는 자는?

① 관련 전문기관 및 단체장

② 보건복지부장관

③ 시·도지사

④ 시장·군수·구청장

58. 공중 위생감시원의 자격요건에 해당되지 않은 사람은?

① 위생사 또는 환경산업기사 2급이상의 자격증 소지한 사람

② 대학에서 화학 화공학 환경공학 위생학 분야를 졸업하거나 동등이상의 자격이 있는 사람

③ 외국에서 위생사 또는 환경기사 면허를 받은 사람

④ 3년 이상 공중위생 행정에 종사한 경력이 있는 사람

59. 일반 관리대상 업소애 해당하는 위생관리 등급 구분은?

① 녹색등급 ② 황색등급

③ 백색등급 ④ 적색등급

60. 공중위생관리법상의 위생교육에 대한 설명 중 옳은 것은?

① 위생교육 대상자는 이용업 영업자이다.

② 위생교육 대상자는 이용사이다.

③ 위생교육 시간은 매년 8시간이다.

④ 위생교육은 공중위생관리법 위반자에 한하여 받는다.

• Memo •

제1회 모의고사 정답 및 해설

1	2	3	4	5	6	7	8	9	10
①	③	①	③	②	②	①	②	①	③
11	12	13	14	15	16	17	18	19	20
④	①	②	①	②	④	④	④	④	④
21	22	23	24	25	26	27	28	29	30
①	①	①	③	②	①	④	④	②	②
31	32	33	34	35	36	37	38	39	40
①	①	①	①	④	①	③	①	②	②
41	42	43	44	45	46	47	48	49	50
④	④	③	③	②	②	①	④	③	④
51	52	53	54	55	56	57	58	59	60
①	②	③	④	④	③	③	④	③	①

1. 고객이 만족하는 개성미를 표현해야 한다.

2. 후두부는 네이프(nape)이다.

3. 사인보드는 청색(정맥), 적색(동맥), 백색(흰붕대)에서 기원하였다.

4. 틴닝가위는 길이는 변화시키지 않고 모량만 감소시키는 도구이다.

5. 도금된 가위는 좋지 않다.

6. 틴닝가위는 두발의 길이는 자르지 않고 머리 숱만을 제거하여 자연스러운 커트형을 만들기 위해 사용한다.

7. 모모세포는 모유두에 인접한 세포층으로 새로운 머리카락을 형성한다.

8. 고객 가운 및 타월의 세탁 및 정리정돈은 영업장 환경위생 점검 항목이다.

9. 드라이 샴푸(dry shampoo)는 환자나 가발 샴푸에 적합하다.

10. **이용의 과정**
    ㉠ **소재의 확인 (고객)**: 고객의 개성 및 요구사항 파악, 개성미를 발휘하기 위한 첫 단계
    ㉡ **구상**: 고객의 개성에 맞은 적절한 디자인 구상
    ㉢ **제작**: 구상된 디자인을 구체적으로 표현
    ㉣ **보정**: 보완 수정을 통해 디자인 완성

11. 웨트커트는 두피의 당김을 완화시켜 주며 정확한 길이로 자를 수 있다.

12. **면도날 파지방법**
    ㉠ **프리 핸드**: 면도자루를 엄지와 검지로 잡고 자루 끝부분을 약지와 소지 사이에 끼우는 방법
    ㉡ **백 핸드**: 면도기의 깎는 날을 역으로 돌려 잡는 방법, 돌려깎는 면도날이라고도 한다.
    ㉢ **펜슬 핸드**: 면도기를 검지와 중지 사이에 끼어 연필을 잡듯이 칼 머리 부분을 밑으로 해서 잡는 방법으로 연필 면도칼이라고도 한다.

13. **면도 시 습포 사용 목적 및 효과**
    ㉠ 따뜻한 물수건은 온열 효과로 인해 모공확장 효과가 있다.
    ㉡ 수분공급으로 피부 노폐물을 제거할 수 있다.
    ㉢ 피부와 수염을 부드럽게 하여 면도에 의한 피부자극을 감소시킨다.
    ㉣ 면체 도중에 피부 손상 및 상처를 예방한다.

14. 가르마에서 시작하여 측두부 천정부로 시술한다.

15. **얼굴형에 따른 가르마 디자인**
    ㉠ **모난 얼굴**: 4:6 가르마
    ㉡ **긴 얼굴**: 8:2 가르마
    ㉢ **둥근얼굴**: 7:3 가르마
    ㉣ **타원형 얼굴**: 5:5 가르마

16. **트리트먼트 선정방법**
    ㉠ **오일리스캘프트리트먼트**: 피지 분비량이 많을 경우
    ㉡ **플레인 스캘프 트리트먼트**: 정상 두피
    ㉢ **댄드러프 스캘프 트리트먼트**: 비듬 제거 시
    ㉣ **드라이 스캘프 트리트먼트**: 건조 두피

17. **매뉴얼테크닉의 효과**
    ㉠ 피부의 세정작용(피지, 각질, 노폐물 제거)을 도와 피부를 청결하게 한다.
    ㉡ 마사지로 인해 피부온도가 상승하여 피부 호흡작용이 왕성하게 된다.
    ㉢ 혈액과 림프액의 순환으로 피부 내 산소와 영양공급에 도움을 준다
    ㉣ 근육을 이완시키고 강화시켜 혈액과 림프 순환에 도움을 준다.
    ㉤ 심리적 안정감을 부여하고 피로를 회복시킨다

18. **매뉴얼 테크닉의 방법**
    ㉠ **경찰법(스트로킹)**: 손바닥으로 쓰다듬는 방법
    ㉡ **강찰법(프릭션)**: 손으로 강하게 문지르는 방법
    ㉢ **유연법(니딩)**: 손으로 주무르는 방법
    ㉣ **진동법(바이브레이션)**: 손바닥으로 진동을 줄 수 있도록 떠는 방법
    ㉥ **고타법(피커션)**: 손으로 두드리는 방법

19. 1제인 환원제는 티오글리콜산이 가장 많이 사용되고 시스테인 등도 사용된다. 브롬산은 제2제이다.

20. 색상은 다른 색과 구별되는 색의 고유한 특성으로 무채색(흰색, 검정색, 회색)과 유채색(무채색을 제외한 모든 색상)으로 구별된다.

21. **용어 설명**
    ㉠ **다이터치업**: 염색후 새로 자라난 두발에 하는 뿌리염색
    ㉡ **블리치**: 부분 혹은 전체의 탈색을 의미
    ㉢ **헤어다이**: 착색을 의미
    ㉣ **헤어틴트**: 염색을 의미

22. **모발 성장속도**: 0.34 ~ 0.35mm (1일), 1 ~1.5 cm (30일)

23. ㉠ **위그**: 두상 전체를 덮는 모자형 가발 (통가발)
    ㉡ **헤어피스(Hair Piece)**: 두상 일부를 덮는 부분 가발로서 위글렛, 폴, 수위치, 위글렛 (두정부 볼륨을 연출할 때 사용)이 있다.

24. 피하조직은 피하지방을 의미한다

25. 랑게르한스 세포는 유극층에 위치 피부면역 담당

26. ㉠ **교원섬유**는 진피의 약 80~90%를 차지하는 섬유형태의 단백질이다.
    ㉡ **섬유아세포**: 진피의 구성세포로 콜라겐, 엘라스틴 기질을 합성하는 역할을 담당하는 세포이다.

27. 모발은 성장기 → 퇴화기 → 휴지기 → 성장기를 반복한다.

28. ㉠ **원발진**: 피부질환의 초기증상으로 반점, 구진, 결절, 종양, 팽진, 소수포, 농포가 있다
    ㉡ **속발진**: 2차적 피부질환으로 미란, 찰상, 인설, 가피, 태선화, 반흔 등이 있다.

29. ㉠ **1도화상**: 피부가 붉게 변함
　　㉡ **2도화상**: 수포 발생
　　㉢ **3도화상**: 신경 손상
　　㉣ **4도화상**: 근육 신경 뼈손상

30. ㉠ **자연능동면역**: 전염병 감염에 의해 형성된 면역
　　㉡ **인공능동명역**: 예방접종의 결과로 획득된 면역
　　㉢ **인공수동면역**: 모체로부터 형성된 면역
　　㉣ **인공수동면역**: 면역 혈청주사에 의해 획득된 면역

31. ㉠ **피라미드형 (인구증가형)**: 출생율이 사망율보다 높은 형(후진국형)
　　㉡ **종형(인구 정지형)**: 출생률과 사망률이 같은 형(이상적인 형태)
　　㉢ **항아리형 (인구 감소형)**: 출생률보다 사망률이 높은 형(선진국형)
　　㉢ **별형 (인구 유입형)**: 생산연령 인구의 전입이 늘어나는 형(도시형)
　　㉣ **표주박형(인구 감소형)**: 생산연령 인구의 전출이 늘어나는 형(농촌형)

32. 영아사망율(0세아의 사망률)은 한 국가의 건강수준을 나타내는 지표로 활용

33. 검역을 통해 감염병 여부를 검사하며, 감염병이 의심되는 경우 강제 격리를 한다.

34. **인수공통 병원소**: 동물이 병원소가 되면서 인간에게도 감염을 일으키는 감염병으로 쥐(페스트), 돼지(일본뇌염), 개(광견병), 쥐 (살모넬라), 산토끼(야토병), 소(결핵) 등이 있다.

35. **무구조충**: 소고기 생식을 통해 감염
　　유구조충: 돼지고기 생식을 통해 감염

36. ㉠ **고령화사회**: 65세 이상의 인구가 전체의 7% 이상
　　㉡ **고령사회**: 65세 이상의 인구가 전체의 14% 이상

37. 실내에 많은 사람들의 호흡으로 산소가 줄고, 습도가 증가하고, 이산화탄소가 증가하여 현기증 구토 두통등의 이상현상 발생으로 나타나는 증상은 군집독이다.

38. **감염형 식중독**
    - ㉠ **살모넬라**: 돼지콜레라가 원인
    - ㉡ **장염비브리오**: 오염된 어패류가 원인
    - ㉢ **병원성대장균**: 오염된 우유 치즈 등 섭취가 원인

39. ㉠ **멸균**: 모든 미생물을 사멸혹은 제거하는 것
    - ㉡ **살균**: 병원생 미생물을 물리 화학적 작용으로 급속하게 제거하는 작업
    - ㉢ **소독**: 병원균을 파괴하여 감염력 및 증식력을 없애는 작업
    - ㉣ **방부**: 음식물의 부패나 발효를 방지하는 작업

40. **소독력의 크기**: 멸균〉살균〉소독〉방부.

41. 화학적 살균이란 균 자체에 화학반응을 일으켜 세균의 생활력을 빼앗아 살균하는 것으로 석탄산, 역성비누, 포르말린, 크레졸 등이 있다.

42. **자비소독법**: 100℃의 끓는 물에 15~20분간 소독하며 금속성 식기, 면의류, 타월 도자기 소독으로 사용한다.

43. 자비소독은 100℃ 물에 20~30분간 가열하는 방법으로 금속제품은 물이 끓기 시작할 때 넣고, 유리제품은 찬물일 때 투입한다.
    탄산나트륨($NaCO_3$) 1~2%를 넣어주면 살균력이 강해지고 금속제품의 경우 녹스는 것이 방지되고 탄산나트륨($NaCO_3$) 대신 2% 중조(탄산수소나트륨)나 붕소, 2% 크레졸비누액, 5% 석탄산을 넣기도 한다.

44. 병원용 소독제로 많이 사용되며, 이·미용업소에서 종업원이 손을 소독할 때 가장 보편적으로 많이 사용된다.

45. 소독용 알코올(에틸알코올)은 약 70~80% 농도가 적당하다.

46. 크레졸은 석탄산의 2배소독효과가 있으며 피부작극이 적다. 화장실 소독 시 3% 용액을 사용한다.

47. 빗 브러시는 열에 의해 쉽게 변형되므로 미온수에 역성비누를 풀어 세척 후 자외선 소독기로 소독한다.

48. 석탄산 계수가 높을수록 살균력이 강한 독성을 갖고 있다.

49. 공중위생영법은 숙박업, 목욕장업, 이용업, 미용업, 세탁업, 건물위생관리영업이 있다

50. 이용업을 신고하려면 시설과 설비를 갖추고 시장군수구청장에게 신고하여야 한다.

51. 이용업의 경우 응접장소와 작업장소를 구획하는 커튼 칸막이를 설치할 수 없다.

52. 소재지를 변경하고 신고하지 않은 경우 1차 행정처분 기준은 영업정지 1개월이다.

53. 고등기술학교에서 1년이상 이용에 관한 소정의 과정을 이수하여야 한다.

54. 이용사 자격정지 처분을 받으면 면허 정지의 사유에 해당한다.
    면허를 다른 사람에게 대여한 때: 1차 위반은 면허정지 3개월

55. **면허증 재교부 사유**
    ㉠ 기재사항의 변경이 있을 때
    ㉡ 면허증을 잃어버린 때
    ㉢ 면허증이 헐어 못쓰게 된 때

56. **이용 종사가능자**
    이용사 면허를 받은 자가 아니면 이용업을 개설하거나 그 업무에 종사할 수 없다.

57. 시도지사는 공익상 또는 선량한 풍속을 유지하기 위하여 필요하다고 인정하는 때에는 영업시간 및 영업행위에 관한 필요한 제한을 할 수 있다

58. 공중위생감시원은 1년 이상 공중위생 행정에 종사한 경력이 있는 사람이다.

59. ㉠ **최우수업소**: 녹색등급
 ㉡ **우수업소**: 황색등급
 ㉢ **일반관리업소**: 백색등급

60. **위생교육 주기 및 시간**: 매년 3시간
 교육대상자: 이용 영업자

예상모의고사 2회

1. 두부 명칭 중 네이프(Nape)는 어느 부위인가?

① 앞머리부분

② 정수리 부분

③ 후두부 부분

④ 양 옆 부분

2. 두부라인 명칭 설명 중에서 목옆선(Nape side line)을 가장 올바르게 표현한 것은?

① EP에서 NSP를 연결한 선

② EP의 높이를 수평으로 연결한 선

③ 귀의 뒷면을 수직으로 연결한 선

④ NSP를 연결한 선

3. 우리나라 이용의 역사에 관한 내용 중 틀린 것은?

① 구한말 상투머리를 하던 남성들이 두발을 자를 계기가 된 것은 단발령이다.

② 고종황제의 어명을 받은 우리나라 최초의 이용사는 안종호이다.

③ 최초의 이용원은 1901년 서울 종로에 개설되었다.

④ 단발령은 죄인을 처벌하기 위한 목적이었으며 삭발하여 기르는 동안 죄를 뉘우치도록 하였다.

4. 이용기구의 부분명칭 중 모지공, 소지걸이, 다리 등의 명칭이 쓰이는 기구?

① 가위

② 면도

③ 아이론

④ 빗

5. 틴닝 가위를 사용하는 목적으로 가장 적합한 것은?

① 전체 모발을 잘라내기 위해서

② 윗머리를 짧게 자르기 위해서

③ 전체 머리숱을 고르기 위해서

④ 아이론에 적합한 헤어를 만들기 위하여

6. 클리퍼를 사용하는 커트 시 일반적으로 클리퍼를 가장 먼저 사용하는 부위는?

① 좌우측 두부   ② 전두부
③ 후두부   ④ 두정부

7. 빗의 관리방법에 대한 내용 중 틀린 것은?

① 브러시로 털거나 비눗물로 씻는다.

② 소독은 일주일에 한번씩 정기적으로 해야 한다.

③ 뼈, 뿔, 나일론 등으로 만들어진 제품은 자비소독을 하지 않는다.

④ 금속성 빗은 승홍수에 소독하지 않는다.

8. 세발의 효과 또는 목적으로 틀린 것은?

① 모발의 발모 촉진 및 윤기제거

② 두피와 모발의 청결유지

③ 두피와 모발에 생길 수 있는 병의 감염 예방

④ 두피의 혈행을 도와 생리기능 촉진

9. 표백된 두발이나 잘 엉키는 두발에 가장 효과적인 린스는?

① 플레인 린스   ② 크림린스
③ 구연산 린스   ④ 레몬린스

10. 다음 중 두피 및 두발의 생리기능을 높여 주는데 가장 적당한 샴푸?

① 토닉샴푸
② 드라이샴푸
③ 리퀴드 샴푸
④ 오일 샴푸

11. 장발형 고객이 각진 스포츠 머리 형으로 이발하려고 할 때 어느 부분부터 먼저 시작해야 가장 정확한 두발형을 이룰 수 있는가?

① 센터 포인트
② 탑 포인트
③ 골든 포인트
④ 백 포인트

12. 둥근 스포츠 커트에서 아웃라인의 수정 시 빗살 끝을 두피 면에 대고 깎아나가는 기법과 귀 주변 커팅기법으로 가장 효과적인 것은?

① 밀어 깎기와 돌려 깎기
② 끌어 깎기와 두드려 깎기
③ 왼손 깎기와 찔러 깎기
④ 연속 깎기와 떠내 깎기

13. 다음 면도 기법 중 형식에 구애 없이 면도자루를 잡고 시술하는 방법으로 일반적으로 면도 순서에서 제일 처음 적용되는 경우가 많은 것은?

① 프리 핸드 스트로크
② 푸시 핸드스트로크
③ 펜슬 헨드스크로크
④ 스틱 핸드 스트로크

14. 면체(면도) 할 때 칼날의 각도 범위는

① 5~10°
② 15~45°
③ 30~40°
④ 50~60°

15. 다음 중 아이론의 사용에 있어 가장 적합한 온도 범위는?

① 140~160도　　② 100~130도
③ 80~100도　　　④ 60~80도

16. 헤어토닉의 작용에 대한 설명으로 틀린 것은?

① 두피를 청결하게 한다.
② 두피의 혈액순환이 좋아진다.
③ 비듬의 발생을 예방한다.
④ 모근이 약해진다.

17. 남성 두발의 일반적인 수명은?

① 1~2년　　② 3~5년
③ 5~7년　　④ 9~12개월

18. 에그(흰자)팩의 효과에 대한 설명으로 가장 적합한 것은?

① 세정작용 및 잔주름 예방
② 수렴 표백작용
③ 영양 공급 작용
④ 미백 보습작용

19. 갈바닉 전류를 이용한 기기와 관리방법의 내용 중 틀린 것은?

① 갈바닉은 지속적이고 규칙적인 흐름을 가진 전류이다.
② 영양성분의 침투를 효율적으로 돕는다.
③ 피부 내부에 있는 물질이나 노폐물을 배출한다.
④ 양극에서는 알칼리성 피부층을 단단하게 해준다.

20. 모발의 색은 흑색 적색 갈색 등 여러가지 색이 있다, 다음중 주로 검은 모발의 색을 나타나게 하는 멜라민은?

① 티로신(tyrosine)
② 유멜라민(eumelanin)
③ 페오멜라닌(pheomelanin)
④ 멜라노사이트 (melanocyte)

21. 알칼리제로서 자극성이 강하고 휘발성을 가진 탈색제 성분은?

① 과산화수소
② 암모니아
③ 알긴산나트륨
④ 에르고스테린

22. 인모 가발의 세발 방법으로 가장 옳은 것은?

① 보통 샴푸제를 사용하여 선풍기 바람으로 말린다.
② 물에 담가 두었다가 세발하는 것이 좋다.
③ 벤젠, 알코올 등의 휘발성 용제를 사용하여 세발하고, 그늘에서 말린다.
④ 세척력이 강한 비누를 사용하고 뜨거운 열로 말린다.

23. 탈색제의 종류가 아닌 것은?

① 액체 탈색제
② 금속성 탈색제
③ 크림 탈색제
④ 분말 탈색제

24. 생명력이 없는 상태의 무색, 무핵층으로서 손바닥과 발바닥에 주로 있는 층은?

① 각질층
② 과립층
③ 투명층
④ 기저층

25. 피부 세포가 기저층에서 생성되어 각질층으로 되어 떨어져 나가기까지의 기간을 피부의 1주기(각화주기)라 한다. 성인에 있어서 건강한 피부인 경우 1주기는 보통 며칠인가?

① 45일
② 28일
③ 15일
④ 7일

26. 피부에 가장 많이 분포하는 감각은?

① 통각
② 촉각
③ 압각
④ 온각

27. 피지선에 대한 설명으로 틀린 것은?

① 피지를 분비하는 선으로 진피층에 위치한다.
② 피지선은 손바닥에는 전혀 없다.
③ 피지의 분비량은 10~20g 정도이다.
④ 피지선의 많은 부위는 코 주위이다.

28. 신체부위 중 피부 두께가 가장 얇은 곳은?

① 손등피부
② 볼 부위
③ 눈꺼풀 피부
④ 둔 부

29. 색출이 어려운 대상으로 감염병 관리상 중요하게 취급해야 할 대상자?

① 건강보균자
② 잠복기 보균자
③ 회복기 보균자
④ 병후 보균자

30. 다음 감염병 중 세균성인 것은?

① 말라리아
② 결핵
③ 일본뇌염
④ 유행성간염

31. 절지동물인 파리에 의해 전파될 수 있는 질병이 아닌 것은?

① 일본뇌염　　　　　② 콜레라
③ 세균성 이질　　　　④ 장티푸스

32. 이용실에서 사용하는 수건을 통해 감염될 수 있는 질병은?

① 트라코마　　　　　② 장티푸스
③ 페스트.　　　　　　④ 풍진

33. 다음 중 상호 관계가 없는 것으로 연결된 것은?

① 상수 오염의 생물학적 지표: 대장균
② 실내공기 오염의 지표: CO_2
③ 대기오염의 지표: SO_2
④ 하수오염의 지표: 탁도

34. 식품을 통한 식중독 중 독소형 식중독은?

① 포도상구균 식중독
② 살모넬라균에 의한 식중독
③ 장염 비브리오 식중독
④ 병원성 대장균 식중독

35. 식물성 독소 중 감자 싹에 함유되어 있는 독소는?

① 솔라닌
② 무스카린
③ 테트로톡신
④ 아미그달린

36. 소독과 멸균에 관련된 용어 해설 중 틀린 것은?

① 살균: 생활력을 가지고 있는 미생물을 여러 가지 물리. 화학적 작용에 의해 급속히 죽이는 것을 말한다.
② 방부: 병원성 미생물의 발육과 그 작용을 제거하거나 정지시켜서 음식물의 부패나 발효를 방지하는 것을 말한다.
③ 소독: 사람에게 유해한 미생물을 파괴시켜 감염의 위험성을 제거하는 비교적 강한 살균작용으로 세균의 포자까지 사멸하는 것을 말한다.
④ 멸균: 병원성 또는 비병원성 미생물 및 포자를 가진 것을 전부 사멸 또는 제거하는 것을 말한다.

37. 다음 중 물리적 살균법이 아닌 것은?

① 화염멸균법
② 자비소독법
③ 자외선 멸균법
④ 석탄산 살균법

38. 다음 중 소독방법과 소독대상이 바르게 연결된 것은?

① 화염멸균법: 의류나 타월
② 자비소독법: 아마인유
③ 고압증기 멸균법: 유제품
④ 건열 멸균법: 바세린 및 파우더

39. 섭씨 100~135℃ 고온의 수증기를 미생물, 아포 등과 접촉시켜 가열 살균하는 방법은?

① 간헐 멸균법
② 건열 멸균법
③ 고압증기 멸균법
④ 자비 소독법

40. 자비소독 시 금속제품이 녹스는 것을 방지하기 위하여 첨가하는 물질이 아닌 것은?

① 2% 붕소
② 2% 탄산나트륨
③ 5% 알콜
④ 2~3% 크레졸 비누액

41. 이·미용업소에서 종업원이 손을 소독할 때 가장 보편적이고 적당한 것은?
① 승홍수
② 과산화수소
③ 역성비누
④ 석탄수

42. 일반적으로 사용되는 소독용 알코올의 적정 농도는?
① 30%
② 70%
③ 50%
④ 100%

43. 다음 중 피부자극이 적어 상처표면의 소독에 가장 적당한 것은?
① 10% 포르말린
② 3% 과산화수소
③ 15% 염소화합물
④ 3% 석탄산

44. 살균 및 탈취뿐만 아니라 특히 표백의 효과가 있어 두발 탈색제로도 사용되는 소독제는?
① 알코올
② 석탄수
③ 크레졸
④ 과산화수소

45. 이·미용실에서 사용하는 가위 등의 금속제품 소독으로 적합하지 않은 것은?
① 에탄올
② 승홍수
③ 석탄산수
④ 역성비누액

46. 이·미용실에서 사용하는 쓰레기통의 소독으로 적절한 약제는?
① 포르말린수
② 에탄올
③ 크레졸 비누액
④ 역성비누

47. 다음 중 공중위생영업을 하고자 할 필요한 것은?
① 허가
② 통보
③ 인가
④ 신고

48. 이용 및 미용업 영업자의 지위를 승계한 자가 관계기관에 신고를 해야하는 기간은?
① 1월
② 2월
③ 6월
④ 12월

49. 이용업소의 시설 및 설비 기준으로 적합한 것은?
① 소독을 한 기구와 소독을 하지 아니한 기구를 구분하여 보관할 수 있는 용기를 비치하여야 한다.
② 소독기 등 기구를 소독하는 설비는 필요 없다.
③ 밀폐된 별실을 2개 이상 둘 수 있다.
④ 작업장소와 응접장소. 상담실. 탈의실 등을 분리하여 칸막이를 설치하려는 때에는 각각 전체 벽면적의 2분의 1이상은 투명하게 하여야 한다.

50. 이·미용업자의 준수사항 중 틀린 것은?
① 소독한 기구와 하지 아니한 기구는 각각 다른 용기에 넣어 보관할 것
② 조명은 75룩스 이상 유지되도록 할 것
③ 신고증과 함께 면허증 사본을 게시할 것
④ 1회용 면도날은 손님 1인에 한하여 사용할

51. 이·미용기구의 소독기준 및 방법을 정한 것은?
① 대통령령
② 보건복지부령
③ 환경부령
④ 보건소령

52. 다음 중 이용사 면허를 받을 수 있는 자는?
① 약물 중독자
② 암환자
③ 정신질환자
④ 금치산자

53. 다음 중 이. 미용사의 면허정지를 명할 수 있는 자는?
① 행정안전부 장관
② 시, 도지사
③ 시장, 군수, 구청장
④ 경찰서장

54. 이·미용사 면허증을 분실하여 재교부를 받은 자가 분실한 면허증을 찾았을 때 취하여야 할 조치로 옳은 것은?
① 시·도지사에게 찾은 면허증을 반납한다.
② 시장, 군수에게 찾은 면허증을 반납한다.
③ 본인이 모두 소지하여도 무방하다.
④ 재교부 받은 면허증을 반납한다.

55. 보건복지가족부령이 정하는 특별한 사유가 있을 시 영업소 외의 장소에서 이·미용업무를 행할 수 있다. 그 사유에 해당하지 않는 것은?
① 기관에서 특별히 요구하여 단체로 이·미용을 하는 경우
② 질병으로 인하여 영업소에 나올 수 없는 자에 대하여 이·미용을 하는 경우
③ 혼례에 참여하는 자에 대하여 그 의식 직전에 이·미용을 하는 경우
④ 시장·군수·구청장이 특별한 사정이 있다고 인정한 경우

56. 공중위생의 관리를 위한 지도, 계몽 등을 행하게 하기 위하여 둘 수 있는 것은?
① 명예공중위생감시원
② 공중위생조사원
③ 공중위생평가단체
④ 공중위생전문교육원

57. 영업신고 전에 위생교육을 받아야 하는 자 중에서 영업 신고 후에 위생교육을 받을 수 있는 경우에 해당하지 않는 것은?

① 천재지변으로 위생교육을 받을 수 없는 경우
② 본인의 질병 사고로 위생교육을 받을 수 없는 경우
③ 업무상 국외출장으로 위생교육을 받을 수 없는 경우
④ 교육장소와의 거리가 멀어서 위생교육을 받을 수 없는 경우

58. 이용업 영업소에서 손님에게 음란한 물건을 관람·열람하게 한 때에 대한 1차 위반 시 행정처분 기준은?

① 영업정지 15일　　　　② 영업정지 1월
③ 영업장 폐쇄명령　　　④ 개선명령

59. 신고를 하지 않고 영업소 명칭(상호)을 바꾼 경우에 대한 1차 위반 시의 행정처분은?

① 주의　　　　　　　　② 경고 또는 개선명령
③ 영업정지 15일　　　　④ 영업정지1월

60. 이용업소를 신고를 하지 않고 영업소의 소재지를 변경한 경우 2차 행정 처분은?

① 영업정지 1월　　　　② 영업정지 2월
③ 영업장 폐쇄명령　　　④ 개선명령

제2회 모의고사 정답 및 해설

1	2	3	4	5	6	7	8	9	10
③	①	④	①	③	③	②	①	②	①
11	12	13	14	15	16	17	18	19	20
②	②	①	②	②	④	②	①	④	②
21	22	23	24	25	26	27	28	29	30
②	③	②	③	②	①	③	③	①	②
31	32	33	34	35	36	37	38	39	40
①	①	④	①	①	③	④	④	③	③
41	42	43	44	45	46	47	48	49	50
③	②	②	④	②	③	④	①	①	③
51	52	53	54	55	56	57	58	59	60
②	②	③	②	①	②	④	④	②	②

1. **전두부:** 프론트(front)
   두정부: 크라운(crown)
   후두부: 네이프(nape)
   측두부: 사이드(side)

2. 목옆선은 이어포인트에서 네이프 사이드 포인트까지 연결한 선이다.

3. 고종황제의 단발령이 계기가 되어 머리를 자르게 되었다.

4. 가위의 명칭은 모지공, 소지걸이, 다리가 있다.

5. 틴닝가위는 머리숱을 줄이는 목적으로 사용한다

6. 일반적으로 클리퍼는 후두부 (네이퍼) 부터 사용한다

7. 자비소독은 끓는 물에 넣어 소독하는 방법으로 플라스틱류 제품에는 적당하지 않다. 승홍수는 금속을 부식시키는 성질이 있다.

8. 세발을 통해 먼지, 노폐물은 제거되나 발모 촉진과는 거리가 멀다
9. ㉠ **오일린스**: 올리브유 등을 물에 타서 모발을 헹구는 방법
   ㉡ **크림린스**: 두발에 유연성 부여, 표백된 두발이나 잘 엉키는 두발에 효과가 있는 린스 방법

10. ㉠ **토닉샴푸**: 비듬예방 및 각질층을 부드럽게 하여 생리작용에 도움
    ㉡ **오일샴푸**: 손상모 치유
    ㉢ **드라이 샴푸**: 가발 세정에 적합

11. 탑포인트부터 지간잡기로 자르는 것이 좋다

12. ㉠ **밀어깎기**: 빗살 끝을 두피면에 대고 깎아나가는 방법
    ㉡ **연속깎기**: 두피면에 따라 빗을 전진시키면서 연속적으로 커트하는 방법이다
    ㉢ **떠내깎기**: 아래서부터 빗으로 두발을 떠내어 빗살 밖으로 나온 긴 두발을 잘라 형태를 만들며 상향으로 커트하는 기법

13. **프리 핸드**: 면도자루를 엄지와 검지로 잡고 자루 끝부분을 약지와 소지 사이에 끼우는 방법

14. 면도 시 면도날의 각도는 15~45°로 유지한다.

15. 아이론은 120~140℃ 범위에서 사용한다.

16. **헤어토닉**은 두피에 영양을 주고 모근을 강화시키는 효과가 있다.

17. **모발의 수명**: 남성은 3~5년, 여성은 4~6년

18. **에그팩**: 세정작용 잔주름 예방(흰자), 영양보급(노른자)

19. **갈바닉 전류를 이용한 기기**: 지속적이고 규칙적인 흐름을 가진 전류(갈바닉 전류)로 피부 내피층까지 유효성분의 침투를 돕는 기능을 가진 기기로 피부관리이다.

20. ㉠ **유멜라닌**: 검은색과 갈색, 동양인에게 많다.
    ㉡ **페오멜라닌**: 붉은색과 노란색, 서양인에게 많다.

21. 탈색제 (암모니아수, 1제) + 산화제(6% 과산화수소, 2제)

22. 가발의 세발은 리퀴드 드라이 샴푸(벤젠, 알코올류)로 하는 것이 좋으며 세발 후 그늘에서 말리는 것이 좋다.

23. 탈색제는 액상, 크림, 분말, 오일 탈색제가 사용되고 있다.

24. ㉠ **각질층**: 표피의 최상층, 피부보호 기능
    ㉡ **과립층**: 수분증발을 막아주는 기능
    ㉢ **투명층**: 손발바닥에 존재하는 투명막
    ㉣ **기저층**: 표피의 가장아래에 위치 세포 형성.
    ㉤ 피부 부속기관으로 모발, 한선, 피지선, 손발톱이 있다.

25. **각화주기**: 기저층에서 생성되어 각질층까지 올라와 박리될 때까지 기간(약 28일 소요)

26. 피부 감각점은 통각점 > 입각점 > 촉각점 > 냉각점 > 온각점의 순서이다.

27. 피지선은 진피의 망상층에 위치하며 성인이 1일 분비하는 피지량은 1~2g 정도이다.

28. 눈꺼풀 피부는 가장 얇고, 발 뒤꿈치가 가장 두꺼운 부위이다.

29. ㉠ **건강 보균자**: 병원체가 침입하였으나 증상이 없고 병원체를 배출하는 보균자, 감염병 관리가 어려움
    ㉡ **잠복기 보균자**: 발병 전 잠복기간에 병원체를 배출하는 보균자
    ㉢ **회복기 보균자**: 감염병이 치료되었으나 병원체를 배출하는 보균자
    ㉣ **병후 보균자**: 병의 완치후에도 병원균을 배출하는 사람

30. 세균성 감염병은 간균, 구균, 나선균이 있다.
    ㉠ **간균**: 디프테리아, 장티푸스, 결핵균
    ㉡ **구균**: 포도상구균
    ㉢ **나선균**: 콜레라균

31. ㉠ **모기 전파**: 일본뇌염, 말라리아, 댕기열
    ㉡ **파리전파**: 콜라라, 이질, 장티푸스
    ㉢ **벼룩**: 발진티푸스 재귀열

32. 이 미용실에서 사용하는 수건을 통해 감염될 수 있는 질병은 트라코마이다.

33. 하수오염지표로는 BOD(생물학적 산소요구량), 공장폐수는 COD(화학적 산소요구량)를 사용한다.

34. **감염형 식중독**
    ㉠ **살모넬라**: 돼지콜레라가 원인
    ㉡ **장염비브리오**: 오염된 어패류가 원인
    ㉢ **병원성대장균**: 오염된 우유 치즈 등 섭취가 원인

35. **식물성 식중독**
    ㉠ **버섯**: 무스카린
    ㉡ **감자**: 솔라닌

36. **소독**: 병원균을 파괴하여 감염력 및 증식력을 없애는 작업

37. **물리적살균법의 종류**: 건열 및 습열을 이용
    ㉠ **화염멸균법**: 불꽃에 20초 이상 가열하여 멸균하는 방법
    ㉡ **자비소독법**: 100℃ 끓는 물로 소독하는 방법
    ㉢ **자외선 멸균법**: 자외선에 의한 소독법

38. 건열멸균법은 주사기 유리제품, 분말, 습기 침투가 어려운 바세린 등의 멸균에 사용된다.

39. 고압증기 멸균법은 섭씨 100~135℃ 고온의 수증기를 미생물, 아포 등과 접촉시켜 가열 살균하는 방법으로 유리기구, 금속기구, 의류, 고무제품, 의료기구, 미용기구, 약액, 무균실 기구 등에 사용된다.

40. 자비 소독 시 2% 붕소, 1~2% 탄산나트륨, 크레졸 비누액 2~3%를 첨가하면 살균력이 강화된다.

41. 병원용 소독제로 많이 사용되며, 이·미용업소에서 종업원이 손을 소독할 때 가장 보편적으로 많이 사용된다.

42. 소독용 알코올(에틸알코올)은 약 70~80% 농도가 적당하다.

43. 과산화수소는 3%의 수용액을 사용하여 소독제로 이용된다.

44. 과산화수소는 살균 및 탈취뿐만 아니라 특히 표백의 효과가 있으며 자극성이 적어 구내염, 입안 세척, 인두염, 상처 소독 등에 효과적이다.

45. 승홍수는 독성이 강하고 금속을 부식시키는 성질이 있어서 가위 등의 금속제품 소독으로 적합하지 않다.

46. 대소변 화장실 소독에는 소각법, 석탄산, 크레졸, 생석회 분말을 이용한다.

47. 이용업을 신고하려면 보건복지부령이 정하는 시설과 설비를 갖추고 시장, 군수, 구청장에게 신고하여야 한다.

48. 이용업자의 지위를 승계한 자는 1개월 이내에 시장 군수 구청장에게 신고해야 한다.

49. 미용 시설 설비기준
    ㉠ 소독한 기구와 소독하지 않은 기구를 분리하여 보관해야 한다
    ㉡ 소독장비는 소독기와 자외선 살균기를 구비해야 한다.
    ㉢ **작업장소, 응접장소의 칸막이 설치**: 미용업은 가능하지만 이용업은 불가능하다.
    ㉣ 칸막이는 출입문의 1/3이상을 투명하게 유지해야 한다.
    ㉣ 별실 및 유사 시설 설치는 불가능하다

50. **영업장 내부에 게시해야 할 사항**: 이용업 신고증, 개설자의 면허증 원본, 최종지불요금표

51. 이·미용기구의 소독기준 및 방법은 보건복지부령에 의해 정해진다.

52. **면허 결격자**
    ㉠ 피성년 후견인
    ㉡ 정신질환자 (전문의 소견서가 있을 경우 제외)
    ㉢ 감염병 환자 (AIDS, 결핵환자 등)
    ㉣ 마약 등의 약물 중독자 (향정신성 의약품 중독자)
    ㉤ 면허가 취소된 후 1년이 경과되지 아니한 자

53. 면허취소권자는 시장군수 구청장이다

54. 면허 취소 또는 정지를 받은 자는 지체없이 시장, 군수, 구청장에게 면허증을 반납해야 한다.

55. 이용 (또는 미용)의 업무는 영업소 외의 장소에서 행할 수 없다. 단, 특별한 사유가 있을 경우는 가능함
    ㉠ 질병 및 기타의 사유로 인하여 영업소에 나올 수 없는 자에 대하여 이용(미용)을 하는 경우
    ㉡ 혼례 기타 의식에 참여하는 자에 대하여 그 의식 직전에 이용(미용)을 하는 경우
    ㉢ 사회복지시설에서 봉사활동으로 이미용을 하는 경우
    ㉣ 방송 등 촬영에 참여하는 사람에 대하여 그 촬영 직전에 이용(미용)을 하는 경우
    ㉤ 특별한 사정이 있다고 시장 군수 구청장이 인정하는 경우

56. 시·도지사는 공중위생의 관리를 위한 지도·계몽 등을 행하게 하기 위하여 명예공중위생감시원을 둘 수 있다.

57. 위생교육 예외 조항 → 6개월이내에 받으면 된다.
    ㉠ 천재 지변 본인의 질병 사고 업무상 국외 출장 등의 사유로 교육을 받을 수 없는 경우
    ㉡ 교육을 실시하는 단체의 사정 등으로 미리 교육을 받기 불가능한 경우

58. **음란한 물건을 관람 열람하게 하거나 진열 또는 보관한 때:** 개선명령

59. **신고를 하지 않고 영업소의 명칭, 상 호 또는 면적의 1/30이상을 변경한 때:** 경고 또는 개선명령

60. 신고를 하지 않고 영업소 소재지를 변경한 경우
    ㉠ **1차위반:** 영업정지 1월
    ㉡ **2차위반:** 영업정지 2월
    ㉢ **3차위반:** 영업장 폐쇄명령

• Memo •

예상모의고사 3회

1. 화장품과 의약품의 차이를 바르게 정의한 것은?

① 화장품의 사용목적은 질병의 치료 및 진단이다.

② 화장품은 특정부위만 사용 가능하다.

③ 의약품의 사용대상은 정상적인 상태인 자로 한정되어 있다.

④ 의약품의 부작용은 어느 정도까지는 인정된다.

2. 다음 중 기능성 화장품의 영역이 아닌 것은?

① 피부의 미백에 도움을 주는 제품

② 피부의 주름 개선에 도움을 주는 제품

③ 체모제거 기능을 가진 제품

④ 피부를 균일하게 그을려 건강한 피부 표현에 도움을 주는 제품

3. 다음 중 일광소독의 가장 큰 장점은?

① 아포도 죽는다.   ② 산화되지 않는다.
③ 소독효과가 크다.   ④ 비용이 적게 든다.

4. 소독약의 살균력 지표로 가장 많이 이용되는 것은?

① 알코올   ② 크레졸
③ 석탄산   ④ 포름알데히드

5. 음용수 소독에 사용할 수 있는 소독제는?

① 요오드   ② 페놀
③ 염소   ④ 승홍수

6. 소독 약품의 구비조건으로 잘못된 것은?

① 용해성이 높을 것
② 표백성이 있을 것
③ 사용이 간편할 것
④ 가격이 저렴할 것

7. 이용실의 기구의 소독 방법으로 적절치 않은 것은?

① 70%의 에탄올수용액을 머금은 거즈로 기구의 표면을 닦아준다 (에탄올소독)
② 3%의 크레졸수에 10분 이상 담가 둔다.(크레졸소독)
③ 3%의 석탄산수에 10분이상 담가둔다. (석탄산수소독)
④ 불꽃으로 20초 이상 가열한다(화염멸균법).

8. 질병 발생의 세 가지 요인으로 연결된 것은?

① 숙주-병인-환경
② 숙주-병인-유전
③ 숙주-병인-병소
④ 숙주-병인-저항력

9. 절지동물인 파리에 의해 전파될 수 있는 질병이 아닌 것은?

① 일본뇌염
② 콜레라
③ 세균성 이질
④ 장티푸스

10. 실내에 다수인이 밀집한 상태에서 실내공기의 변화는?

① 기온 상승, 습도 증가, 이산화탄소 감소
② 기온 하강, 습도 증가, 이산화탄소 감소
③ 기온 상승, 습도 증가, 이산화탄소 증가
④ 기온 상승, 습도 감소, 이산화탄소 증가

11. 다음 중 보건 행정의 특성과 가장 거리가 먼 것은?

① 공공성 ② 교육성
③ 정치성 ④ 과학성

12. 세계보건기구의 약자로 맞는 것은?

① WHO ② HOW
③ HOT ④ BTS

13. 이용사의 직무에 해당하지 않는 것은?

① 헤어커트 ② 면체
③ 피부미용 ④ 두피관리

14. 두부 부위 중 천정부의 가장 높은 곳은?

① 골든 포인트(GP) ② 백 포인트(BP)
③ 사이드 포인트(SP) ④ 톱 포인트(TP)

15. 이용기구인 바리캉을 세계에서 처음으로 제작한 나라는?

① 프랑스 ② 스위스
③ 스위스 ④ 일본

16. 전기바리캉(clipper) 선택 시 고려해야 할 사항에 대한 설명으로 틀린 것은?

① 작동 시 소음이 적을 것
② 전기에 감전이 안되고 열이 없을 것
③ 평면으로 보았을 때 윗날의 동요가 없는 것
④ 위에서 보았을 때 아랫날, 윗날이 똑바로 겹치는 것

17. 린스에 관한 사항 중 틀린 것은?

① 린스는 흐르는 물에 헹군다는 뜻을 갖고 있다.

② 일상적으로 린스제는 컨디셔너로 통용된다.

③ 린스, 컨디셔너, 트리트먼트 등은 성분에서 명확한 구분을 갖는다.

④ 주성분의 배합량에 따라 린스, 컨디셔너, 트리트먼트라고 부르고 있다.

18. 플레인 샴푸(plain shampoo)를 할 때 시술상의 주의사항이 아닌 것은?

① 샴푸용 물의 온도는 약 38℃ 전후가 적당하다.

② 두발을 쥐고 비벼서 샴푸를 하면 모표피를 상하게 할 수 있다.

③ 비듬이 심한 고객의 샴푸 시 손톱을 이용하여 샴푸한다.

④ 손님의 눈과 귀에 샴푸제가 들어가지 않도록 주의한다.

19. 면도 시술 방법 중 틀린 것은?

① 부드럽게 수염이 난 방향으로 한다.

② 스팀타월을 자주 사용하여 수염을 부드럽게 한다.

③ 피부를 깨끗이 하기 위하여 깊이 파도록 한다.

④ 피부에 자극을 주지 않기 위해서 칼을 가볍게 사용한다.

20. 블로 드라이 스타일링 후 스프레이를 도포하는 주된 이유는?

① 스타일을 고정하고 유지시간을 연장시키기 위해

② 모발의 질을 강화시키기 위해

③ 두발의 질을 부드럽게 하기 위해

④ 모발의 향기를 오래 지속시키기 위해

21. 2:8 가르마가 어울리는 얼굴형은?

① 각진 얼굴형 ② 긴 얼굴형

③ 둥근 얼굴형 ④ 삼각형 얼굴형

22. 정발술 시 사용하는 아이론 도구 중 홈이 들어간 부분의 명칭은?

① 프롱 ② 로드
③ 그루브 ④ 핸들

23. 다음 중 댄드러프 스캘프 트리트먼트를 시술해야 하는 경우는?

① 두피가 보통 상태일 때 ② 두피의 지방이 부족할 때
③ 두피가 너무 건조할 때 ④ 두피의 비듬을 제거할 때

24. 모발에 대한 설명 중 맞는 것은?

① 밤보다 낮에 잘 자란다.
② 봄과 여름보다 가을과 겨울에 잘 자란다.
③ 모발의 주기(모주기)는 성장기 퇴행기 휴지기 발생기로 나누어진다.
④ 개인차가 있을 수 있지만 평균 1달에 5㎝정도 자란다.

25. 일반적인 매뉴얼 테크닉 방법이 아닌 것은?

① 경찰법 ② 유연법
③ 진동법 ④ 구강법

26. 발열작용을 이용, 모공이 열리고 피지와 불순물이 배출되며 피부의 영양 흡수력이 강화되어 피부의 탄력성과 보습력이 증대되며 잔주름 제거에 효과적인 팩은?

① 왁스팩 ② 에그팩
③ 오이팩 ④ 우유팩

27. 남성 퍼머넌트 시술 중에서 프레커트(pre-cut)란?

① 사전커트 ② 사후커트
③ 중간커트 ④ 수정 커트

28. 퍼머넌트웨이브 방법 중 아이론 웨이브와 같이 모선에서 모근 방향으로 모발을 감아서 웨이브를 만드는 방법은?

① 크로키놀식 와인딩　　② 스파이럴 와인딩
③ 핀컬와인딩　　　　　④ 핑거 웨이브

29. 커트 작업 시 두발에 물을 축이는 이유로 가장 거리가 먼 것은?

① 기구의 손상을 방지하기 위하여
② 두발의 손상을 방지하기 위하여
③ 모발을 가지런히 정발하기 위하여
④ 두발이 날리는 것을 막기 위하여

30. 가발의 종류에 해당하지 않은 것은?

① 전체가발　　　　　② 부분가발
③ 인조가발　　　　　④ 뿌리는 가발

31. 다음 중 헤어 블리치에 대한 설명으로 틀린 것은?

① 과산화수소에서 방출된 수소가 멜라닌 색소를 파괴시킨다.
② 과산화수소는 산화제이고 암모니아수는 알칼리제이다.
③ 헤어 블리치는 과산화수소에 암모니아를 소량을 더하여 사용한다.
④ 헤어 블리치는 산화제의 작용으로 두발의 색소를 옅게 한다.

32. 염색 시 주의사항으로 틀린 것은?

① 펌과 염색을 같이 할 경우 염색을 먼저 해야 한다.
② 두피에 상처나 질병이 있는 경우 시술하지 않는다.
③ 펌 시술 후 적어도 1주일이 지난 후 염색을 해야 한다.
④ 시술 전 시술자는 반드시 피부보호 장갑을 껴야 한다.

33. 비타민이 결핍 시 발생하는 질병과 관련 없는 것은?

① 비타민B_1 - 각기병
② 비타민A - 야맹증
③ 비타민E - 불임증
④ 비타민D - 괴혈병

34. 탈모증 종류에서 유전성 탈모증은?

① 남성형 탈모
② 견인성 탈모
③ 반흔성 탈모
④ 압박성 탈모

35. 색의 3원색으로만 묶인 것은?

① 빨강, 파랑, 노랑
② 빨강, 노랑, 흰색
③ 빨강, 노랑, 주황
④ 빨강, 노랑, 검정

36. 다음 중 퍼머넌트웨이브의 도구가 아닌 것은?

① 로드
② 페이퍼(파지)
③ 꼬리빗
④ 덴맨브러시

37. 햇빛에 장시간 노출되었을 때 피부변화를 일으켜서 노화로 진행되는 형태는?

① 광노화
② 생리적 노화
③ 내인성 노화
④ 피부노화

38. 면역의 종류와 작용에 대하여 잘못된 기술은?

① 선천적면역은 태어날 때부터 가지고 있는 면역체계이다.
② 후천적으로 형성된 면역에는 능동면역과 수동면역이 있다.
③ 면역은 특정 병원체나 독소에 대한 저항력을 가지는 상태이다.
④ 후천적 면역은 자연 면역이라고도 한다.

39. 자외선 차단제에 대한 설명으로 옳은 것은?

① SPF 지수가 높을수록 좋다
② 피부 병변이 있는 부위에 사용한다
③ 자외선에 노출 후에 바르는 것이 효과적이다
④ 피부 도포는 덧바르기를 할 필요가 없다

40. 여드름의 발생순서로 옳은 것은?

① 면포→구진→농포→결절→낭종
② 낭종→구진→농포→결절→면포
③ 구진→면포→농포→결절→낭종
④ 면포→구진→결절→농포→낭종

41. 무기질의 설명으로 틀린 것은?

① 조절작용을 한다.
② 수분과 산, 염기의 평형조절을 한다.
③ 뼈와 치아를 공급한다.
④ 에너지 공급원으로 이용된다.

42. 다음 중 신체조직이 형성과 보수 및 혈액 및 골격형성에 도움을 주는 영양소는?

① 구성 영양소　　　　② 열량 영양소
③ 조절 영양소　　　　④ 구조 영양소

43. 피부 유형에 대한 설명으로 틀린 것은?

① 복합성피부: 얼굴에 두 가지 이상의 피부 유형이 있다.
② 노화 피부: 잔주름과 색소 침착이 일어난다.
③ 민감성 피부: 피부의 각질층이 두껍다.
④ 지성 피부: 모공이 크며 번들거린다.

44. 모발이 하루에 성장하는 길이는?

① 0.3~0.5mm ② 0.8~10mm
③ 11~20mm   ④ 20~30mm

45. 모발의 구성 중 피부 밖으로 나와 있는 부분은?

① 피지선   ② 모표피
③ 모구   ④ 모유두

46. 한선(땀샘)의 설명으로 틀린 것은?

① 체온을 조절한다.
② 땀은 피부의 피지막과 산성막을 형성한다.
③ 땀을 많이 흘리면 영양분과 미네랄을 잃는다.
④ 땀샘은 입술과 생식기를 제외한 전신에 분포되어 있다.

47. 다음 중 이용업 영업자가 변경신고를 해야 하는 것을 모두 고른 것은?

> ㄱ. 영업소의 소재지
> ㄴ. 영업소 바닥의 면적의 3분의 1이상의 증감
> ㄷ. 종사자의 변동사항
> ㄹ. 영업자의 재산변동사항

① ㄱ   ② ㄱ, ㄴ
③ ㄱ, ㄴ, ㄷ   ④ ㄱ, ㄴ, ㄷ, ㄹ

48. 이용업자의 준수사항 중 틀린 것은?

① 소독한 기구와 하지 아니한 기구는 각각 다른 용기에 넣어 보관할 것
② 조명은 75룩스 이상 유지되도록 할 것
③ 신고증과 함께 면허증 사본을 게시할 것
④ 1회용 면도날은 손님 1인에 한하여 사용할 것

49. 다음 중 이용사의 면허를 받을 수 있는 자는?

① 약물 중독자 ② 암환자
③ 정신질환자 ④ 금치산자

50. 다음 중 이용사의 면허를 발급하는 기관이 아닌 것은?

① 서울시 마포구청장 ② 제주도 서귀포시장
③ 인천시 부평구청장 ④ 경기도지사

51. 영업소 외의 장소에서 이·미용 업무를 행할 수 있는 경우가 아닌 것은?

① 질병으로 영업소에 나올 수 없는 경우
② 결혼식 등의 의식 직전은 경우
③ 손님의 간곡한 요청이 있을 경우
④ 시장·군수·구청장이 인정하는 경우

52. 다음 ( ) 안에 알맞은 내용은?

> 이용업 영업자가 공중위생관리법을 위반하여 관계행정기관의 장의 요청이 있는 때에는 ( )이내의 기간을 정하여 영업의 정지 또는 일부시설의 사용 중지 혹은 영업소 폐쇄 등을 명할 수 있다.

① 3월 ② 6월
③ 1년 ④ 2년

53. 이용업소의 영업정지 및 폐쇄사유에 해당하지 않는 것은?

① 영업신고를 하지 않거나 시설과 설비 기준을 위반한 경우
② 중요사항의 변경 신고를 하지 않은 경우
③ 고시가격보다 비싼 서비스 요금을 청구한 경우
④ 위생관리 의무 등을 지키지 않은 경우

54. 이용업에 있어 청문을 실시하여야 하는 경우가 아닌 것은?

① 면허취소처분을 하고자 하는 경우

② 면허정지 처분을 하고자 하는 경우

③ 일부시설의 사용중지처분을 하고자 하는 경우

④ 위생교육을 받지 아니하여 1차 위반한 경우

55. 공중위생영업을 하고자 하는 위생교육을 언제 받아야 하는가? (단, 예외 조항은 제외한다)

① 영업소 개설을 통보한 후에 위생교육을 받는다.

② 영업소를 운영하면서 자유로운 시간에 위생교육을 받는다.

③ 영업신고를 하기 전에 미리 위생교육을 받는다.

④ 영업소 개설 후 3개월 이내에 위생교육을 받는다.

56. 관계공무원의 출입·검사 기타 조치를 거부·방해 또는 기피했을 때의 과태료 부과기준은?

① 300만원 이하

② 200만원 이하

③ 100만원 이하

④ 50만원 이하

57. 과태료 처분에 불복이 있는 경우 어느 기간 내에 이의를 제기할 수 있는가?

① 처분한 날로부터 30일 이내

② 처분의 고지를 받은 날로부터 30일 이내

③ 처분한 날로부터 15일 이내

④ 처분이 있음을 안 날로부터 15일 이내

58. 이·미용업자에게 과태료를 부과징수 할 수 있는 처분권자에 해당되지 않는 자는?

① 보건복지가족부장관

② 시장

③ 군수

④ 구청장

59. 이용사의 면허증을 대여한 때의 1차 위반 행정처분기준은?

① 면허정지 3월

② 면허정지 6월

③ 영업정지 3월

④ 영업정지 6월

60. 향수를 뿌린 후 즉시 느껴지는 향수의 첫 느낌으로, 주로 휘발성이 강한 향료들로 이루어져 있는 노트(note)는?

① 탑노트 (top note)

② 미들노트 (middle note)

③ 하트노트 (heart note)

④ 베이스노트 (base note)

제3회 모의고사 정답 및 해설

1	2	3	4	5	6	7	8	9	10
④	④	④	③	③	②	④	①	①	③
11	12	13	14	15	16	17	18	19	20
③	①	③	④	①	③	③	③	③	①
21	22	23	24	25	26	27	28	29	30
②	③	④	③	④	①	①	①	①	④
31	32	33	34	35	36	37	38	39	40
①	①	④	①	①	④	①	④	①	①
41	42	43	44	45	46	47	48	49	50
④	①	③	①	②	③	②	③	②	④
51	52	53	54	55	56	57	58	59	60
③	②	③	④	③	①	②	①	①	①

1. ㉠ **화장품**: 미화의 목적, 부작용 없어야 함
   ㉡ **의약품**: 질병의 진단 및 치료 목적, 부작용 있을 수도 있음
   ㉢ **의약부외품**: 위생, 미화 목적, 부작용 없어야 함

2. 피부를 균일하게 그을려 건강한 피부 표현하는데 도움을 주는 제품(태닝제품)은 바디관리화장품이다.

3. 일광소독은 자외선 소독법으로 자외선을 이용하는 방법으로 의류, 침구류 소독에 적당하다.

4. 석탄산(페놀)은 소독제의 살균력을 비교할 때 기준이 되는 소독약이다.

5. 음료수 소독 방법에는 염소소독, 표백분소독, 자비소독이 있다.

6. 소독약품은 부식성 및 표백성이 없어야 한다.

7. 공중위생관리법 시행규칙에 명시된 이용기구 소독기준 및 방법에는 자외선 소독, 건열멸균소독, 증기소독열탕소독, 석탄수 소독, 크레졸 소독, 에탄올소독이 있다

8. 질병의 3대 요인은 숙주 병인 환경이다.
   ㉠ **숙주**: 생물이 기생하는 대상으로 삼는 생물체
   ㉡ **병인**: 질병발생의 직접적인 원인
   ㉢ **환경**: 병인과 숙주를 제외한 모든 요인

9. ㉠ **모기 전파**: 일본뇌염, 말라리아, 댕기열
   ㉡ **파리전파**: 콜라라, 이질, 장티푸스
   ㉢ **벼룩**: 발진티푸스 재귀열

10. 실내에 많은 사람들의 호흡으로 산소가 줄고, 습도가 증가하고, 이산화탄소가 증가하여 현기증 구토 두통 등의 이상현상 발생으로 나타나는 증상은 군집독이다.

11. 보건행정은 공공성(지역사회 주민의 건강증진), 봉사성(공공기관이 봉사하는 행정), 교육성(지역주민의 교육), 과학성(자연과학적 기술과 지식을 활용)을 특징으로 한다.

12. WHO (세계보건기구)는 world health organization의 약자이다

13. 이용사의 업무범위는 이발 면도 머리피부 손질 머리카락 염색 및 머리 감기이다.

14. 두부 부위 중 천정부의 가장 높은 곳은 탑포인트이다.

15. 1871년 프랑스 바리캉 마르에서 바리캉을 처음으로 제작하였다.

16. **바리캉 선택법**
    윗날과 밑날의 접촉이 원활한 것이 좋으며, 윗날과 아래날이 똑바로 겹쳐있는 것이 좋다. 단 윗날의 좌우로 움직여서 커트가 되기 때문에 동요가 없는 것과는 무관하다.

17. 린스, 컨디셔너, 트리트먼트 등은 주성분의 배합량에 따라 다른 이름으로 불린다.

18. 손끝으로 마사지하듯 샴푸를 해야 한다.

19. 피부가 손상되지 않도록 유의하면서 작업해야 한다.

20. 스프레이는 스타일을 고정하고 유지시간을 연장하기 위한 목적으로 사용한다.

21. **모난얼굴**: 4:6 가르마
    긴얼굴: 8:2 가르마
    둥근얼굴: 7:3 가르마
    타원형얼굴: 5:5 가르마

22. ㉠ **프롱 (로드)**: 동그런 쇠막대기 형상으로 모발을 누르거나 감아서 볼륨을 주는 역할
    ㉡ **그루브**: 홈으로 파여진 부분으로 프롱을 감싸주며 모발을 고정시키는 역할
    ㉢ **핸들**: 손잡이

23. ㉠ **오일리스캘프트리트먼트**: 피지 분비량이 많을 경우
    ㉡ **플레인스캘프 트리트먼트**: 정상두피
    ㉢ **댄드러프스캘프 트리트먼트**: 비듬제거시
    ㉣ **드라이 스캘프 트리트먼트**: 건조두피

24. **모발의 성장 속도**: 0.34 ~ 0.35mm (1일), 1 ~1.5 ㎝ (30일)

25. ㉠ **경찰법(스트로킹)**: 손바닥으로 쓰다듬는 방법
    ㉡ **강찰법(프릭션)**: 손으로 강하게 문지르는 방법

ⓒ **유연법(니딩)**: 손으로 주무르는 방법
ⓔ **진동법(바이브레이션)**: 손바닥으로 진동을 줄 수 있도록 떠는 방법
ⓗ **고타법(피커션)**: 손으로 두드리는 방법

26. ㉠ **벌꿀팩**: 수렴 표백 작용이 우수
    ㉡ **우유팩**: 지방보급 보습
    ㉢ **우유팩**: 미백 보습작용
    ㉣ **에그팩**: 세정작용 잔주름 예방(흰자), 영양보급(노른자)
    ㉤ **왁스팩**: 피부탄력성 및 보습력(잔주름제거효과)

27. **프레커트**: 손상모 제거 및 와인딩에 적합한 길이로 커트

28. ㉠ **크로키놀식**: 모발 끝에서 모근쪽으로 와인딩하는 기법
    ㉡ **스파이럴식**: 모근에서 모발끝쪽으로 와인딩하는 기법

29. 기구 손상과는 거리가 멀다.

30. ㉠ **착용 방법**: 고정식, 탈착식
    ㉡ **적용 부위**: 부분, 전체 가발
    ㉢ **착용 형태**: 접착형, 클립형
    ㉣ **모발 종류**: 인조모, 인모

31. 과산화수소는 멜라닌 색소를 분해하여 모발의 색을 보다 밝게 한다.

32. 펌과 염색을 같이 할 경우 펌을 먼저 해야 한다.

33. **비타민D**: 구루병

34. ① **남성형 탈모**: 유전적 요인과 남성호르몬으로 발생하는 탈모
    ② **견인성 탈모**: 모발을 묶거나 땋은 등의 물리적 요인에 의한 탈모
    ③ **반흔성 탈모**: 외상, 화상 등의 요인으로 발생하는 탈모

④ **압박성 탈모**: 장기간 누워있는 환자에게서 발생되는 탈모

35. 색의 3원색은 빨강, 파랑, 노랑이다.

36. **퍼머넌트 웨이브의 도구**
   ㉠ **로드**: 모발을 와인딩하는 도구
   ㉡ **파지**: 페이퍼라고 하며 머리카락을 로드에 와인딩할 때 모발의 끝을 정리해주는 역할
   ㉢ **고무**: 와인딩 후 모발을 두피에 로드를 고정할 때 사용

37. ㉠ **광노화(환경적 노화)**: 생활여건 외부환경 노출로 일어나는 노화 현상 주사
   ㉡ **내인성 노화(생리적노화)**: 나이에 따른 과정형 노화

38. 후천적 면역은 획득 면역이라고 하며 선천적 면역은 자연면역이라고 한다.

39. SPF 30은 30 x10 = 300분(5시간)의 자외선 차단이 능하다는 의미

40. 여드름은 면포 → 구진 → 농포 → 결절 → 낭종의 순서이다

41. ㉠ 에너지를 공급하는 열량 영양소에는 지방, 단백질, 탄수화물이 있다.
   ㉡ 무기질은 효소와 호르몬의 주성분, 근육의 탄력성 유지하며 칼슘, 인, 마그네슘, 나트륨, 칼륨, 황, 아연, 구리, 요오드, 크롬, 코발트 등이 있다.

42. **구성영양소**: 단백질, 무기질, 물

43. 민감성 피부의 각질층이 얇아 수분의 양이 부족하고 가벼운 자극에도 예민하게 반응한다.

44. 모발은 하루에 0.2~0.5mm 성장한다.

45. 모간부(모표피, 모피질, 모수질)는 피부 밖으로 나와 있는 부분이고, 모근부(모낭, 모구,

모유두)는 피부 속 모낭에 있는 모발이다.

46. 한선(땀샘)은 소한선과 대한선으로 구성되어 있다.
    ㉠ **소한선(에크린선)**: 입술과 생식기를 제외하고 전신에 분포
    ㉡ **대한선(아포크린선)**: 귀 겨드랑이 배꼽 성기주변에 분포
    ㉢ 피지와 땀이 혼합되어 형성된 피지막은 pH 4.5~5.5의 산성막으로 세균으로부터 피부를 보호한다.

47. 영업 중요 사항의 변경인 경우 시장 군수 구청장에게 신고하여야 한다.
    ㉠ 영업장 면적의 1/3이상을 변경할 때
    ㉡ 소재지를 변경할 때
    ㉢ 대표자 성명을 변경할 때
    ㉣ 미용업 업종간 변경 시

48. **영업장 내부에 게시해야 할 사항**: 이용업 신고증, 개설자의 면허증 원본, 최종지불요금표

49. **면허 결격자**: 피성년 후견인, 정신질환자 (전문의 소견서가 있을 경우 제외), 감염병 환자 (AIDS, 결핵환자 등), 마약 등의 약물 중독자 (향정신성 의약품 중독자), 면허가 취소된 후 1년이 경과되지 아니한 자

50. 면허 발급은 시장군수 구청장의 권한이다.

51. 이용 업무는 영업소 외의 장소에서 행할 수 없다. 단, 특별한 사유가 있을 경우는 가능함
    ㉠ 질병 및 기타의 사유로 인하여 영업소에 나올 수 없는 자에 대하여 이용(미용)을 하는 경우
    ㉡ 혼례 기타 의식에 참여하는 자에 대하여 그 의식 직전에 이용(미용)을 하는 경우
    ㉢ 사회복지시설에서 봉사활동으로 이미용을 하는 경우
    ㉣ 방송 등 촬영에 참여하는 사람에 대하여 그 촬영 직전에 이용(미용)을 하는 경우
    ㉤ 특별한 사정이 있다고 시장 군수 구청장이 인정하는 경우

52. 시장 군수 구청장은 미용업자에게 6월 이내의 기간을 정하여 영업 정지, 일부 시설 사용 중지 및 폐쇄 등을 명령할 수 있다.

53. **이용업소 정지 및 폐쇄사유**
    ① 영업신고를 하지 않거나 시설과 설비 기준을 위반한 경우
    ② 중요사항의 변경 신고를 하지 않은 경우
    ③ 지위승계 신고를 하지 않은 경우
    ④ 위생관리 의무 등을 지키지 않은 경우
    ⑤ 필요보고를 하지 않거나 관계 공무원의 출입 검사, 서류 열람을 거부 방해 기피한 경우
    ⑥ 풍속규제 법률, 성매매 알선 등 행위 처벌에 관한 법률, 청소년보호법, 의료법을 위반한 경우

54. **청문실시사유**
    ㉠ 이용사의 면허취소 면허정지
    ㉡ 공중위생 영업의 정지
    ㉢ 일부 시설의 사용 중지
    ㉣ 영업소 폐쇄명령

55. 영업신고를 하려면 미리 위생교육을 받아야 하며, 단, 예외조항에 해당할 경우 6개월내에 받으면 된다.

56. **3백만원이하의 과태료**
    ㉠ 폐업신고를 하지 않은 자
    ㉡ 이미용 시설 및 설비의 개선명령을 위한한 자
    ㉢ 공중 위생법상 필요한 보고를 당국에 하지 아니한 자

57. 과태료 처분에 불복이 있는 자는 고지 30일 이내에 이의를 제기

58. 과태료는 시장 군수 구청장이 부과 징수한다.

59. 이용사의 면허증을 대여한 때의 1차 위반 행정처분은 면허정지 3월이다.

60. ㉠ **탑노트**: 처음 느끼게 되는 향 (향수 용기를 열거나, 뿌렸을 때)
　　㉡ **미들노트**: 중간단계의 향(향수가 가진 본연의 향)
　　㉢ **베이스노트**: 마지막 남는 향(사용자의 체취와 혼합되어 발산되는 자신의 향)

예상모의고사 4회

1. 두부 부위 중 천장부의 가장 높은 곳은?
① 사이드 포인트(SP)　　② 탑 포인트(TP)
③ 골든 포인트(GP)　　④ 백 포인트(GP)

2. 면도시 래더링(lathering)의 목적이 아닌 것은?
① 모공을 축소하고 유분감을 부여하기 위함이다.
② 수염이 날리는 것을 예방하기 위함이다.
③ 피부 및 수염을 유연하게 하고 면도의 운행을 쉽게 한다.
④ 면도날의 움직임을 원활하게 하기 위함이다.

3. 얼굴 면도 작업 시 레이져(razor)를 잡는 방법 중 적당하지 않은 것은?
① 아래 턱 부위 - 백핸드(back hand)
② 좌측 볼 부위 - 푸시 핸드(push hand)
③ 우측 귀밑 부위 - 프리 핸드(free hand)
④ 우측 볼 부위 - 프리 핸드(free hand)

4. 수정 커트 시 긴 머리의 끝을 일정하게 커트할 때 가장 적당하지 않은 도구는?
① 단발 가위　　② 미니 가위
③ 클리퍼(바리깡)　　④ 레이져(면도기)

5. 두발의 아이론 작업 시 일반적으로 가장 적당한 온도는?
① 70~90℃　　② 110~130℃
③ 140~160℃　　④ 160~180℃

6. 두부의 구분선에 대한 설명으로 적당하지 않은 것은?

① 정중선: 코를 중심으로 전체를 수직으로 나누는 선

② 측중선: TP에서 EP로 수직으로 내린 선

③ 측두선: FSP에서 측중선까지 선

④ 페이스라인: 양쪽 NSP를 연결한 선

7. 조발술의 순서로 가장 적당한 것은?

① 지간 깎기 → 솎음 깎기 → 연속 깎기 → 수정 깎기

② 수정 깎기 → 지간 깎기 → 거칠게 깎기 → 연속 깎기

③ 거칠게 깎기 → 수정 깎기 → 떠내 깎기 → 지간 깎기

④ 연속 깎기 → 지간 깎기 → 밀어 깎기 → 수정 깎기

8. 모발의 기능에 대한 설명 중 적당하지 않은 것은?

① 보호 기능
② 장식 기능
③ 배출 기능
④ 호흡 기능

9. 여드름 발생의 주요 원인과 가장 거리가 먼 것은?

① 아포크린선의 분비 증가

② 염증 반응

③ 모낭 내 이상 각화

④ 여드름 균의 군락 형성

10. 다음 설명 중 조절소에 해당하는 것은?

① 무기질
② 탄수화물
③ 단백질
④ 지방질

11. 다음 중 표피의 영양을 관장하는 층은?

① 각질층　　　　　　　② 투명층
③ 유극층　　　　　　　④ 기저층

12. B 세포가 관여하는 면역은?

① 자연면역　　　　　　② 선천적 면역
③ 세포 매개성 면역　　　④ 체액성 면역

13. 모발에 대한 설명으로 적당하지 않은 것은?

① 모근부와 모간부로 되어 있다.
② 하루 약 0.2~0.5㎜ 정도 자란다.
③ 모발의 수명은 보통 3~6년이다.
④ 모발은 퇴행기 → 성장기 → 탈락기 → 휴지기의 성장단계를 거친다.

14. 표피의 구성세포가 아닌 것은?

① 각질 형성 세포　　　② 섬유아 세포
③ 랑게르 한스 세포　　④ 머켈 세포

15. 탈모된 부위의 경계가 명확하고 동전 크기 정도의 둥근 모양으로 모발이 빠지는 질환은?

① 결벽성 탈모증　　　② 지루성 탈모증
③ 원형 탈모증　　　　④ 건성 탈모증

16. 화장품의 4대 요건이 아닌 것은?

① 안전성　　　　　　② 사용성
③ 안정성　　　　　　④ 지속성

17. 화장품에서 방부제로 주로 사용하는 것은?

① 코코아 오일 ② 과산화 수소
③ 글리세린 ④ 메틸 파라벤

18. 향료의 부향률이 가장 낮은 것은?

① 샤워 코롱 ② 오데 퍼퓸
③ 오데 코롱 ④ 퍼퓸

19. 화장품에서 보습제로 사용되지 않는 것은?

① 아미노산 ② 글리세린
③ 히아루론산염 ④ 파라옥시안식향산메틸

20. 물 또는 오일 성분에 미세한 고체입자가 계면활성제에 의해 균일하게 혼합된 상태는?

① 유화 ② 분산
③ 가용화 ④ 에멀젼

21. 무균실에서 사용되는 기구의 소독에 가장 적합한 소독방법은?

① 고압 증기 멸균법 ② 자비 소독법
③ 자외선 소독법 ④ 소각 소독법

22. 살균력은 강하지만 자극성과 부식성이 강해 상수 또는 하수의 소독에 주로 사용되는 소독법은?

① 알코올 ② 염소
③ 승홍 ④ 크레졸

23. 현미경을 이용하여 미생물의 존재를 처음 발견한 사람은?
① 파스퇴르 ② 제너
③ 레벤후크 ④ 캐빈 맥커넌

24. 이용실의 실내 소독에 가장 적합한 것은?
① 크레졸 비누액 ② 포비돈 요오드액
③ 과산화수소 ④ 메탄올

25. 감염병의 유행조건에 맞지 않는 것은?
① 감염원 ② 감수성 숙주
③ 감염경로 ④ 예방인자

26. 감염에 의한 임상증상이 전혀 없으며 관리가 가장 어려운 병원소는?
① 건강보균자 ② 만성 감염병환자
③ 잠복 보균자 ④ 불현성 보균자

27. 금속기구 소독 시 부식작용이 있는 소독제는?
① 역성비누 ② 크레졸
③ 포름알데히드 ④ 소디움 하이포클로리트

28. 보건행정의 특성과 거리가 먼 것은?
① 공공성과 사회성 ② 조장성과 교육성
③ 독립성과 독창성 ④ 과학성과 기술성

29. 일반적으로 이용실의 실내 쾌적 습도 범위는?
① 10 ~ 20% ② 20 ~ 40%
③ 40 ~ 70% ④ 70 ~ 90%

30. 다음 중 독소형 식중독이 아닌 것은?
① 살모넬라균 식중독
② 웰치균 식중독
③ 포도상구균 식중독
④ 보툴리누스균 식중독

31. 공중보건학의 범위 중 보건 관리 분야에 속하지 않는 것은?
① 산업 보건
② 보건 통계
③ 보건 행정
④ 사회 보장제도

32. 이용업소에서 수건 소독법으로 가장 적합한 것은?
① 크레졸 소독
② 적외선 소독
③ 석탄산 소독
④ 자비 소독

33. 이용업소에서 수건을 철저하게 소독하지 않았을 때 주로 발생될 수 있는 감염병은?
① 일본뇌염
② 페스트
③ 트라코마
④ 괴혈병

34. 다음 중 공중위생관리법의 최종 목적으로 적합한 것은?
① 공중위생영업소의 위생관리
② 공중 위생영업의 위상 향상
③ 공중 위생영업 종사자의 위생 및 건강관리
④ 위생수준을 향상시켜 국민 건강증진에 기여

35. 공중위생영업이란 다수인을 대상으로 무엇을 제공하는 영업인가?
① 위생서비스
② 위생관리서비스
③ 위생안전서비스
④ 공중위생서비스

36. 이용영업을 개설할 수 있는 자의 자격은?

① 이용 면허증
② 보건 교육 이수
③ 이용 자격증 취득
④ 영업소 내에 시설 완비

37. 공중위생영업을 하고자 할 때 시설 및 설비를 갖추 다음 중 누구에게 신고해야 하는가?

① 시장, 군수, 구청장
② 보건복지부 장관
③ 시, 도지사
④ 행정안전부 장관

38. 공중위생관리법 상 이용업자의 변경 신고사항에 해당되지 않는 것은?

① 영업소의 명칭 또는 상호변경
② 영업소의 소재지 변경
③ 대표자의 성명(단, 법인에 한함)
④ 영업정리 명령 이행

39. 이용업자가 신고한 영업장 면적의 (   ) 이상의 증감이 있을 때 변경신고를 하여야 하는가?

① 2분의 1
② 3분의 1
③ 4분의 1
④ 5분의 1

40. 이용사 영업자의 지위를 승계 받을 수 있는 자의 자격은?

① 면허를 소지한 자
② 자격증을 소지한 자
③ 상속권이 있는 자
④ 보조원으로 있는 자

41. 이용사 면허증을 분실하였을 때 누구에게 재 교부 신청을 하는가?

① 보건복지부 장관
② 시도지사
③ 시장, 군수, 구청장
④ 행안부 장관

42. 이용업소의 조명시설로 적합한 것은?

① 125룩스
② 100룩스
③ 75룩스
④ 50룩스

43. 이용기구의 소독기준 및 방법을 정한 것은?

① 대통령령
② 보건복지부령
③ 행안부령
④ 시장, 군수, 구청장령

44. 신고된 영업소 이외의 장소에서 이용 영업을 할 수 있는 곳은?

① 생산공장
② 일반 가정
③ 사무실
④ 거동이 불가한 환자 처소

45. 공중위생영업자가 위생관리 의무사항을 위반한 때 당국의 조치사항으로 적당한 것은?

① 영업정지
② 업무정지
③ 자격정지
④ 개선명령

46. 대통령령이 정하는 바에 따라 관계전문기관 등에 공중위생관리 업무의 일부를 위탁할 수 있는 자는?

① 시도지사
② 시장 군수 구청장
③ 보건복지부장관
④ 보건소장

47. 위생서비스 평가의 결과에 따른 위생관리 등급은 누구에게 통보하고 이를 공표하여야 하는가?

① 보건소장
② 시장 군수 구청장
③ 시 도지사
④ 해당 공중위생영업자

48. 공중 위생서비스 평가를 위탁 받을 수 있는 기관은?

① 보건소
② 동사무소
③ 소비자단체
④ 관련 전문기관 및 단체

49. 이용업주가 받아야 하는 위생교육 시간은?

① 매년 3시간
② 분기별 3시간
③ 매년 6시간
④ 분기별 6시간

50. 이용업 종사자로 위생교육을 받아야 하는 자는?

① 공중 위생 영업을 승계한 자
② 공중 위생 영업에 6개월 이상 종사자
③ 공중위생 영업 종사자로 처음 시작하는 자
④ 공중 위생 영업에 3년 이상 종사자

51. 위생 교육을 실시한 전문기관 혹은 단체가 교육에 관한 기록을 보관하여야 하는 기간은?

① 1월
② 6월
③ 1년
④ 2년

52. 다음 중 청문 대상이 아닌 것은?

① 영업소 폐쇄명령을 처분하고자 할 때
② 면허를 취소하고자 할 때
③ 벌금을 책정하고자 할 때
④ 면허 정지를 하고자 할 때

53. 이용업무를 영업장소 외에서 행하였을 때 처벌기준은?

① 100만원 이하의 벌금　　② 200만원 이하의 과태료
③ 500만원 이하의 과태료　　④ 1천만원 이하의 벌금

54. 이용사가 면허를 받지 아니하고 이용 영업업무를 행하였을 때 벌칙사항은?

① 300만원 이하의 벌금　　② 500만원 이하의 벌금
③ 1000만원 이하의 벌금　　④ 3000만원 이하의 벌금

55. 영업 신고를 하지 않고 영업소의 소재지를 변경하였을 때 3차 위반 행정처분은?

① 경고　　② 면허정지
③ 면허 취소　　④ 영업장 폐쇄명령

56. 이용 영업소안에 면허증 원본을 게시하지 않을 경우 1차 행정처분은?

① 경고 또는 개선명령　　② 영업정지 5일
③ 영업정지 10일　　④ 벌금 300만원

57. 공중 위생업소 위생관리 등급의 구분에 있어 최우수 업소 등급은?

① 녹색등급　　② 황색등급
③ 백색등급　　④ 청색등급

58. 부득이한 사유가 없는 한 공중 위생업소를 개설할 자는 언제 위생교육을 받아야 하는가?

① 영업개시 전　　② 영업개시 후 1월 이내
③ 영업개시 후 2월 이내　　④ 영업개시 후 3월 이내

59. 장발형 이발 중 솔리드 형에 해당되지 않는 스타일은?

① 이사도라

② 그레쥬에이션

③ 스파니엘

④ 수평보브

60. 이용사의 업무에 관한 사항으로 맞는 것은?

① 이용사의 업무 범위에 관하여 보건복지부령으로 정한다.

② 이용사의 업무 범위는 이발, 파마, 아이론, 면도, 머리, 피부 손질, 피부미용이 포함된다.

③ 일정기간의 수련과정을 거친 자는 면허가 없이도 이용업무에 종사할 수 있다.

④ 이용사의 면허를 가진 자가 아니어도 이용업을 개설할 수 있다.

• Memo •

제4회 모의고사 정답 및 해설

1	2	3	4	5	6	7	8	9	10
②	①	①	④	②	④	①	④	①	①
11	12	13	14	15	16	17	18	19	20
③	④	④	②	③	④	④	①	④	②
21	22	23	24	25	26	27	28	29	30
①	②	③	①	④	①	④	③	③	①
31	32	33	34	35	36	37	38	39	40
①	④	③	④	②	①	①	④	②	①
41	42	43	44	45	46	47	48	49	50
③	③	②	④	④	③	④	④	①	①
51	52	53	54	55	56	57	58	59	60
④	③	②	①	④	①	①	①	②	①

1. 두부의 천장부 가장 높은 곳은 탑포인트이다.

2. 래더링(lathering)은 비누 거품을 도포하는 것을 의미하며, 피부와 수염을 유연하게 하여 면도 운행을 원활하게 하는데 도움을 준다. 면도 후 스킨로션은 모공을 축소 및 소독 효과가 있으며, 밀크로션은 유분감을 부여한다.

3. 아래턱부위는 프리핸드 혹은 펜슬핸드로 작업한다.

4. 레이져는 면도를 위한 도구이다.

5. 아이론 작업은 120~140℃ 범위에서 운용하여야 한다.

6. 페이스라인은 CP를 중심으로 양쪽 SCP를 연결하는 선이다.

7. 커트는 모다발을 검지와 중지로 쥐고 커트하는 지간 잡기로 시작하는 것이 일반적이다. 나머지 순서는 약간씩 바꾸어도 무방하다. 단 스포츠 형은 거칠게 깎기로 시작하는 것이 타당하다.

8. 모발은 외부환경으로부터 두피를 보호하고, 체내에 쌓이는 중금속을 배출하며, 각 개인의 이미지를 나타내는 장식을 기능을 가지고 있다.

9. 아포크린선(대한선)은 겨드랑이, 유두, 배꼽, 생식기, 항문주위에 배치되는 땀샘으로 여드름과 관련이 없다.

10. 조절영양소는 생리기능의 조절 보조 작용을 하며, 비타민, 무기질,물 등이 있다.

11. 유극층은 영양공급과 랑게르한스세포가 있어 면역기능을 담당한다

12. B 림프구는 특정 항원에만 반응하는 체액성 면역이다.

13. 모발의 성장주기는 성장기 → 퇴행기 → 휴지기 → 발생기를 거친다.

14. 섬유아 세포, 대식세포, 비만세포는 는 진피의 구성세포이다.

15. 원형탈모증은 바이러스, 감염증 등의 자가면역기전에 의해 발생되며 직경 1~5cm의 경계가 명확한 원형 또는 나선형으로 발생된다.

16. 화장품은 안정성, 안정성, 사용성, 유효성의 4대 특성이 있다.

17. 화장품의 변질 방지 및 살균 작용으로 사용되는 방부제는 파라벤, 이미다졸리디닐우레아, 파라옥시안식향산메틸, 파라옥시안식향산 프로필 등이 있다.

18. 부향률의 지속시간 순서는 퍼퓸 〉오데퍼퓸 〉오데토일렛 〉오데코롱 〉샤워코롱 순이다.

19. 화장품 보습제는 아미노산, 히아루론산염, 글리세린 등이 있다.

20. 물 또는 오일에 의한 고체입자가 계면활성제에 의해 균일하게 혼합하는 기술은 분산이다.

21. 무균실에서 사용되는 기구 소독은 아포를 포함한 모든 미생물이 멸균되는 고압증기 살균법이 가장 적합하다.

22. 상수 및 하수의 소독은 염소로 진행한다.

23. 미생물을 최초 관찰한 사람은 안톤 반 레벤후크이다.

24. 실내소독은 크레졸 비누액으로 한다

25. 감염병의 3대요인은 감염원, 감염경로, 감수성 숙주의 여부이다.

26. 건강보균자는 증상이 없고 감염병 관리가 어려운 병원소이다.

27. 소디움 하이포클로리트는 소금 성분을 포함하고 있어 부식이 된다.

28. 보건행정의 특성으로는 공공성, 사회성, 교육성, 과학성, 기술성, 봉사성, 보장성 등이 있다.

29. 실내습도는 40~70%가 적당하다.

30. 살모넬라 식중독은 감염형 식중독이다.

31. 산업보건은 환경보건분야이다.

32. 수건소독은 자비소독이 적합하다.

33. 트라코마는 수건을 통해 감염되기 쉬운 안질환이다.

34. 공중위생관리법은 위생수준을 향상시켜 국민 건강증진에 기여하는 것을 목적으로 한다.

35. 공중위생영업은 다수를 대상으로 위생관리서비스를 제공하는 영업이다.

36. 이용업은 이용면허증이 있어야 한다.

37. 공중위생영업을 영위하려는 자는 시장, 군수, 구청장에게 신고하여야 한다.

38. 이용업자의 중요변경사항 신고는 영업소의 명칭 또는 상호변경, 영업소 소재지 변경, 대표자의 성명 변경 등이 있다.

39. 영업장 면적의 1/3이상의 변경이 있을 때 신고하여야 한다.

40. 영업자의 지위를 승계 받기 위새서는 면허가 있어야 한다.

41. 면허증 갱신, 분실하였을 때 시장, 군수, 구청장에게 재 교부 신청한다.

42. 이용업소의 조명시설은 75룩스 이상이다.

43. 보건복지부령으로 이용기구 소독 기준 및 방법을 정한다.

44. 영업소 이외의 장소에서 영업을 할 수 있는 경우
　　① 질병 및 기타의 사유로 인하여 영업소에 나올 수 없는 자에 대하여 미용을 하는 경우
　　② 혼례 기타 의식에 참여하는 자에 대하여 그 의식 직전에 미용을 하는 경우
　　③ 사회복지시설에서 봉사활동으로 이미용을 하는 경우
　　④ 방송 등 촬영에 참여하는 사람에 대하여 그 촬영 직전에 이미용을 하는 경우
　　⑤ 특별한 사정이 있다고 시장 군수 구청장이 인정하는 경우

45. 위생관리 의무사항을 위반할 경우 당국은 개선명령을 내린다.

46. 보건복지부 장관은 공중위생관리 업무를 위탁할 수 있다.

47. 위생관리등급은 해당 공중위생영업자에게 통보한다.

48. 공중위생서비스 평가를 위탁 받을 수 있는 기관은 관련 전문기관 및 단체이다

49. 위생교육은 매년 3시간 이수하여야 한다.

50. 영업을 승계하는 자는 위생교육을 받아야 한다.

51. 위생교육 기록은 2년간 보관하여야 한다.

52. **청문사유**
    ① 이용사의 면허취소 또는 면허정지
    ② 폐업신고나 사업자 등록 말소에 관한 신고사항의 직권말소
    ③ 일부 시설의 사용 중지
    ④ 영업 정지명령, 또는 영업소 폐쇄명령

53. 영업장소를 벗어나서 영업했을 대 과태료는 200만원이다.

54. 면허 미소지자의 영업행위는 300만원 이하의 벌금이다.

55. 임의로 영업소재지 변경 시 3차 위반처분은 영업장폐쇄명령이다.

56. 면허증 사본을 게시하였을 때 1차로 경고 또는 개선명령을 내린다.

57. 최우수 위생관리 등급은 녹색이다.

58. 위생교육은 영업개시전 받는 것이 원칙이다.

59. 이사도라, 스파니엘, 수평보브는 장발형 이발형 중 원랭스 스타일이다.

60. 이용사의 업무 범위는 보건복지부령으로 정한다.

예상모의고사 5회

1. 이용사의 위생관리 기준이 아닌 것은?
① 소독한 기구와 미 소독한 기구를 분리하여 보관할 것
② 신고증과 함께 면허증 사본을 게시할 것
③ 조명은 75룩스 이상 유지할 것
④ 1회용 면도날은 손님 1인에 한하여 사용할 것

2. 고종 황제의 명으로 우리나라 최초의 이용시술을 한 사람은?
① 안종호 ② 김옥균
③ 서재필 ④ 김홍집

3. 면도 작업 후 스킨(토너)을 사용하는 주 목적은?
① 소독과 피부 수렴을 위하여
② 부드럽게 하기 위하여
③ 건강하게 하기 위하여
④ 화장을 하기 위하여

4. 면도기 잡는 방법에서 칼 몸체와 핸들이 일직선이 되게 똑바로 펴서 막대기를 잡는 듯한 방법은?
① 프리핸드(free hand)
② 백핸드(back hand)
③ 펜슬핸드(pencil hand)
④ 스틱핸드(stick hand)

5. 남성 머리형의 분류로 적절하지 않은 것은?

① 장발형 ② 종발형
③ 단발형 ④ 중발형

6. 두피 관리의 근원적 목적으로 적합한 것은?

① 두피 세균 감염을 예방하기 위하여
② 두피 먼지와 때를 제거하기 위하여
③ 모발을 부드럽게 하기 위하여
④ 두피의 생리기능을 정상적으로 유지하기 위하여

7. 고객의 구렛나루, 콧수염, 턱수염을 정리, 정돈하는 과정은?

① 면체술 ② 조발술
③ 매뉴얼테크닉 ④ 정발술

8. 다음 ( ) 안에 가장 알맞은 것은?

> 세계 보건기구(WHO)는 (　　　)을 인간의 신체 발육, 건강과 생존에 유해한 영향을 미치거나 미칠 가능성이 있는 인간 환경에서는 모든 요인을 통제하는 것이라고 정의하였다.

① 공중 위생 ② 식품 위생
③ 질병 관리 ④ 환경 위생

9. 탈모증 종류에서 유전성 탈모증인 것은?

① 남성형 탈모 ② 원형 탈모
③ 반흔성 탈모 ④ 압박성 탈모

10. 피부 노화의 내적 원인이 아닌 것은?

① 공해
② 호르몬
③ 유전
④ 내장기능의 이상과 장애

11. 다음 중 피부색을 결정하는 요인으로 가장 적합한 것은?

① 털의 분포
② 카로틴의 분포
③ 멜라닌의 분포
④ 콜라겐의 분포

12. 아이론을 시술하는 목적과 가장 거리가 먼 것은?

① 곱슬머리를 교정할 수 있다.
② 모발에 변화를 주어 원하는 형을 만들 수 있다.
③ 모발의 양이 많아 보이게 할 수 있다.
④ 약품을 이용하는 것보다 오랜 시간 세팅이 유지될 수 있다.

13. 레이져를 이용하여 커트 시 가장 적합한 두발 상태는?

① 건조한 두발
② 헤어크림을 바른 두발
③ 기름진 두발
④ 젖은 상태의 두발

14. 빗과 가위를 이용해서 동시에 올려 치면서 연속 커트하는 기법은?

① 끌어 깎기
② 연속 깎기
③ 찔러 깎기
④ 밀어 깎기

15. 가위나 레이져로 두발을 자연스러운 장단을 만들어 두발 끝부분으로 갈수록 붓의 끝 같이 되도록 커트하는 것은?

① 틴닝 커트
② 클리핑 커트
③ 테이퍼링
④ 싱글링 커트

16. 이용사가 지켜야 할 사항으로 가장 거리가 먼 것은?

① 건강에 유의하면서 적당한 휴식을 취한다.
② 항상 친절하게 하고, 구강위생을 철저히 유지한다.
③ 매일 샤워와 목욕을 하며, 깨끗한 복장을 착용한다.
④ 손님의 의견과 상관없이 소신껏 시술한다.

17. 이용 시술 시 작업 자세에서 적당하지 않은 것은?

① 시술자 배꼽의 위치와 의자의 간격은 주먹 하나
② 무릎을 살짝 굽힌 자세
③ 발의 넓이는 어깨 넓이 정도의 자세
④ 60㎝ 명시 거리가 적당한 위치

18. 장발형 고객이 둥근 스포츠 머리형으로 커트할 때 어느 부분부터 먼저 시작하는 것이 좋은가?

① 탑 포인트
② 백 포인트
③ 사이드 포인트
④ 골든 포인트

19. 두피 손질 중 화학적인 방법이 아닌 것은?

① 양모제를 바르고 손질한다.
② 헤어크림을 바르고 손질한다.
③ 헤어 로션을 바르고 손질한다.
④ 빗과 브러시로 손질한다.

20. 다음 설명 중 가장 적절한 것은?

두상의 모발이 눕지 않고 두개피로부터 세울 정도의 짧은 스타일로서 천정부의 형태에 따라 둥근형, 삼각형, 사각형으로 구분되며 클리퍼를 사용하여 두부를 깎아 정돈하는 헤어스타일이다.

① 장발형 이발
② 중발형 이발
③ 짧은 단발형 이발
④ 응용 이발

21. 장발형 남성고객이 중발형 헤어스타일을 원할 때 일반적으로 어디부터 시작하는 것이 적절한가?

① 전두부에서부터 지간깎기로 자른다.
② 측두부에서부터 밀어깎기로 자른다.
③ 후두부에서부터 클리퍼로 끌어 올린다.
④ 후두부에서부터 끌어깎기로 자른다.

22. 다음 중 모발이 화학결합이 아닌 것은?

① 수소 결합
② 배위 결합
③ 시스틴 결합
④ 펩타이드 결합

23. 금속 제품을 자비 소독할 경우 언제 물에 넣는 것이 가장 좋은가?

① 가열시작하기 전
② 가열 시작 직 후
③ 끓기 시작할 때
④ 물이 미지근할 때

24. 두피에 영양을 주는 트리트먼트제로 모발에 좋은 효과를 주는 것은?

① 양모제
② 정발제
③ 염모제
④ 세정제

25. 두피 피지막의 pH는?

① pH 8.5~9.5
② pH 7~8
③ pH 6.5~7.5
④ pH 4.5~5.5

26. 다음 중 두피 및 두발의 생리기능을 높여 주는데 가장 적합한 샴푸는?

① 토닉샴푸
② 드라이 샴푸
③ 오일 샴푸
④ 플레인 샴푸

27. 린스의 목적이 바르게 설명되지 않은 것은?

① 정전기를 방지한다.
② 머리카락의 엉킴 방지 및 건조를 예방한다.
③ 윤기가 있게 한다.
④ 찌든 때를 제거한다.

28. 표피에 존재하지 않는 세포는?

① 각질형성 세포
② 멜라닌 형성 세포
③ 섬유아 세포
④ 랑게르한스 세포

29. 다음 중 무핵층이 아닌 것은?

① 각질층
② 투명층
③ 유극층
④ 과립층

30. 다음 중 모발에 대한 설명 중 맞는 것은?

① 모발의 주기는 성장기, 퇴행기, 휴지기, 발생기로 나눠어진다.
② 밤보다 낮에 더 잘 자란다.
③ 봄과 여름보다 가을과 겨울에 잘 자란다.
④ 개인차가 있지만 평균 한달에 3㎝ 정도 자란다.

31. 피부의 생물학적 노화 현상과 거리가 먼 것은?

① 엘라스틴의 양이 늘어난다.

② 표피 두께가 줄어든다.

③ 피부의 색소침착이 증가된다.

④ 피부의 저항력이 떨어진다.

32. 모발 구조에서 멜라닌 색소 함량이 가장 높은 부분은?

① 모표피   ② 모수질
③ 큐티클   ④ 모피질

33. 수렴작용과 표백작용에 가장 적합한 팩은?

① 오일팩   ② 머드팩
③ 벌꿀팩   ④ 과일팩

34. 다음 중 단백질의 최종 가수분해 물질은?

① 콜레스테롤   ② 카로틴
③ 지방산   ④ 아미노산

35. 성장 촉진, 생리대사의 보조역할, 신경안정과 면역기능 강화 등의 역할을 하는 영양소는?

① 단백질   ② 비타민
③ 무기질   ④ 지방

36. 다음 중 멜라닌 생성 저하 물질은?

① 비타민 C   ② 콜라겐
③ 엘라스틴   ④ 아미노산

37. 피부 질환의 초기 병변으로 건강한 피부에서 발생한 변화는?

① 원발진 ② 속발진
③ 알레르기 ④ 발진열

38. 피부에 대한 자극, 알레르기, 독성이 없어야 한다는 내용은 화장품의 4대 요건 중 어디에 해당되는가?

① 안정성 ② 사용성
③ 유효성 ④ 안전성

39. 물에 오일성분이 혼합되어 있는 상태는?

① W/O 에멀전 ② O/W 에멀전
③ W/S 에멀전 ④ W/O/S 에멀전

40. 기능성 화장품의 표시 및 기재 사항이 아닌 것은?

① 제조자의 이름 ② 제조번호
③ 내용물의 중량 및 용량 ④ 제품의 명칭

41. 자외선 차단 성분의 기능이 아닌 것은?

① 과색소 침착방지 ② 노화 방지
③ 미백작용의 활성화 ④ 일광 화상 방지

42. 공중 보건의 3대 요소로 적절하지 않은 것은?

① 수명연장 ② 감염병 예방
③ 감염병 치료 ④ 건강과 능률의 향상

43. 한나라의 건강수준을 다른 나라와 비교할 수 있는 지표로 세계보건기구가 제시한 내용은?

① 인구증가율, 평균수명, 비례사망자수

② 비례사망자수, 평균수명, 조사망율

③ 평균수명, 국민소득, 의료시설

④ 주거상태, 출생비율, 영아사망율

44. 예방접종에 있어 생균백신을 사용하는 것은?

① 결핵 ② 콜레라
③ 파상풍 ④ 백일해

45. 발생 또는 유행 시 24시간 이내에 신고하고 계속 감시가 필요한 감염병은?

① 제 1급 감염병 ② 제 2급 감염병
③ 제 4급 감염병 ④ 제 3급 감염병

46. 돼지 고기 생식에 감염될 수 없는 것은?

① 살모넬라 ② 유구조충
③ 무구조충 ④ 선모충

47. 불량 조명에 의해 발생되는 직업병이 아닌 것은?

① 안정피로 ② 안구진탕증
③ 근시 ④ 원시

48. 보건 행정의 범위와 거리가 먼 것은?

① 환경 위생 ② 감염병 관리
③ 모자 보건 ④ 산업 발전

49. 물리적 소독법에 해당되지 않는 것은?

① 알코올
② 초음파
③ 일광
④ 자외선

50. 소독액을 표시할 때 사용하는 단위로 용액 100㎖ 속에 용질의 함량을 표시하는 수치는?

① 퍼센트
② 퍼밀리
③ 피피엠
④ 피피티

51. 이용업이 손질할 수 있는 손님의 신체범위를 가장 적절히 설명한 것은?

① 얼굴, 손, 머리
② 손, 발, 얼굴
③ 얼굴, 머리, 손톱
④ 머리, 얼굴

52. 영업자가 지위를 승계한 후 누구에게 신고해야 하는가?

① 보건복지부 장관
② 행안부 장관
③ 시장, 군수, 구청장
④ 시, 도지사

53. 공중위생영업자가 중요 사항을 변경하고자 할 때 시장, 군수, 구청장에게 어떤 절차를 취해야 하는가?

① 허가
② 신고
③ 통보
④ 통고

54. 위법 사항에 대하여 청문을 시행할 수 없는 기관장은?

① 경찰서장
② 시장
③ 군수
④ 구청장

55. 이용업을 하는 자에게 해당되는 보건복지부령이 정하는 시설 및 설비기준에 속하는 것은?

① 화장실　　　　　　　② 세면시설
③ 조명시설　　　　　　④ 소독장비

56. 공중위생영업 종사자가 위생교육을 받지 아니한 경우의 벌칙은?

① 200만원 이하의 과태료　　② 300만원 이하의 벌금
③ 500만원 이하의 과태료　　④ 1천만원 이하의 벌금

57. 1회용 면도날을 2인 이상의 손님에게 사용했을 때 2차 위반 행정처분 기준은?

① 영업정지 5일　　　　② 영업정지 10일
③ 영업장 폐쇄명령　　　④ 경고

58. 이용사 면허증을 대여했을 경우 1차 위반 행정처분 기준은?

① 면허정지 3개월　　　② 면허정지 6개월
③ 영업정지 3개월　　　④ 영업정지 6개월

59. 공중위생 영업소의 위생관리수준을 향상시키기 위하여 위생서비스평가 계획을 수립하는 자는?

① 보건복지부 장관　　　② 시, 도지사
③ 대통령　　　　　　　④ 공중위생관련 협회

60. 다음 중 공중 이용시설의 위생관리 항목에 해당되는 것은?

① 영업소 실내공기 기준과 오염물질 허용기준
② 영업소 실내 청소상태
③ 영업소의 외부 환경 상태
④ 영업소 종사자의 출결 현황

• Memo •

제5회 모의고사 정답 및 해설

1	2	3	4	5	6	7	8	9	10
②	①	①	④	②	④	①	④	①	①
11	12	13	14	15	16	17	18	19	20
③	④	④	②	③	④	④	①	④	③
21	22	23	24	25	26	27	28	29	30
①	②	③	①	④	①	④	③	③	①
31	32	33	34	35	36	37	38	39	40
①	④	③	④	②	①	①	④	②	①
41	42	43	44	45	46	47	48	49	50
③	③	②	④	④	③	④	④	①	①
51	52	53	54	55	56	57	58	59	60
④	③	②	①	④	①	①	①	②	①

1. 이용사 면허증은 원본을 게시하여야 한다.

2. 최초로 이용시술을 한 사람은 안종호이다.

3. 면도 후 스킨사용은 소독과 피부수렴을 위해서이다.

4. 막대기 모양으로 면도기를 잡는 방법은 스틱핸드이다.

5. 남자 머리스타일의 종류는 장발형, 단발병, 중발형이 있다.

6. 두피관리는 두피의 생리기능 향상을 위해서 시행한다.

7. 면체는 구렛나루, 콧수염, 턱수염을 정리하는 작업이다.

8. 환경위생은 인간의 신체 발육, 건강과 생존에 유해한 영향을 미치거나 미칠 가능성이 있는 인간 환경에서는 모든 요인을 통제하는 것이다.

9. 남성형 탈모의 대표적인 원인은 유전적 요인과 남성호르몬이다. 원형탈모는 스트레스로 인한 자가면역질환이며, 반흔성 탈모는 두피의 외상 등으로 인한 것이며, 압박성 탈모는 머리가 고정된 위치로 압박을 받거나 만성환자가 장기간 한쪽으로 누워있을 때 발생한다.

10. 공해는 외적 피부노화의 원인이다.

11. 피부색은 맬리닌 색소의 분포에 따라 좌우된다.

12. 아이론 시술도 산화제와 환원제 약품을 사용한다.

13. 레이져 시술 시 분무기로 물을 분사 후 작업하여야 한다.

14. 연속깎기에 대한 설명이다.

15. 테이퍼링에 대한 설명이다.

16. 손님의 의견을 반영하여 시술하여야 한다.

17. 25㎝ 정도의 명시거라가 적당하다.

18. 둥근스포츠는 탑포인트부터 작업하는 것이 좋다.

19. 빗, 브러시로 두피를 자극하여 두발의 생리기능을 촉지하는 것은 물리적인 방법이다.

20. 짧은 단발형에 대한 설명이다.

21. 전두부에서 지간 깎기로 시작하는 것이 일반적인 작업방법이다.

22. 모발의 화학결합에는 수소결합, 시스틴 결합, 펩타이드 결합 등이 있다.

23. 자비소독은 물이 끓기 시작할 때 금속제품을 넣는 것이 좋다.

24. 양모제에 대한 설명이다.

25. 피부(두피)는 pH 4.5~5.5의 약산성이다.

26. 토닉샴푸는 두피 및 두발의 생리기능 향상에 도움을 준다.

27. 두피나 모발의 먼지나 노폐물을 씻어내는 작용은 샴푸의 기능이다.

28. 섬유아 세포는 진피의 구성세포이다.

29. 유극층과 기저층은 유핵층이다.

30. 모발은 밤에 더 잘 자라며, 봄과 여름에 더 성장한다. 평균 1㎝ 정도 자란다.

31. 엘라스틴은 피부 탄력성 유지하는 물질이며 노화되면 양이 줄어든다.

32. 모피질은 모발에서 85~90%를 차지하고 있으며 멜라닌을 함유하고 있다.

33. 벌꿀팩은 수렴과 표백작용에 효과가 있다.

34. 아미노산은 단백질을 구성하는 기본 단위이며 최종 가수분해 물질이다.

35. 비타민에 대한 설명이다.

36. 비타민 C는 멜라닌 생성을 억제하는 작용을 하여 기미치료에 사용된다.

37. 원발진에 대한 설명이다.

38. 안전성에 대한 설명이다.

39. 물에 오일성분이 혼합된 상태는 O/W 형이다.

40. 제조자의 이름은 기재 의무사항이 아니다.

41. 미백작용과 자외선 차단 성분과는 직접 관련이 없다.

42. 치료는 의학의 영역이다.

43. 비례사망자수, 평균수명, 조사망율이 한나라의 건강수준을 나타내는 지표로 사용된다.

44. 생균백신을 사용하는 예방접종에는 결핵, 홍역, 폴리오가 있다.

45. 3급 감염병에 대한 설명이다.

46. 무구조충은 쇠고기를 생식할 때 감염될 수 있다.

47. 원시는 유전적 요인이 크다.

48. 보건 행정은 공중보건의 목적을 달성하기 위해서 공공기관의 책임하여 수행하는 행정활동으로 생명, 질병예방, 육체적 정신적 효율의 증진 등의 범위이며 산업발전은 거리가 멀다.

49. 알코올은 화학적 소독법의 종류이다.

50. 퍼센트에 대한 설명이다.

51. 이용업은 머리와 얼굴에 작업을 한다.

52. 시장, 군수, 구청장에게 영업승계를 신고한다.

53. 중요 사항을 변경할 때는 신고하여야 한다.

54. 청문의 주체는 시장, 군수, 구청장이다.

55. 이용업 시설 설비기준에 소독 장비에 대하여 명시하고 있다.

56. 위생교육 미 이수시 200만원이하의 과태료 부과된다.

57. 면도날 사용 위반의 2차 행정처분은 영업정지 5일이다.

58. 면허증 대여 시 1차 처분은 면허정지 3개월이다.

59. 시, 도지사는 위생서비스 평가 계획을 수립한다.

60. 영업소 실내공기 기준과 오염물질 허용기준은 위생관리 항목에 해당한다.

• Memo •

BARBER
이용사 실기

202X

구민사

Introduction

이 책의 특성 및 구성

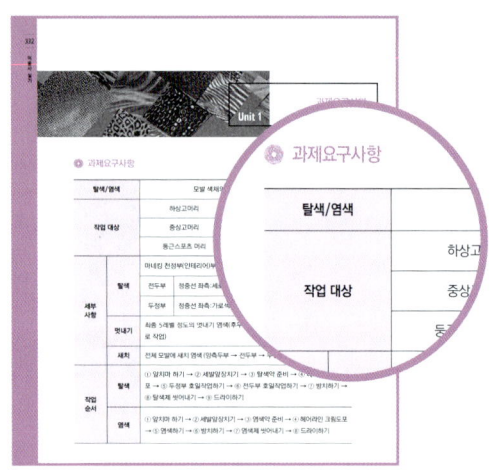

이용사 실기시험 변경 사항 완벽 반영

신규로 추가된 염·탈색 과제와 과제 작업 변경 내역을 반영하여 새롭게 편집하였습니다.

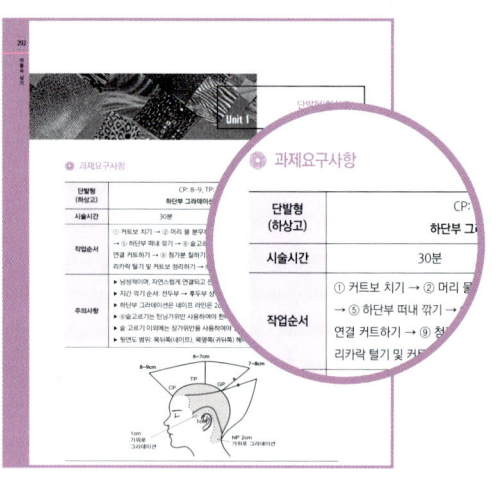

과제별 핵심 요구사항 정리

과제별로 작업 순서와 작업 주의사항을 요약 정리하였습니다.

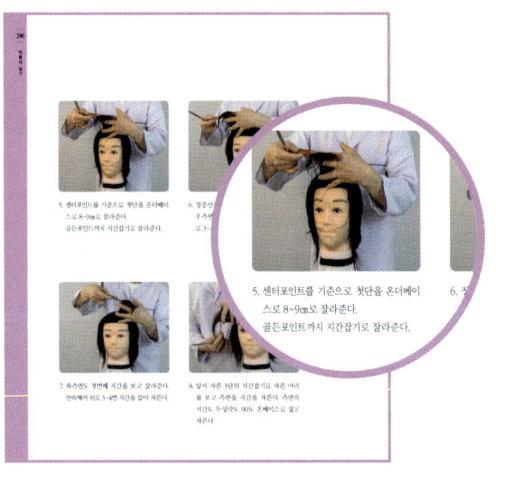

다양한 작업 사진과 풍부한 설명

작업 순서에 따른 세부 작업 사진과 풍부한 설명으로 수험자가 쉽게 이해할 수 있도록 구성하였습니다.

NCS를 기반으로 산업인력공단의 공개문제를 반영하여 편집하였습니다.

이용사 실기 시험 안내

과제	단발형(하상고)		단발형(중상고)		짧은 단발형(둥근형)	
1과제	이용 기구 소독 및 정비	5분	이용기구소독 및 정비	5분	이용기구소독 및 정비	5분
2과제	하상고 커트	30분	중상고 커트	30분	둥근형 스포츠 커트	30분
3과제	면도	15분	면도	15분	면도	15분
4과제	탈색	35분	멋내기 염색	35분	새치 염색	30분
5과제	샴푸 트리트먼트	10분	샴푸 트리트먼트	10분	두피 스케일링 및 샴푸 트리트먼트	20분
6과제	정발	15분	정발	15분	아이론 펌	20분
7과제	아이론 펌	20분	아이론 펌	20분	-	
시험시간		130분		130분		120분

이용사 실기 지참 재료 목록

번호	지참 공구명	규격	단위	수량	비고
1	남성용 인모 새치머리형 마네킹(면체가 가능하고 재질이 부드럽고 말랑한 것)	1cm이상 면체 작업이 가능한 수염이 나있는 마네킹 (수염을 제외한 나머지는 원형 상태이어야 함)	개	1	사전에 약품처리를 하거나 아이론 작업을 하지 않은 것
2	가위	이용용	개	1	장가위
3	틴닝가위(숱가위)	이용용	개	1	
4	빗 및 브러시	조발 및 정발용(대, 중, 소), 정발용 브러시(덴맨 브러시)	세트	1	빗 3개, 브러시 1개 이상
5	이용용 면도기	면도용	개	1	
6	면도컵 및 브러시	면도용	개	각1	비누포함
7	커트보	커트용	장	1	
8	샴푸보	샴푸용	장	1	염색보와 구분할 것
9	타월	흰색	장	6	6장 이상
10	털이개	커트용	개	1	
11	위생복	이용사 용	벌	1	
12	위생 마스크	면도용	개	1	흰색
13	분무기	커트 용	개	1	
14	화장수(스킨)및 로션	남성용 50mL/병	병	각1	사용하던 것도 무방함
15	헤어 크림	남성용 50mL/병	병	1	사용하던 것도 무방함
16	포마드	남성용 50mL/병	병	1	사용하던 것도 무방함
17	샴푸 및 트리트먼트 제	각 50mL/병	병	각1	좌식 샴푸 용기 포함
18	첨가분	커트용	세트	1	사용하던 것도 무방함

번호	지참 공구명	규격	단위	수량	비고
19	목종이(넥페이퍼)	두루말이	cm	100	사용하던 것도 무방함
20	티슈(크리넥스)	화장용	개	15	사용하던 것도 무방함
21	에탄올	기구 소독용 500mL/병	병	1	사용하던 것도 무방함
22	위생 봉지(투명)	쓰레기처리용	장	1	투명 비닐
23	이용용 헤어드라이어	정발용	개	1	220V용
24	전기 클리퍼	건전지용 (또는 충전식)	개	1	
25	아이론	6mm, 12mm	개	각1	220V용
26	아이론 오일		통	1	
27	아이론 빗		개	1	
28	염모제	12레벨	개	1	멋내기용
29	염모제	흑갈색	개	1	새치머리용
30	탈색제	파우더 타입	개	1	
31	산화제	6%	개	1	
32	염색 보울		개	1	
33	염색 빗		개	1	
34	염색용 장갑		켤레	1	
35	비닐 캡		개	1	
36	소독용 솜		개	1	필요량
37	히팅 캡		개	1	
38	앞치마	염색용	개	1	
39	염색보	염색용	개	1	
40	호일	탈색용	롤	1	필요량
41	집게핀	탈색용	세트	1	필요량
42	오일	기구 정비용	개	1	
43	우드스틱	스케일링 용	개	5	
44	면 솜	스틱봉 용 적정 사이즈	개	5	
45	거즈	스틱봉용 잘라진 것	개	5	
46	스케일링제	용기 포함	개	1	
47	종이테이프	우드스틱 제조용	개	1	필요량

준비물 유의사항

① 각 기구는 완전히 잘 정비된 것이어야 하고, 검정 중 고장으로 인한 손해는 수험자 책임임
② 소독제는 소독용 에탄올(70~85%)이어야 함
③ 수험자 지참 공구목록 이외에 실기시험에서 요구한 지정 기구에 영향을 주지 않는 범위 내에서 수험자가 작업에 필요하다고 판단되는 도구 및 화장품은 지참할 수 있음
④ 마네킹 수염은 미간, 콧수염, 구레나룻, 턱수염만을 수염으로 간주하며, 목 뒤쪽, 목 옆쪽(귀 뒤쪽) 헤어라인의 털은 머리카락으로 간주함
⑤ 전기 클리퍼의 경우 덧날이나 자동조절 바리캉의 지참 및 사용을 금함
⑤ 염탈색의 경우 빠른 작업이 가능한 제품을 사용할 것

이용사 실기 출제기준

직무분야	이용·숙박·여행 오락·스포츠	중직무분야	이용.미용	자격종목	이용사	적용기간	2022.01.01 ~2026.12.31

- 직무내용 : 이용기술을 활용하여 머리카락·수염 깎기 및 다듬기, 염·탈색, 아이론, 가발, 정발 등을 통해 고객의 용모를 단정하게 연출하는 직무이다.
- 수행준거
  1. 고객에게 적합한 샴푸제를 선정하여 샴푸하고 트리트먼트하여 두피와 모발의 생리적 분비물과 이 물질을 제거하고 혈액순환을 촉진시킬 수 있다.
  2. 이용역사와 이발술의 기초를 통해 이발의 기본기를 완성할 수 있다.
  3. 귀를 덮지 않도록 길이를 설정하여 원하는 스타일에 따라 양감을 조절하여 하단부에서 상단부로 갈수록 모발길 이를 점차 길어지게 깎을 수 있다.
  4. 두상의 모발이 눕지 않고 세울 정도의 짧은 스타일로 천정부의 형태를 둥근형, 삼각형, 사각형으로 깎을 수 있다.
  5. 면도 기구를 이용하여 얼굴(면면), 목 부분 등에 있는 불필요한 털을 깎아 사람의 용모를 단정하게 정리할 수 있다.
  6. 고객의 버진 모발을 대상으로 작업 목적에 따라 적합한 제품을 선정하여 염색 및 탈색을 작업할 수 있다.
  7. 고객의 모발을 대상으로 블로 드라이기, 빗과 브러시 등을 이용하여 모발의 볼륨을 증가하거나 감소시켜 고객의 얼굴과 두상의 조화미를 연출할 수 있다.
  8. 펌제와 아이론 등으로 물리·화학적인 방법을 사용하여 모발의 구조와 형태를 변화시켜 퍼머넌트 헤어 웨이브를 완성할 수 있다.
  9. 건강한 두피 및 두발을 유지·관리하기 위하여 상담 및 진단기기·제품을 이용하여 두피 문제를 관리할 수 있다.
  10. 영업장 내외의 위생과 안전한 이용 서비스를 제공하며 고객 및 시설의 안전관리와 사고를 예방할 수 있다.

실기검정방법	작업형	시험시간	2시간 10분 정도

실기과목명	주요항목	세부항목
이용 실무	1. 샴푸·트리트먼트	1. 샴푸 트리트먼트 준비하기
		2. 샴푸·트리트먼트 작업하기
		3. 샴푸 트리트먼트 마무리하기
	2. 기초 이발	1. 이용역사 설명하기
		2. 기초 이발하기
	3. 단발형 이발	1. 상상고형 이발하기
		2. 중상고형 이발하기
		3. 하상고형 이발하기

실기과목명	주요항목	세부항목
이용 실무	4. 짧은 단발형 이발	1. 둥근형 이발하기
		2. 삼각형 이발하기
		3. 사각형 이발하기
	5. 기본 면도	1. 기본 면도 기초지식 파악하기
		2. 기본 면도 작업하기
		3. 기본 면도 마무리하기
	6. 기본 염·탈색	1. 염·탈색 준비하기
		2. 염·탈색 작업하기
		3. 염·탈색 마무리하기
	7. 기본 정발	1. 기초 지식 파악하기
		2. 기본 정발 작업하기
		3. 마무리 및 정리 정돈하기
	8. 기본 아이론 펌	1. 기본 아이론 펌 준비하기
		2. 기본 아이론 펌 작업하기
		3. 기본 아이론 펌 마무리하기
	9. 스캘프 케어	1. 스캘프 케어 준비하기
		2. 진단·분류하기
		3. 스캘프 케어하기
		4. 사후 관리하기
	10. 이용 위생?안전관리	1. 이용사 위생관리하기
		2. 영업장 위생관리하기
		3. 이용기구 소독하기
		4. 영업장 안전사고 예방하기

Contents

SECTION 2. 이용사 실기

Chapter 1 이용기구 소독 및 정비
- Unit 1 과제요구사항 280
- Unit 2 이용기구소독 및 정비 작업 282

Chapter 2 헤어 커트
- Unit 1 단발형(하상고) 292
- Unit 2 단발형(중상고) 303
- Unit 3 짧은단발형(둥근형) 311

Chapter 3 면도
- Unit 1 과제요구사항 322
- Unit 2 면도 작업 325

Chapter 4 탈·염색
- Unit 1 과제요구사항 332
- Unit 2 탈색작업(하상고머리) 335
- Unit 3 멋내기 염색 341
- Unit 4 새치머리 염색 346

Contents
SECTION 2. 이용사 실기

Chapter 5 두피 스케일링 및 샴푸 트리트먼트
- Unit 1 과제요구사항 ... 352
- Unit 2 두피스케일링 작업(짧은 단발형) ... 354
- Unit 3 샴푸·트리트먼트 작업(공통) ... 357

Chapter 6 정발
- Unit 1 과제요구사항 ... 362
- Unit 2 정발 작업 시술 ... 364

Chapter 7 아이론 펌
- Unit 1 과제요구사항 ... 370
- Unit 2 아이론 와인딩 작업 ... 373

Chapter 8 Appendix
- Unit 1 과제별 핵심 챙기기 ... 380
- Unit 2 시험장 준비물 ... 389

• Memo •

01

이용기구 소독 및 정비

Unit 1 • 과제요구사항
Unit 2 • 이용기구소독 및 정비 작업

과제요구사항

Unit 1

과제요구사항

과제명	이용기구소독 및 정비	작업시간	5분
세부요구사항	▶ 소독약(에탄올)을 사용하여 가위, 빗, 면도기, 클리퍼를 소독한다. ▶ 가위와 클리퍼는 오일을 사용하여 정비한다. ▶ 클리퍼는 몸체와 날을 분리하여 소독 후 재결합한다. ▶ 가위, 빗, 면도기는 솜에 소독약을 묻혀서 닦아내듯 소독한다. ▶ 면도기는 소독 후 면도날을 끼워 조립한다.		
작업 순서	① 기구 분해하기 → ② 기구 소독하기 → ③ 기구 결합하기 → ④ 오일 정비하기 → ⑤ 주변 정리정돈하기		

이용기구 소독 준비물

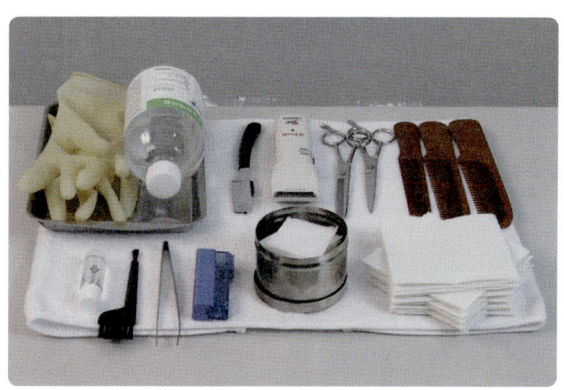

준비물 리스트

커트도구(대빗, 중빗, 소빗, 장가위, 숱가위, 클리퍼, 면도기)
소독용구(라텍스장갑, 소독용 에탄올, 소독용 솜, 핀셋, 클리퍼 청소 솔, 오일),
티슈, 타올1장, 소독 쟁반(시험장내 비치, 개인소지 가능)

Unit 2 이용기구소독 및 정비 작업

🌸 준비단계

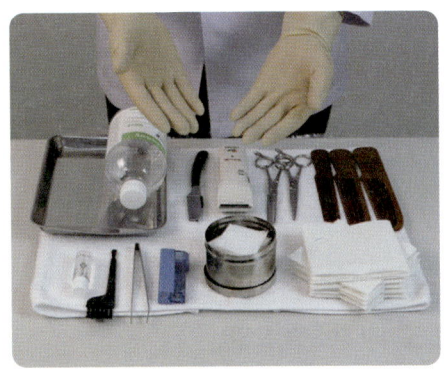

1. 소독 전 장갑 착용.

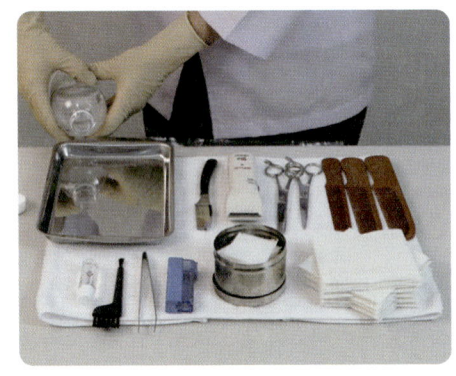

2. 소독용 쟁반에 에탄올을 붓는다.
 (클리퍼날의 커팅 날이 잠길 정도의 양)

🌸 기구 분해하기

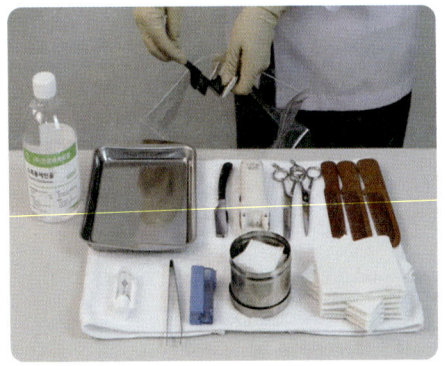

3. 클리퍼날을 몸체와 분리하여 쓰레기 봉투에서 청소솔로 털어준다.

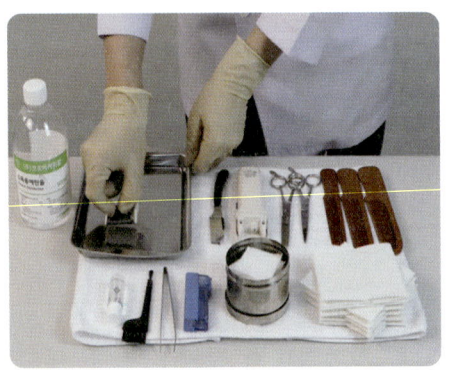

4. 분리한 클리퍼날을 소독액에 담근다.

기구 소독하기

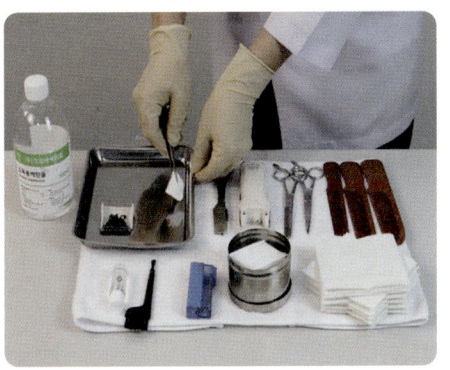

5. 소독용 솜을 작게 접어서 핀셋으로 집은 뒤 에탄올을 측면에 흐르지 않는 정도만 적셔 준다.

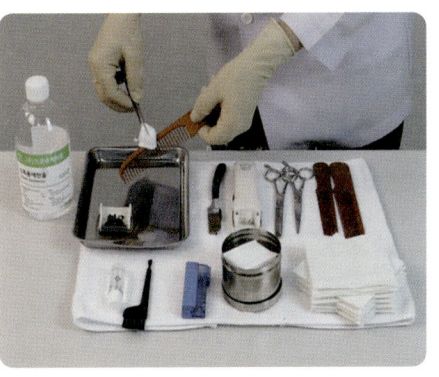

6. 대빗, 중빗, 소빗 순으로 소독솜으로 가볍게 닦아준다.

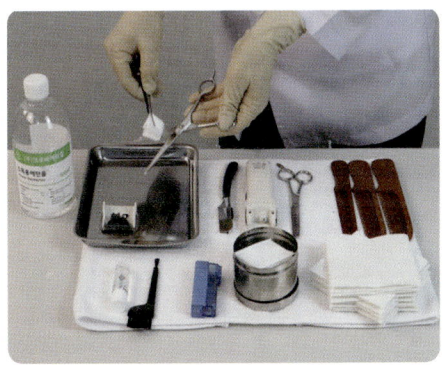

7. 장가위, 숱가위 순으로 소독솜으로 가볍게 닦아준다.

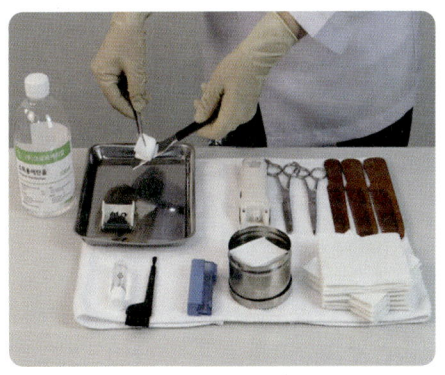

8. 면도기를 소독솜으로 날주변을 가볍게 닦아준다.

🌸 소독액 닦아내기

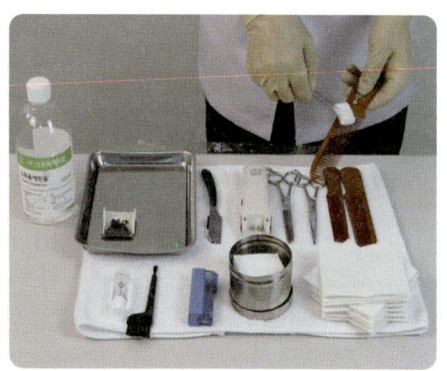

9. 새로운 솜을 집어 빗, 가위, 면도기 순으로 남아있는 소독액을 닦아낸다.

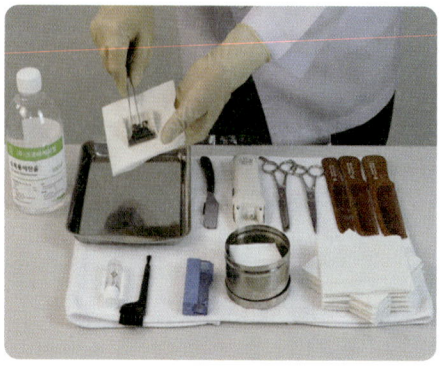

10. 티슈한장을 이용해 클리퍼 날을 핀셋으로 집어 올려준다.

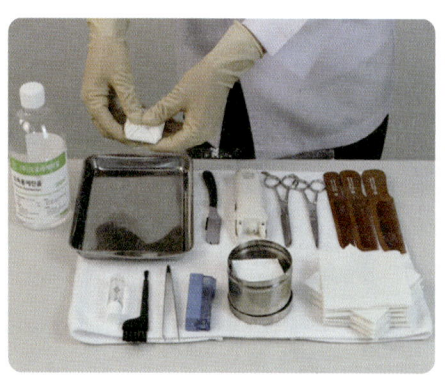

11. 티슈로 클리퍼날을 감싸서 큰 물기(에탄올)를 제거한다.

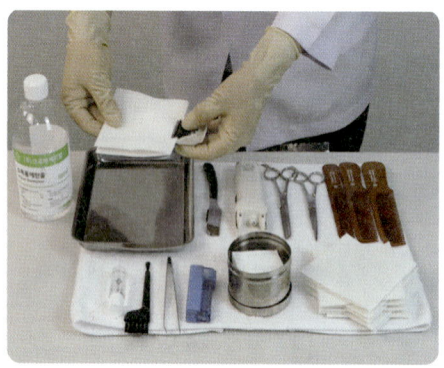

12. 다른 티슈한장으로 클리퍼의 날 사이에 끼워 준다.

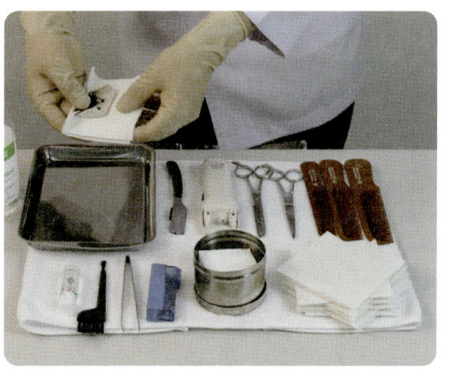

13. 끼워진 티슈를 뒤로 접어서 날 전체를 감싼다.

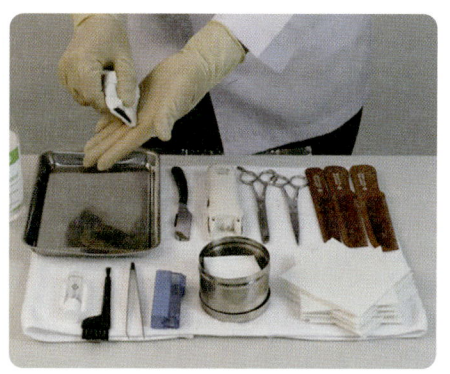

14. 감싼 채로 측면을 손바닥에 톡톡 쳐 준 뒤, 날사이의 에탄올을 제거한다.

기구 결합

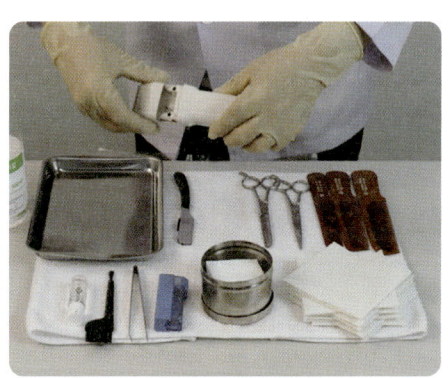

15. 클리퍼 날을 재 결합한다. 올바르게 결합되었는지 확인해 준다.

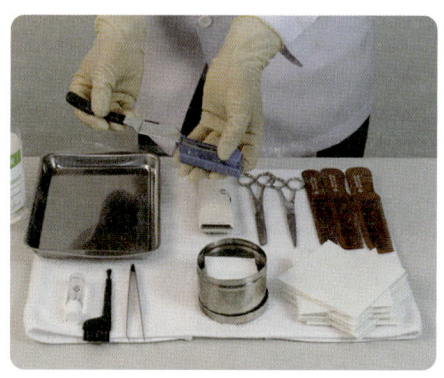

16. 면도기에 면도날을 끼워준다.

🌸 오일 정비하기

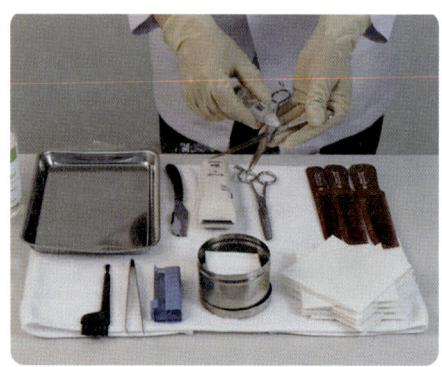

17. 장가위, 숱가위의 피봇(중심축) 윗부분에 오일을 한방울 떨구워 준다.

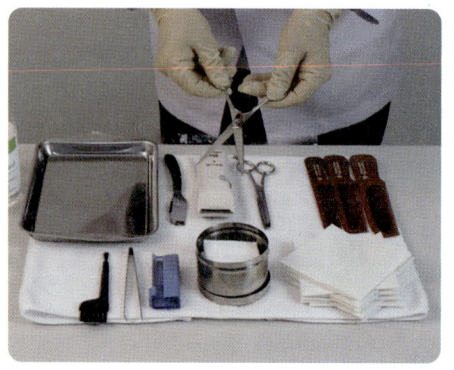

18. 한방울정도 오일을 묻힌 가위를 양손으로 잡고 오일이 흘러 들어갈 수 있도록 두 손을 이용해 두 세번 열고 닫고 해준다.

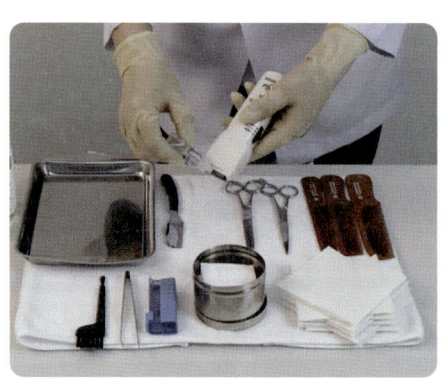

19. 클리퍼의 커팅 날 부분에 오일을 두방울정도 가볍게 묻혀준다.

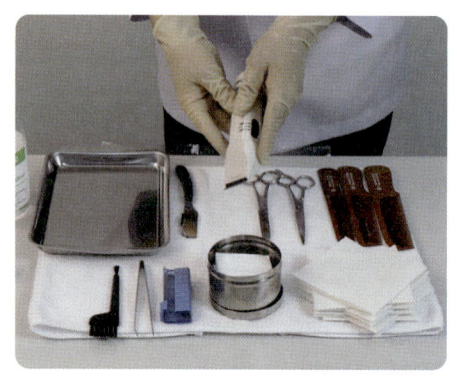

20. 오일을 친 클리퍼를 작동시킨 후 좌우로 기울려 오일이 잘 묻도록 한 뒤, 작동소리를 들어보고 내려놓는다.

오일 닦아내기

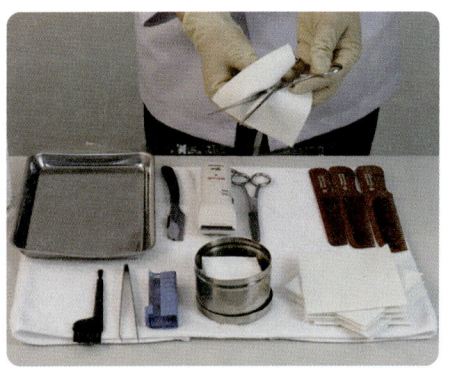

21. 가위의 오일을 티슈로 닦아준다.

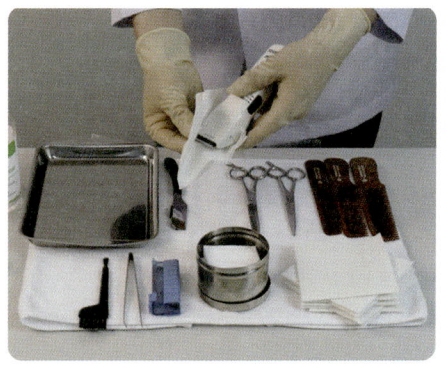

21. 클리퍼의 오일을 티슈로 닦아준다.

정리정돈

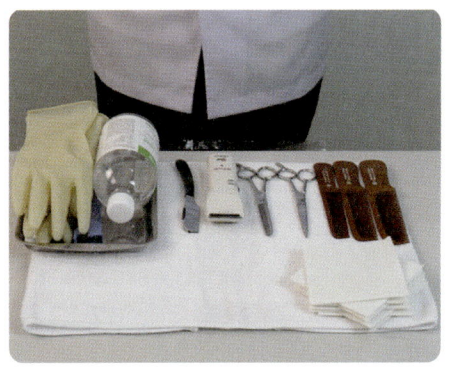

22. 소독액을 버리고 티슈로 닦은 후 쟁반에 소독용품을 담아 놓은 뒤 주변을 정리한다.

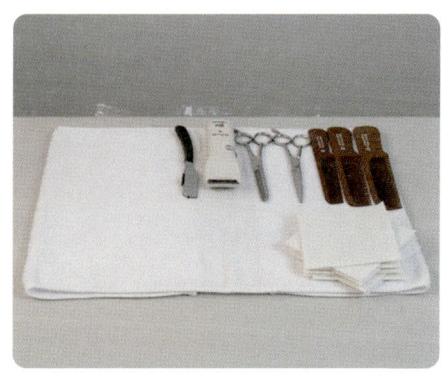

23. 종료 후 정리정돈 후 뒤에 서서 감독관의 지시를 기다린다.

🞣 The 알아보기

❖ **시험장 입장 후 사전 준비**

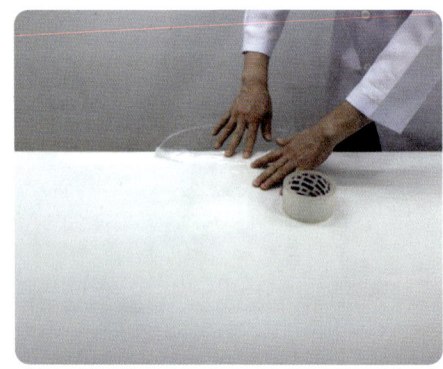

1. 시험장 입장 후 쓰레기 봉투를 부착한다.
(시험장마다 상이하다. 이용원구조에서는 수납장 문에 부착하고, 책상 작업방식은 책상에 부착한다)

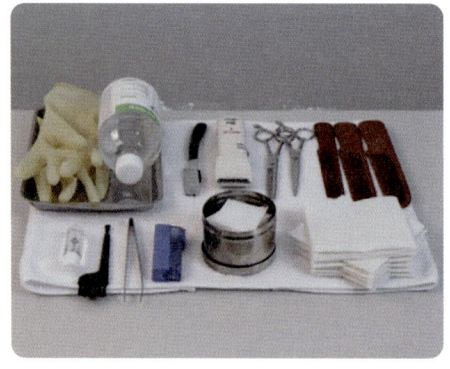

2. 타올을 깔고 사진처럼 순서대로 꺼내어 정리하고 대기한다.

• Memo •

02

헤어커트

- Unit 1 • 단발형(하상고)
- Unit 2 • 단발형(중상고)
- Unit 3 • 짧은 단발형(둥근형)

단발형(하상고)

Unit 1

과제요구사항

단발형 (하상고)	CP: 8~9, TP: 6~7cm, GP: 7~8 cm 하단부 그라데이션(네이프: 2cm, 사이드 1cm)	
시술시간	30분	해당 과제 전체 시술 시간
작업순서	① 커트보 치기 → ② 머리 물 분무하기 → ③ 가르마타기(빗질하기) → ④ 지간 깎기 → ⑤ 하단부 떠내 깎기 → ⑥ 숱고르기 → ⑦ 하단부 그라데이션 만들기 → ⑧ 싱글링 연결 커트하기 → ⑨ 첨가분 칠하기 → ⑩ 수정커트, 옆선 및 뒷선 정리하기 → ⑪ 머리카락 털기 및 커트보 정리하기 → ⑫ 뒷면도하기 → ⑬ 정리정돈하기	
주의사항	▶ 남성적이며, 자연스럽게 연결되고 전체적인 색조와 균형이 이루어지도록 작업한다. ▶ 지간 깎기 순서: 전두부 → 후두부 상단 → 양측 두부 → 후두부 순서로 진행한다. ▶ 하단부 그라데이션은 네이프 라인은 2cm, 사이드는 1cm 정도로 표현한다. ▶ ⑥숱고르기는 틴닝가위만 사용하여야 한다. ▶ 숱 고르기 이외에는 장가위만을 사용하여야 한다. ▶ 뒷면도 범위: 목뒤쪽(네이프), 목옆쪽(귀뒤쪽) 헤어라인의 털, 구레나룻 1cm 정도	

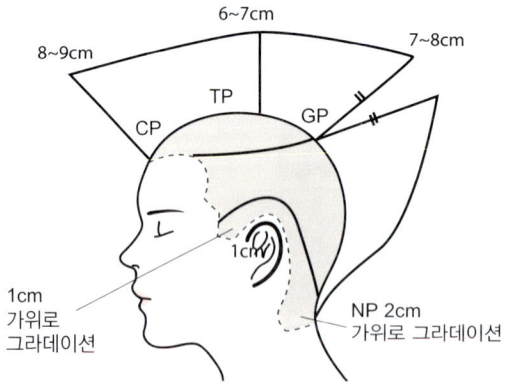

헤어커트 준비물 (하상고, 중상고, 짧은단발 둥근형 공통)

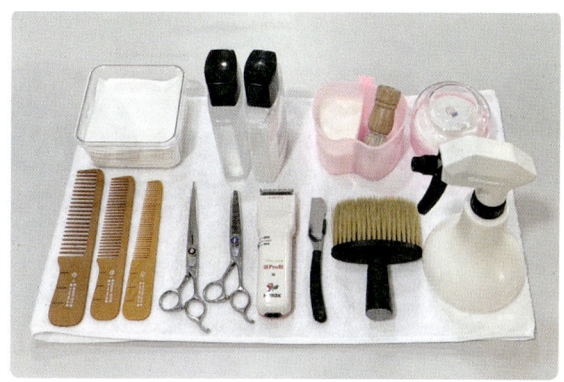

준비물 리스트

커트도구(대빗, 중빗, 소빗, 장가위, 숱가위, 클리퍼, 면도기), 휴지, 스킨, 로션, 거품통, 면도솔, 분통, 얼굴털이 솔, 분무기

하상고 완성작

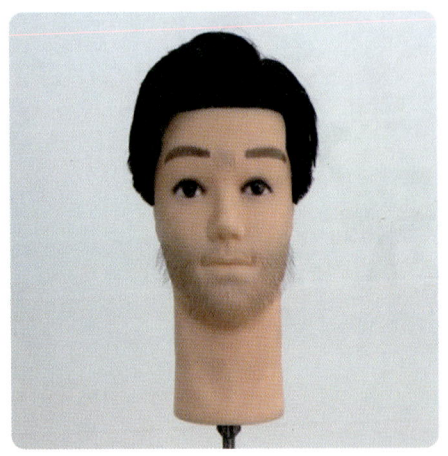
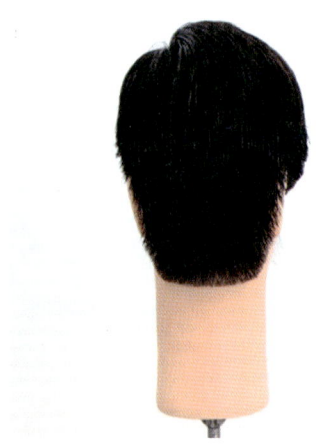
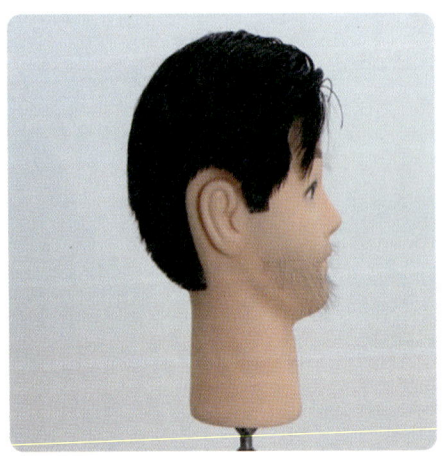
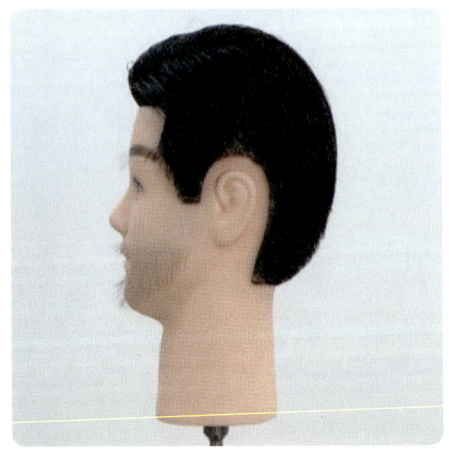

단발형(하상고) 시술 작업

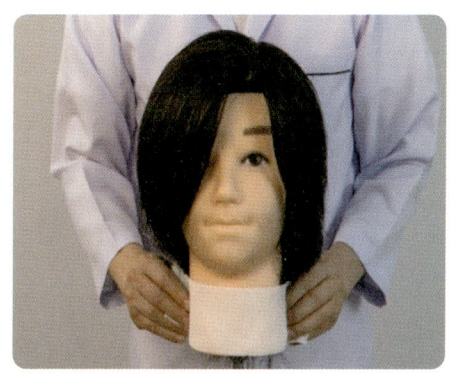

1. 넥페이퍼를 목에 감아준다.

2. 넥 페이퍼가 2㎝ 정도 보이게 커트보를 쳐준다.

3. 얼굴을 가려주면서 전체적으로 골고루 분무한다.

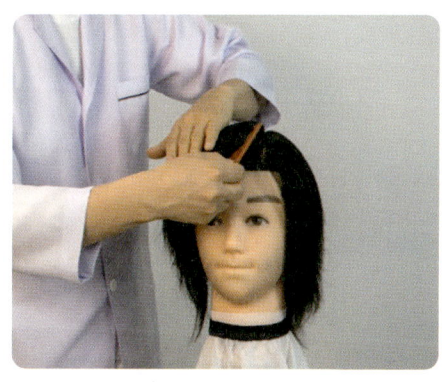

4. 왼쪽편에 7대3 가르마를 타준다.

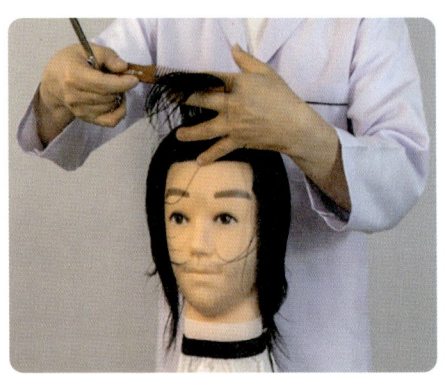

5. 센터포인트를 기준으로 첫단을 온더베이스로 8~9㎝로 잘라준다.
골든포인트까지 지간잡기로 잘라준다.

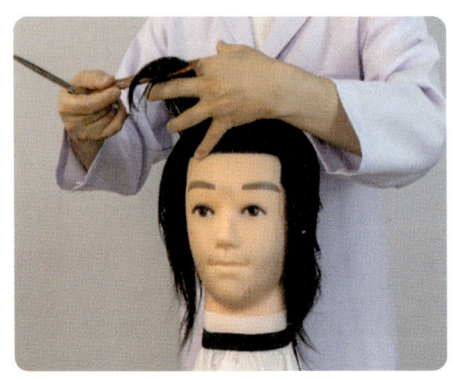

6. 정중선을 기준으로 첫번째 지간을 보고 우측면의 지간을 잘라준다. 연속해서 뒤로 3~4번 지간을 잡아 잘라준다.

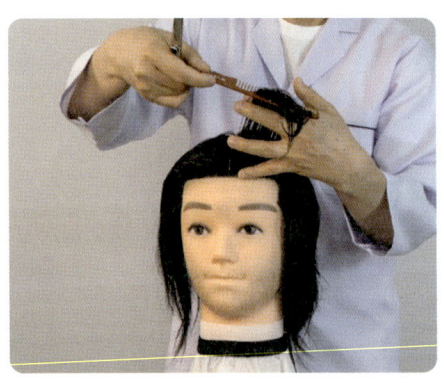

7. 좌측면도 첫번째 지간을 보고 잘라준다. 연속해서 뒤로 3~4번 지간을 잡아 자른다.

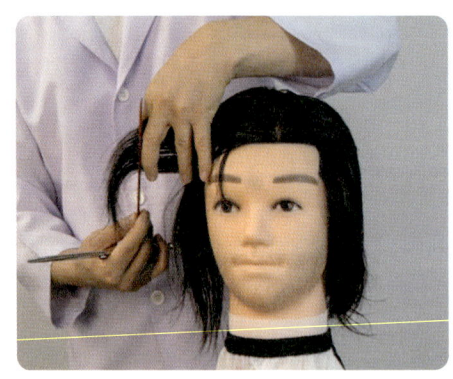

8. 앞서 자른 3단의 지간잡기로 자른 머리를 보고 측면을 지간을 자른다. 측면의 지간도 두상각도 90도 온베이스로 잡고 자른다.

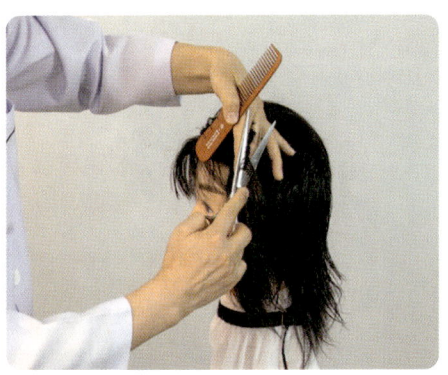

9. 우측면까지 지간을 연속해서 자른다.

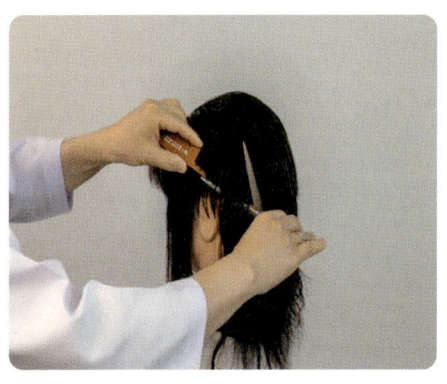

10. 우측면을 떠내깍기로 귀가 보이게 끔 정리한다.

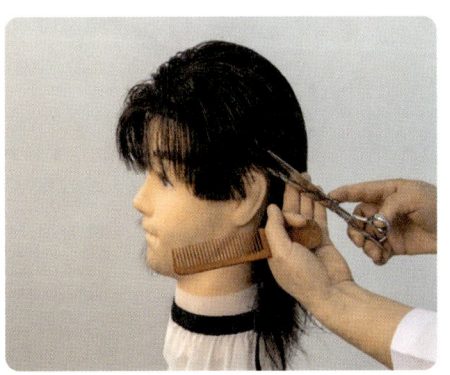

11. 우측면의 귀를 파주고 구렛나루도 직선으로 자른다.

12. 좌측면을 떠내깍기 해준다.

13. 좌측면의 구렛나루를 직선으로 자른 뒤 귀를 파 준다.

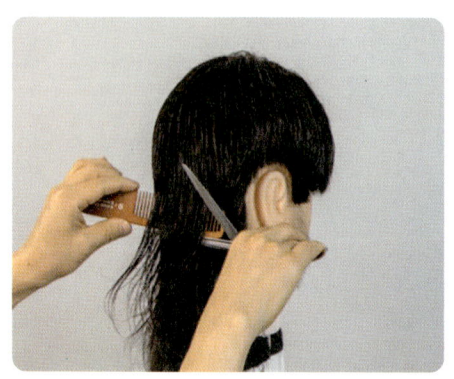

14. 후두부 하단을 떠내깎기로 길이를 줄여준다.

15. 후두부 하단의 좌우측면을 옆면에 맞춰 커트한다.

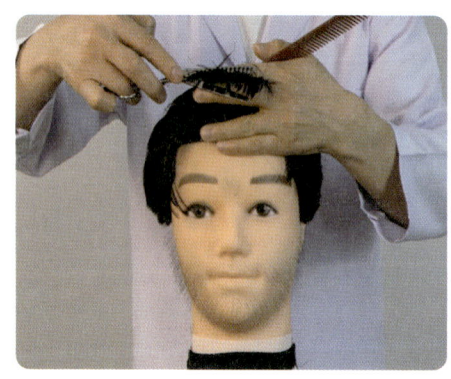

16. 숱가위를 이용해 전체적으로 고르게 숱을 쳐준다.

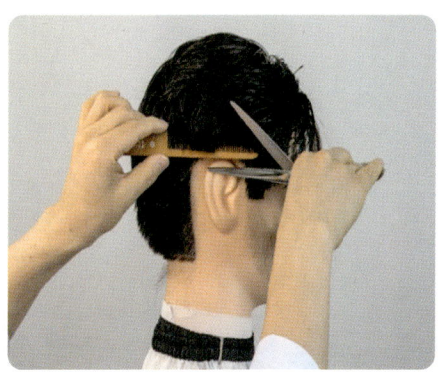

17. 우측면을 가위와 빗을 이용한 싱글링 기법으로 커트해준다.

18. 좌측면을 가위와 빗을 이용한 싱글링 기법으로 커트해준다.

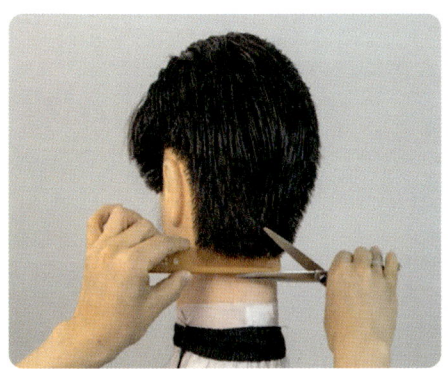

19. 뒷면을 가위와 빗을 이용한 싱글링으로 커트해준다.

20. 첨가분을 측두부 하단, 후두부하단 위 주로 가볍게 발라준다.

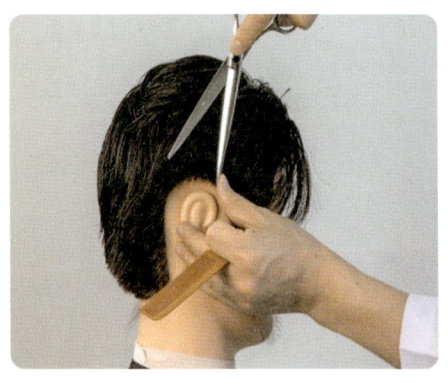

21. 우측면부터 반대편 좌측면까지 옆 싱글링 기법으로 측면의 거친 부분을 다듬어 준다.

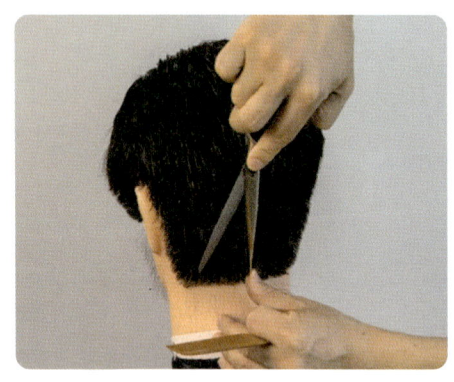

22. 후두부 하단의 면을 옆 싱글링 기법으로 다듬어준다.

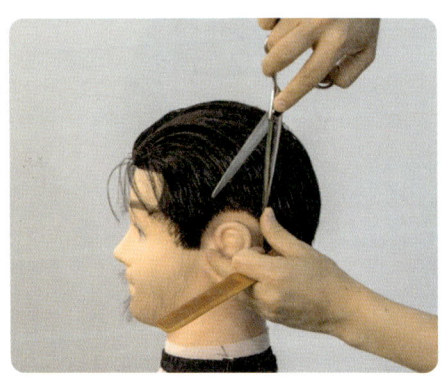

23. 좌측면의 측면을 옆싱글링 기법으로 다듬어 준다.

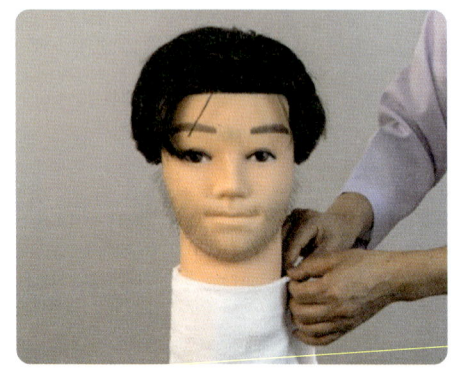

24. 커트보와 넥퍼이퍼를 제거하고 머리카락을 털어준 후 목타올을 해준다.

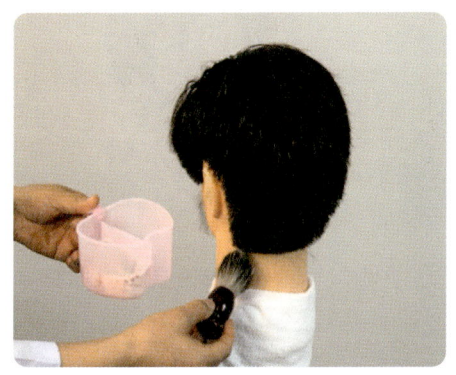

25. 구렛나루, 귀 뒤, 목 주위 털에 면도크림을 바른다.

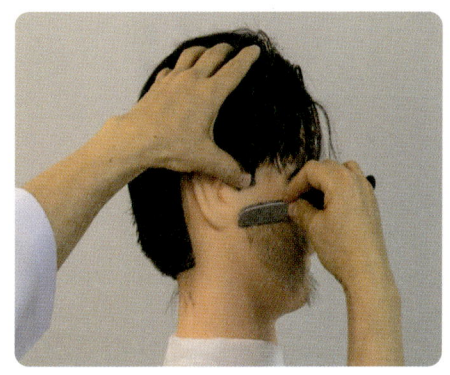

26. 구렛나루를 귓볼까지(1cm 정도) 면도해준다.

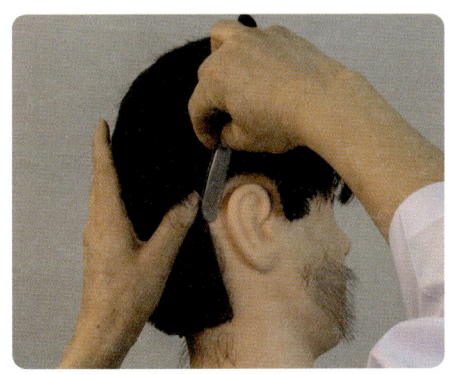

27. 귀뒷부분을 프리기법으로 면도해준다.

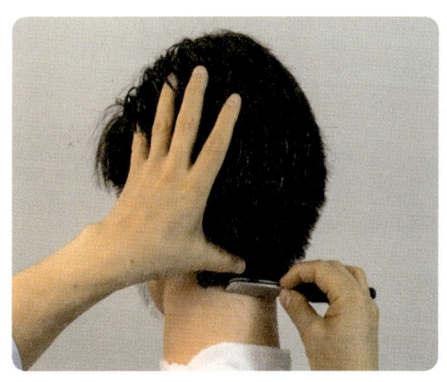

28. 목 주위 털을 프리기법으로 면도해준다.

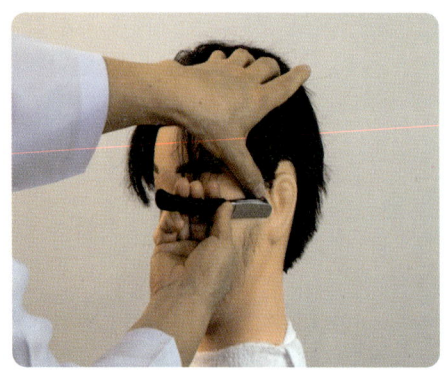

29. 좌측면의 구렛나루를 백핸드기법으로 면도한다.

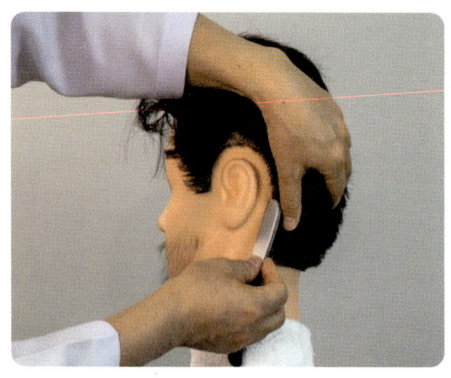

30. 귀뒷부분을 프리기법으로 면도한다.

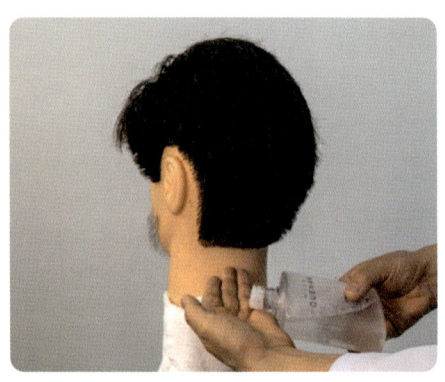

31. 스킨을 면도한 부위에 발라준다.

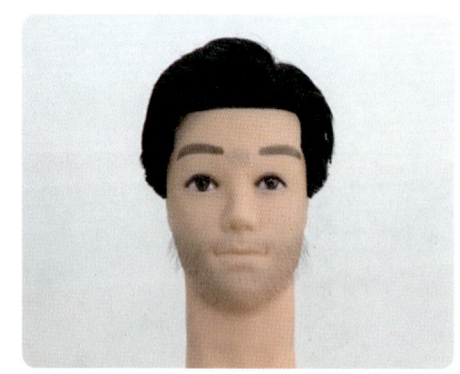

32. 목수건을 제거하고 주변을 정리정돈 하고 뒤로 물러나 대기한다.

단발형(중상고)

Unit 2

과제요구사항

단발형 (中상고)	CP: 7~8, TP: 5~6cm, GP: 6~7 cm, 클리퍼: 3cm (네이프) & 2cm(사이드)	
시술시간	30분	해당 과제 전체 시술 시간
작업순서	① 커트 앞장치기 → ② 머리 물 분무하기 → ③ 가르마타기(빗질하기) → ④ 지간깎기 → ⑤ 하단부 떠내깎기 → ⑥ 숱고르기 → ⑦ 클리퍼 조발하기 → ⑧ 가위와 빗으로 싱글링하기 → ⑨ 첨가분 칠하기 → ⑩ 수정커트, 옆선 및 뒷선 정리하기 → ⑪ 머리카락 털기 및 커트보 정리하기 → ⑫ 뒷면도하기 → ⑬ 정리정돈하기	
주의사항	▶ 남성적이며, 자연스럽게 연결되고, 전체적인 색조와 균형이 이루어지도록 작업한다. ▶ 지간깎기 순서: 전두부 → 후두부상단, 양측두부, 후두분 순으로 작업한다. ▶ ⑥ 숱고르기는 틴닝가위 만 사용하여야 한다. ▶ ⑧ 가위와 빗으로 싱글링하기와 ⑩수정커트, 옆선, 뒷선 정리는 장가위만을 사용하여야 한다. ▶ 뒷면도 범위: 목뒤쪽(네이프), 목옆쪽(귀뒤쪽) 헤어라인의 털, 구레나룻 1cm 정도 ▶ 클리퍼는 지정된 부위만 사용하여야 하며, 사용 시 덧날과 빗 사용은 금지된다.	

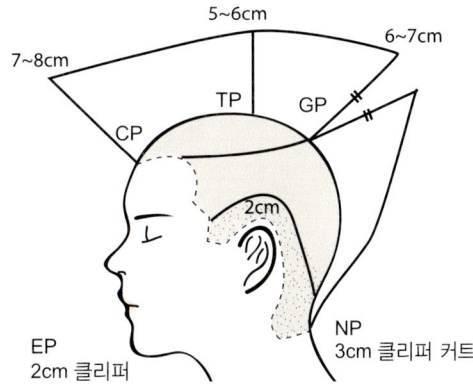

중상고 완성작품

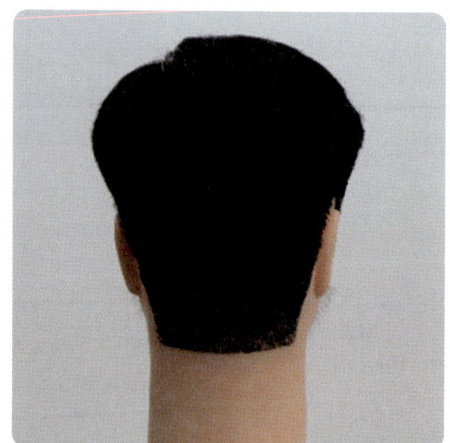
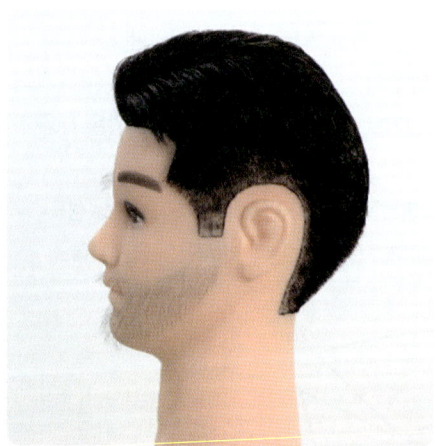
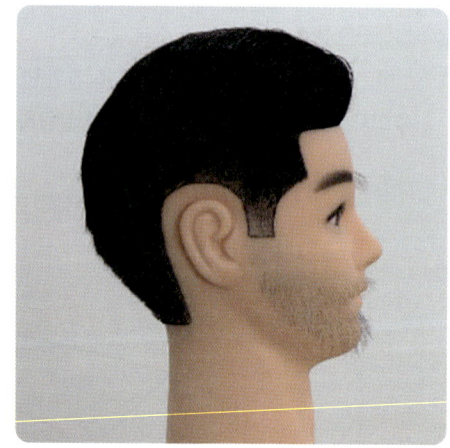

중상고 시술 작업

1. 넥페이퍼를 목에 감고 커트 앞장을 두른다.

2. 얼굴에 물이 튀지 않도록 손바닥을 받치고 분무한다.

3. 7:3 가르마를 좌측에 탄다.

4. 첫번째 섹션은 두상각 90도 온베이스로 들고 7~8㎝로 커트한다. 탑을 향해 세네번 작업한다.

5. 우측면을 가운데 지간을 보면서 길이를 맞춘다. 같은 방식으로 뒤쪽으로 세네번 작업한다.

6. 좌측면의 섹션도 가운데 지간을 보면서 길이를 맞춘다. 같은 방식으로 뒤쪽으로 세네번 작업한다.

7. 측면부는 두상에 맞춰 두상각도 90도 온베이스로 잡고 커트하면서 뒤로 이동한다. 백포인트를 돌아 반대편 측면부까지 온베이스 90도로 커트한다.

8. 백포인트를 돌아 반대편 측면부까지 온베이스 90도로 커트한다.

9. 우측면, 좌측면을 떠내깎기 한다. 귀를 덮지 않도록 떠내깎기 한다.

10. 후두부 하단를 떠내깎기한다.

11. 틴닝가위로 숱고르기를 전체적으로 빠짐없이 진행한다.

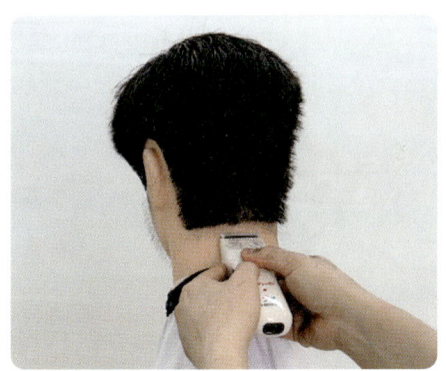

12. 네이프부를 클리퍼를 이용하여 3센치 범위내에서 끌어올리기 한다.

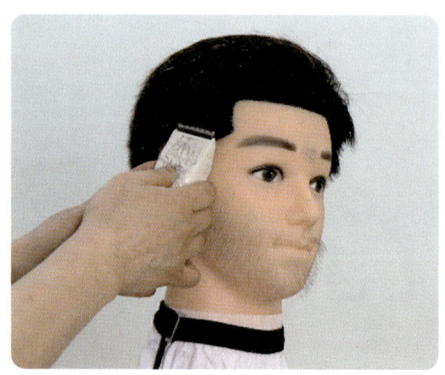

13. 후두부 하단에서 우측면을 따라 클리퍼로 2㎝ 범위내에서 끌어올리기한다.

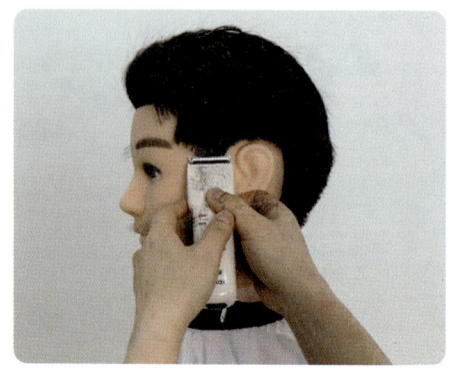

14. 후두부 하단에서 좌측면을 따라 클리퍼로 2㎝ 범위내에서 끌어올리기 한다.

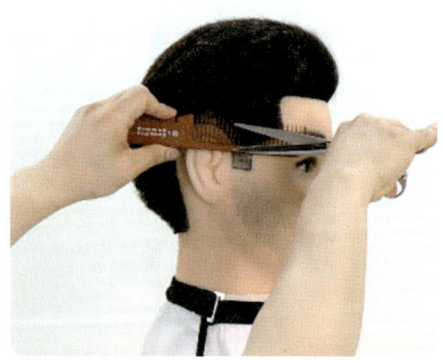

15. 우측면을 가위와 빗을 이용하여 연속깍기 방식으로 싱글링 커트한다.

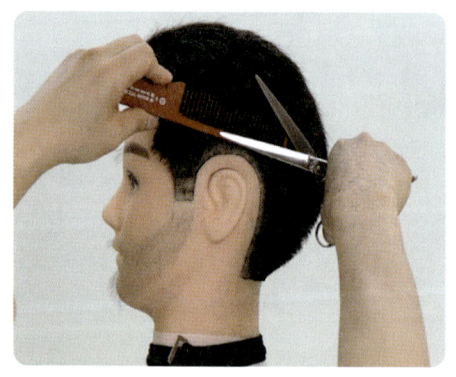

16. 좌측면을 가위와 빗을 이용하여 연속깍기 방식으로 싱글링 커트한다.

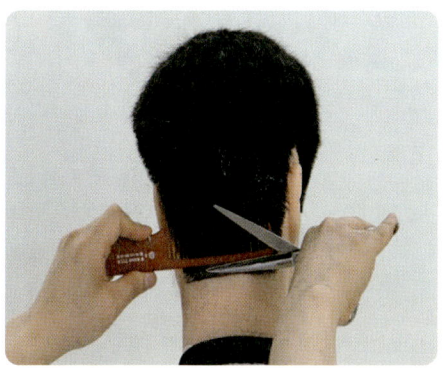

17. 후두부 하단를 가위와 빗을 이용하여 연속깍기 방식으로 싱글링 커트한다.

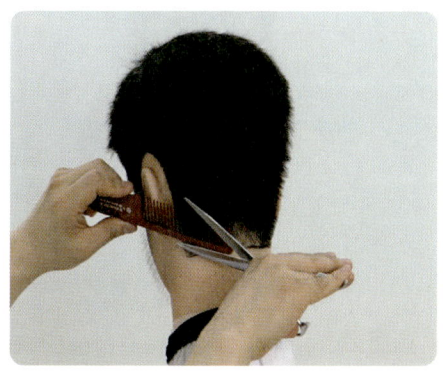

18. 후두부 하단의 양측면를 가위와 빗을 이용하여 연속깍기 방식으로 싱글링 커트한다.

19. 첨가분을 측두부 하단, 후두부하단 면의 다듬을 부분 위주로 발라준다. 너무 많은 양이 발리지 않도록 한다.

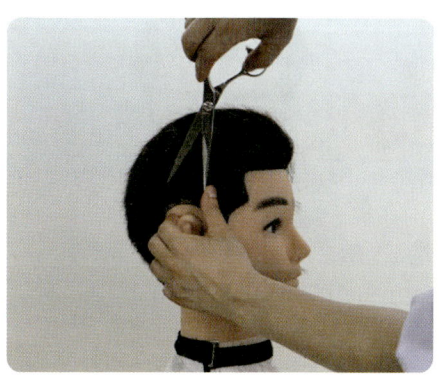

20. 우측면부터 좌측면까지 밀어깍기(옆싱글링)으로 면을 정리하면서 한바퀴 돈다.

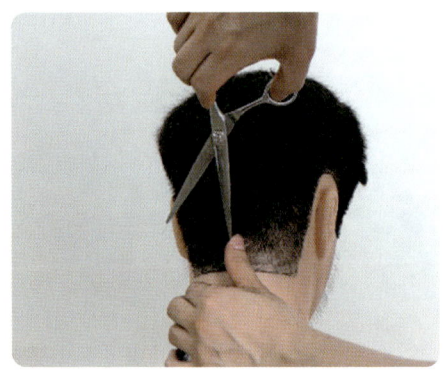

21. 후두부 하단를 지나면서 옆선을 정리한다.

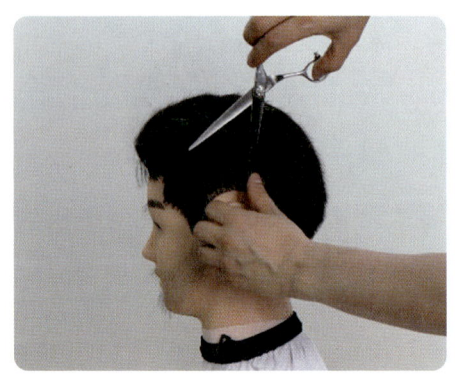

22. 엄지에 가위날을 대고 밀어깎기 방식으로 옆선을 정리한다.

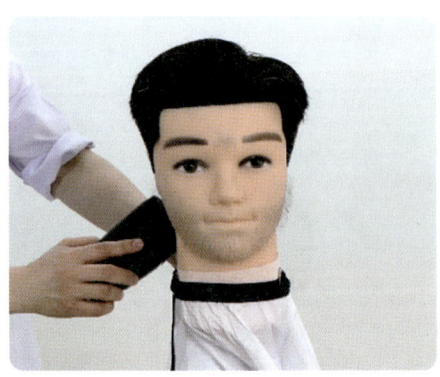

23. 커트보를 제거하면서 전체적으로 머리카락을 털어낸다.

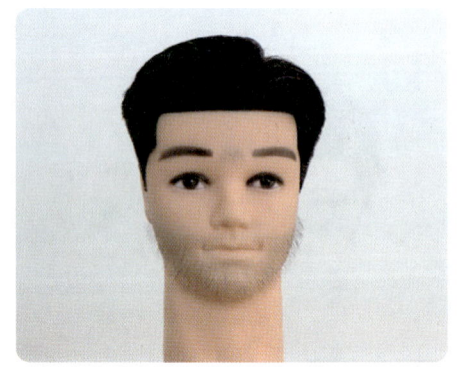

24. 뒷면도 후 자리를 정리정돈 한다.
(뒷면도는 하상고부분 참고)

짧은단발형 (둥근형)

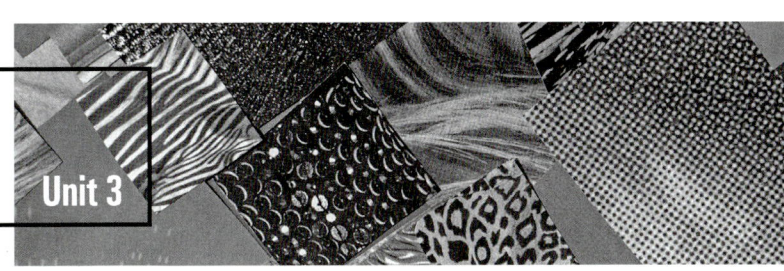

과제요구사항

짧은 단발형 (둥근형)	CP 3~4cm, TP 2~3cm, GP 3~4 cm, 클리퍼: 4cm (네이프) & 3cm(사이드)	
시술시간	30분	해당 과제 전체 시술 시간
작업순서	① 넥페이퍼 및 커트 앞장치기 → ② 머리 물 분무하기 → ③ 클리퍼 조발하기 → ④ 숱 고르기 (틴닝가위) → ⑤ 첨가분 칠하기 → ⑥ 수정커트하기 → ⑦ 머리카락 털기 및 커트보 정리하기 → ⑧ 뒷면도하기 → ⑨ 정리정돈하기	
주의사항	▶ 남성적이며, 자연스럽게 연결되고, 전체적인 색조와 균형이 이루어지도록 작업한다. ▶ ③ 클리퍼 조발 순서: 전두부 → 후두부 상단 → 양측두부 → 후두부 순서로 한다. ▶ 빗과 클리퍼로 커트하고, 지간잡기는 금지된다. ▶ ④ 숱고르기는 틴닝가위를 사용한다. ▶ ⑥ 수정커트시 장가위를 사용한다. ▶ 클리퍼 사용시 덧날 사용은 금지된다. ▶ 뒷면도 범위: 목뒤쪽(네이프), 목옆쪽(귀뒤쪽) 헤어라인의 털, 구레나룻 1cm 정도	

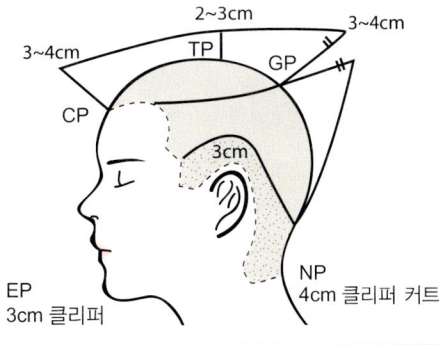

짧은 단발형(둥근형) 완성작품

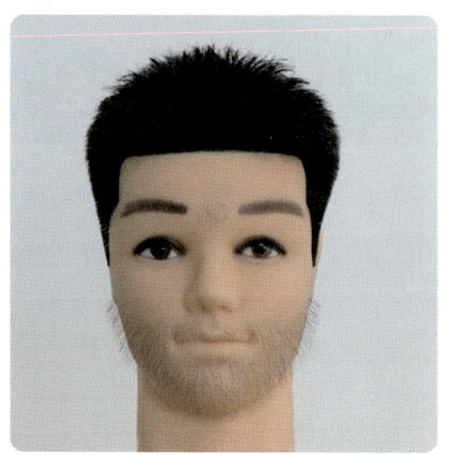
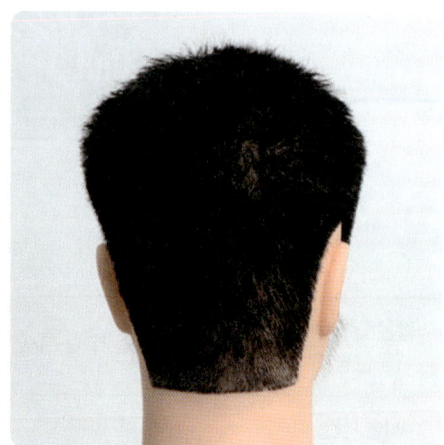
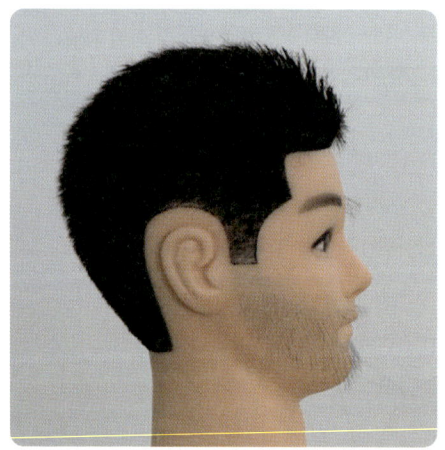
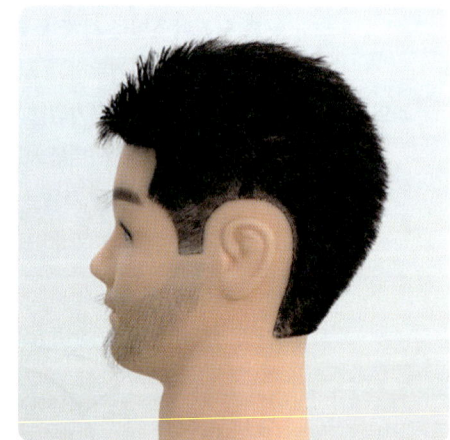

◉ 짧은 단발형(둥근형) 시술 작업

1. 넥페이퍼를 목에 감고 커트 앞장을 두른다.

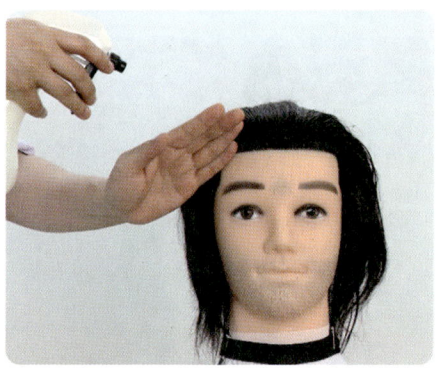

2. 얼굴에 물이 튀지 않도록 손바닥을 받치고 분무한다.

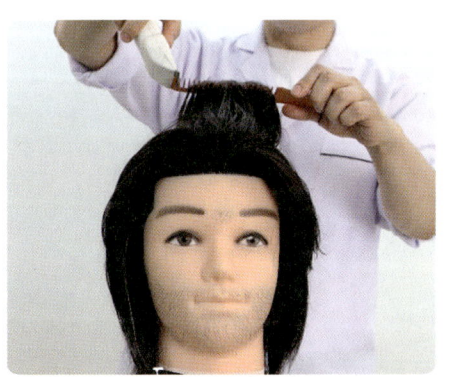

3. 클리퍼를 사용하여 전두부를 거칠게 깎기를 진행한다. (전두부 → 후두부 상단 → 양측두부 → 후두부 순으로 작업)

4. 양 측면도 클리퍼 거칠게 깎기를 진행한다.

5. 반대쪽도 동일하게 클리퍼 거칠게 깎기를 진행한다.
   트를 향하여 거칠게 깎기 작업한다.

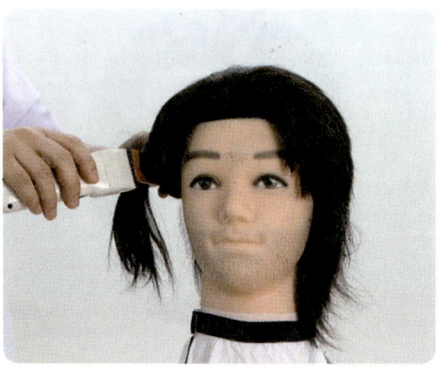

6. 양 측두부도 동일하게 진행한다.

7. 후두부도 동일하게 진행한다.

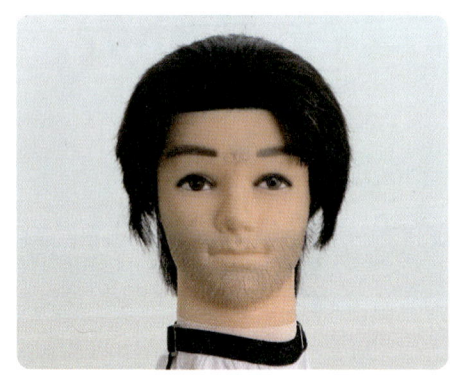

8. 1차로 거칠게 자른 후 2차로 세밀하게 진행한다.

9. C.P에서 3~4cm의 길이로 가이드를 잡는다.

10. T.P에서 2~3cm, G.P에서 3~4cm의 길이가 되도록 가이드에 맞춰서 두정부 방향으로 진행한다.

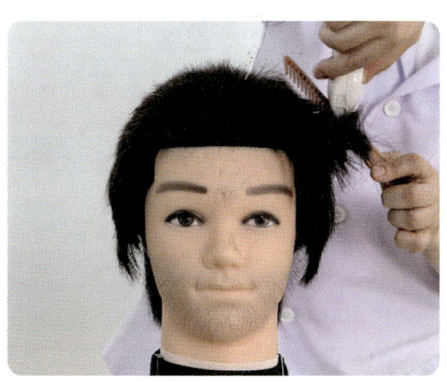

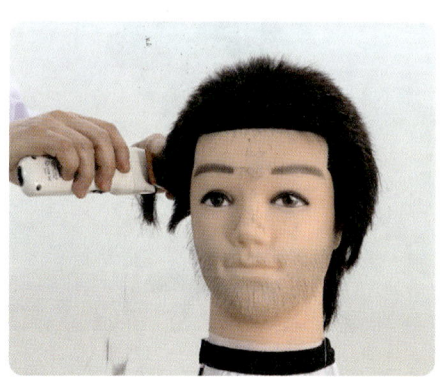

11. 전두부 → 후두부 중심에서 조발된 모발에서 양측면으로 이어서 조발한다.

12. 측두부는 아래서부터 위에 조발된 모발에 연결이 되도록 조발한다.

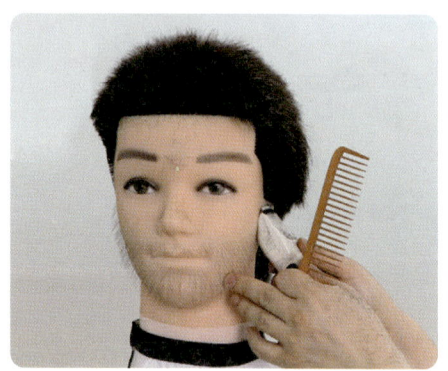

13. 사이드 라인에서 3cm 이하로 클리퍼로만 올려깍는다.

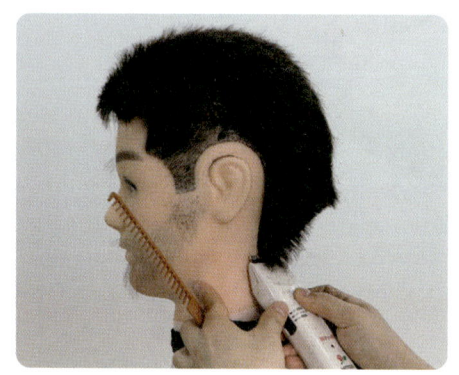

14. 넥라인은 클리퍼로만 4cm 이하로 올려깍는다.

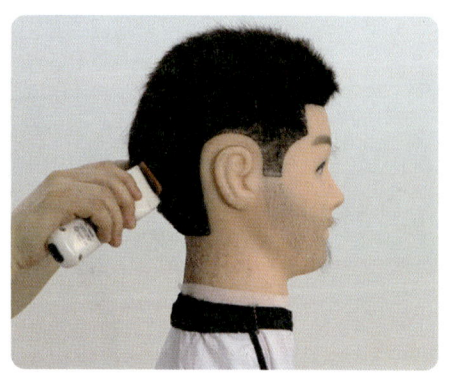

15. 후두부와 두정부의 연결을 매끄럽게 한다.

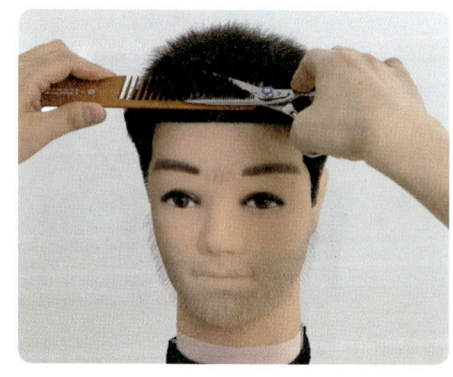

16. 조발했던 순서대로 틴닝가위로 숱고르기를 한다.

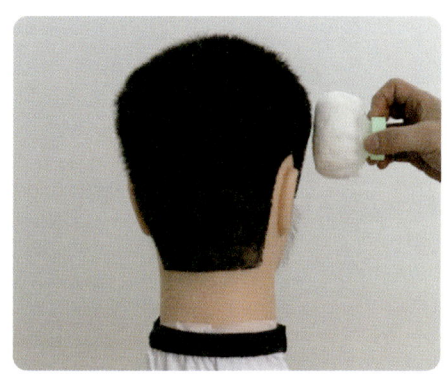

17. 틴닝으로 숱고르기를 한다.

18. 첨가분을 측두부 하단, 후두부하단 면의 다듬을 부분 위주로 가볍게 발라준다.

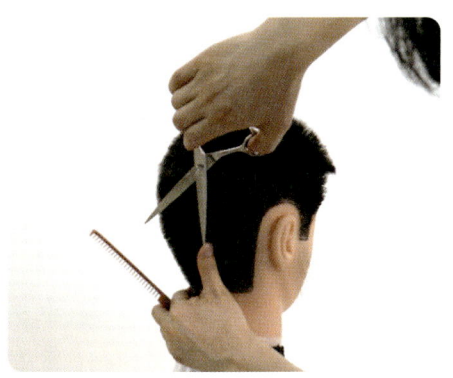

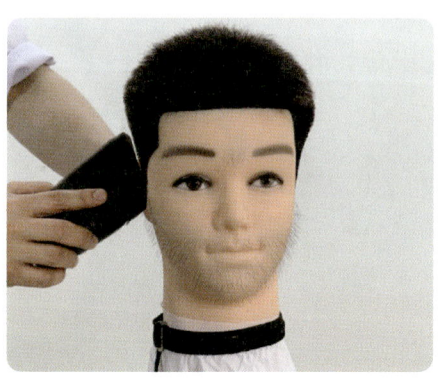

19. 가윗날을 엄지에 대고 수직깎기를 한다. 가위와 빗을 이용하여 세밀하게 수정깎기를 진행한다.

20. 머리카락을 털어주고 커트보를 제거한다.

21. 뒷면도를 위해 비누거품을 바른다.

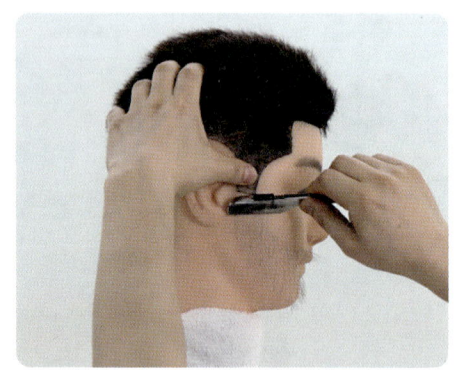

22. 구렛나루는 귓볼 위치까지(1㎝ 정도)만 면도한다.

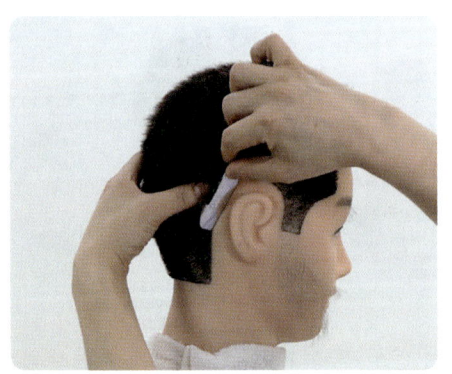

23. 귀 뒤를 면도한다.

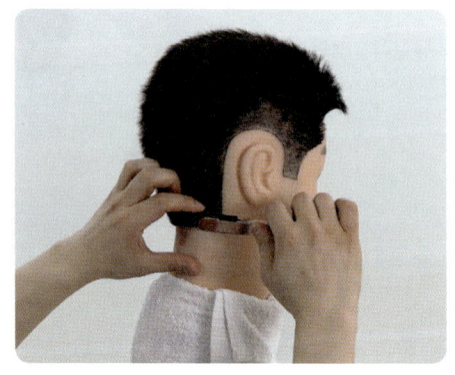

24. 네이프 라인을 면도한다.

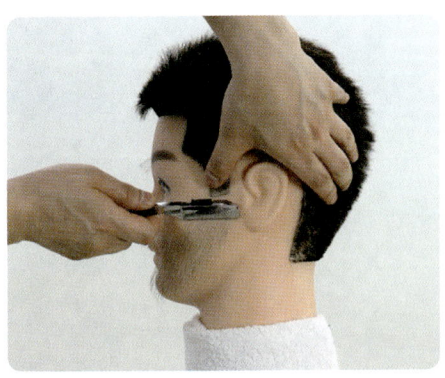

25. 좌측 구렛나루는 백핸드 기법으로 면도한다.

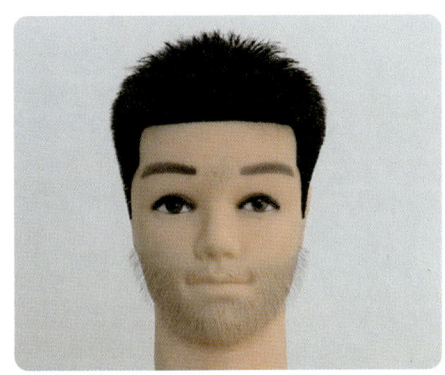

26. 뒷면도를 진행한 뒤 스킨을 도포하고 주변을 정리를 한다.

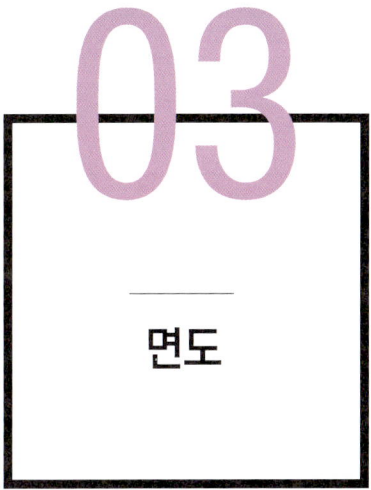

03

면도

Unit 1 • 과제요구사항
Unit 2 • 면도 작업

Unit 1 과제요구사항

과제요구사항

작업명	면도	작업시간	15분
세부요구사항	▶ 면도 전후 습포를 대고, 피부 표면이 상하지 않도록 유의하며 작업한다. ▶ 미간, 구렛나루, 코수염, 턱수염을 면도한다. ▶ 면도 후 스킨로션으로 자극된 피부를 안정화시킨다.		
전체 작업 순서	① 마스크 착용하기 → ② 면도 준비하기(의자위치, 수건대기) → ③ 면도 거품 바르기 → ④ 온습포 대기 → ⑤ 얼굴면도 하기 → ⑥ 얼굴 습포 세척하기 → ⑦ 스킨로션 바르기 → ⑧ 정리 정돈하기		
얼굴 면도 작업 순서			

면도 준비물

준비물 리스트

마스크, 터번 (머리수건), 수건 2장, 면도기 (면도날), 면도컵 및 브러시, 스킨과 로션, 티슈, 위생봉지 (쓰레기 처리용)

면도 완성작품

면도기 잡는 방법

프리 핸드 (Free Hand)		기본으로 잡는 방법이며, 면도 자루를 엄지와 검지로 잡고 자루 끝부분을 약지와 소지 사이에 끼우는 방법
펜슬 핸드 (Pencil Hand)		면도기를 검지와 중지 사이에 끼어 연필을 잡듯이 칼머리 부분을 밑으로 해서 잡는 방법. 연필 면도칼이라고도 한다
스틱 핸드 (Stick Hand)		면도기 손잡이를 일직선으로 잡고 몸체와 손이 일직선으로 움직이는 방법
푸시 핸드 (Push Hand)		면도기 날 부분이 바깥쪽으로 방형을 돌려 면도기 몸체를 밀어주는 방법
백핸드 (Back Hand)		프리핸드 잡기에서 손 안쪽이 앞으로 향하 도록 하고 면도기 날 방향이 오른쪽으로 하여 면도기 손잡이를 반 바퀴만 돌려 잡는 방법

면도 작업

Unit 2

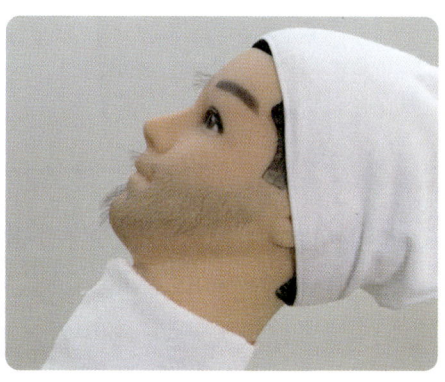

1. 수험자는 마스크를 착용하고 고객 가슴에 수건을 대주고, 마네킹을 눕히고 터번(머리수건)을 착용한다.

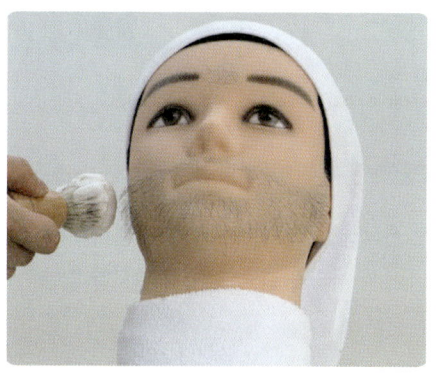

2. 비누거품을 도포한다. 래더링 작업은 원을 그리듯이 부드럽게 도포한다.

3. 인중은 손가락으로 도포한다.

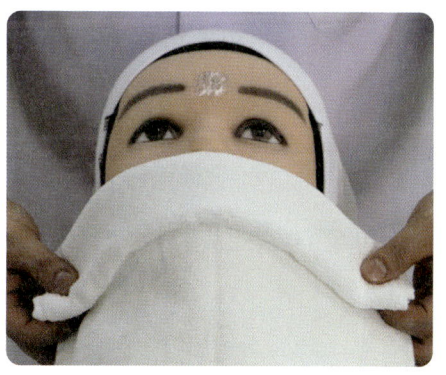

4. 온습포의 온도를 확인한 후, 온습포를 덮는다.

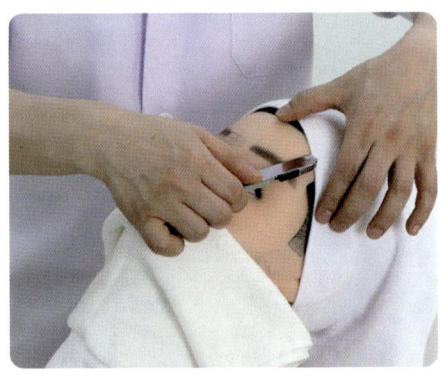

5. 프리핸드 기법으로 면도기를 잡고 이마에서 머리가 난 부위까지 면도한다.

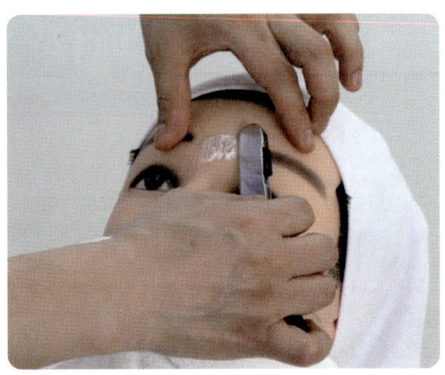

6. 미간 부위는 왼손을 이용하여 피부를 최대한 펴준 상태에서 면도한다.

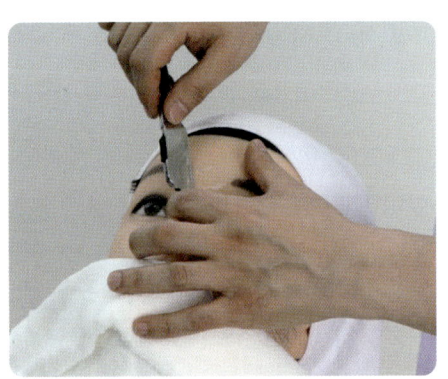

7. 반대방향으로 면도를 한다.

8. 온습포를 제거하고 비누거품을 한번 더 바른다.

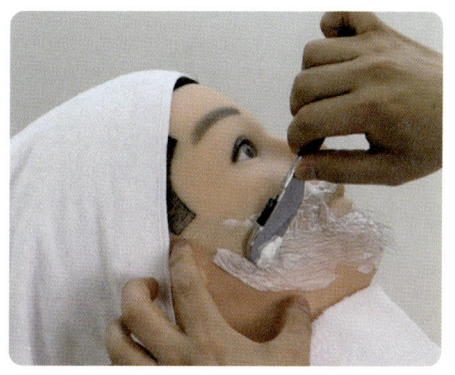

9. 프리핸드로 면도기를 잡고 턱 쪽을 향하여 면도한다.

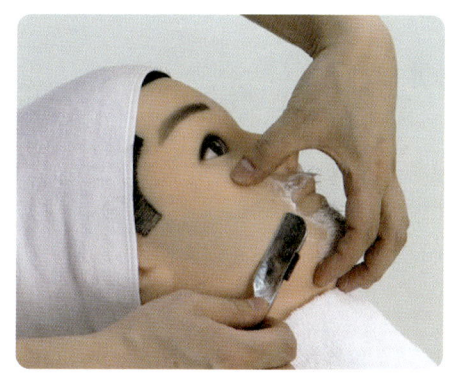

10. 반대방향으로 면도한다.

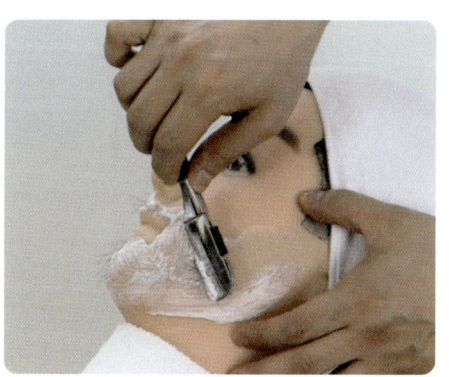

11. 푸시 기법으로 면도기를 잡고 턱 쪽을 향하여 면도한다. 그후 프리핸드 기법으로 반대로 면도한다.

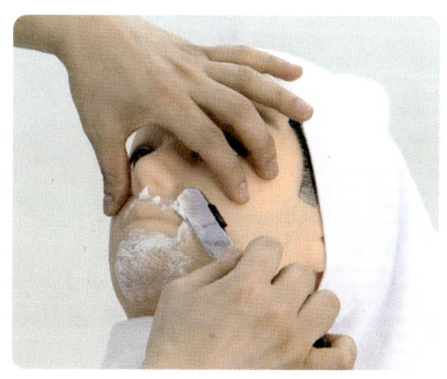

12. 콧수염을 면도한다.

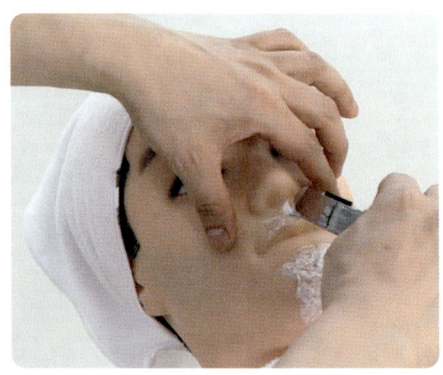
13. 인중부위는 파내듯이 면도한다.

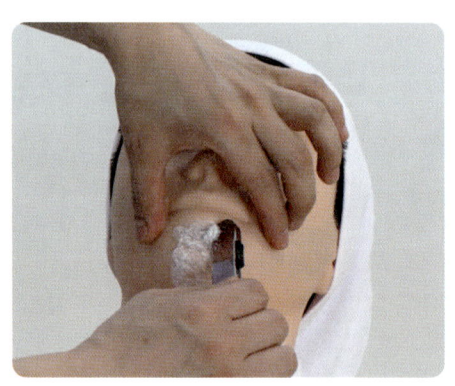
14. 입술아래를 면도한다.

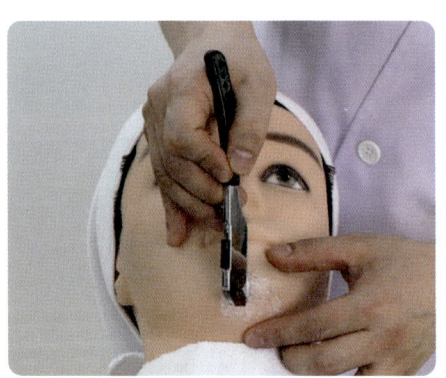
15. 펜슬기법으로 턱라인을 면도한다.

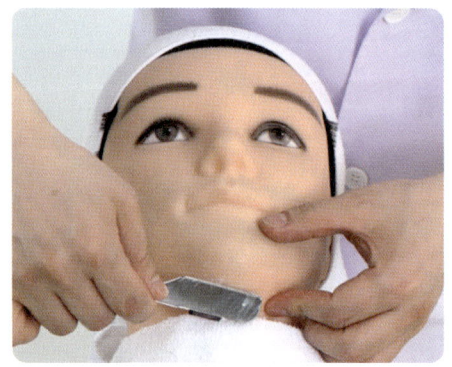
16. 아래턱을 면도한다.

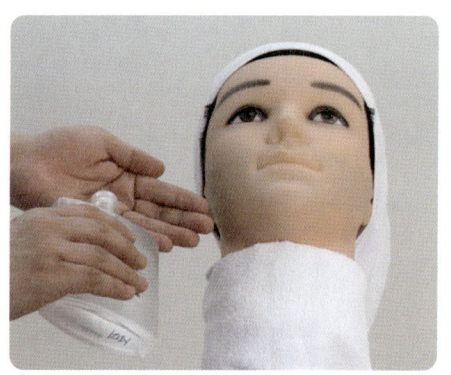

17. 습포를 얼굴에 감싼 후 머리 부위를 간단하게 마사지한다.

18. 스킨을 바른다.

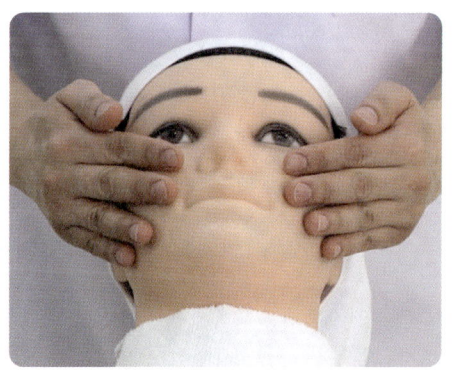

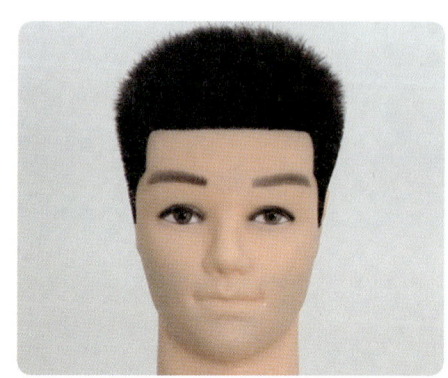

19. 스킨을 얼굴 전체에 골고루 도포한 후, 로션도 동일한 방법으로 도포한다.

20. 주변 정리 후 마네킹 뒤에서 대기한다.

04

탈·염색

Unit 1 • 과제요구사항
Unit 2 • 탈색
Unit 3 • 멋내기 염색
Unit 4 • 새치머리 염색

과제요구사항

Unit 1

과제요구사항

탈색/염색	모발 색채의 탈색과 모발 염색 작업 시술		
작업 대상	하상고머리	탈색 (7레벨)	35분
	중상고머리	멋내기 염색 (5레벨)	35분
	둥근스포츠 머리	새치 염색 (전체 모발)	30분
세부 사항	탈색	마네킹 천정부(인테리어)부위에 최종 7레벨 정도의 탈색작업	
		전두부	정중선 좌측:세로섹션 3개, 정중선 우측 : 세로섹션 3개 (총 6개)
		두정부	정중선 좌측:가로섹션 3개,정중선 우측 가로섹션 3개 (총 6개)
	멋내기	최종 5레벨 정도의 멋내기 염색(후두부 → 두정부 → 측두부 → 전두부 순으로 작업)	
	새치	전체 모발에 새치 염색 (양측두부 → 전두부 → 두정부 → 후두부 순으로 작업)	
작업 순서	탈색	① 앞치마 하기 → ② 세발앞장치기 → ③ 탈색약 준비 → ④ 헤어라인크림도포 → ⑤ 두정부 호일작업하기 → ⑥ 전두부 호일작업하기 → ⑦ 방치하기 → ⑧ 탈색제 씻어내기 → ⑨ 드라이하기	
	염색	① 앞치마 하기 → ② 세발앞장치기 → ③ 염색약 준비 → ④ 헤어라인 크림도포 → ⑤ 염색하기 → ⑥ 방치하기 → ⑦ 염색제 씻어내기 → ⑧ 드라이하기	

탈·염색

준비물 리스트

마네킹, 염모제(12레벨), 염모제(흑갈색 이용용6호), 탈색제, 6%산화제, 염색볼, 염색빗, 꼬리빗, 염색용 장갑, 비닐캡, 히팅캡, 앞치마, 샴푸, 린스, 수건, 호일(12 x 20㎝ x15장), 집게핀 (핀컬핀)

염·탈색 완성작품

탈색 (하상고머리)

멋내기 염색 (중상고머리)

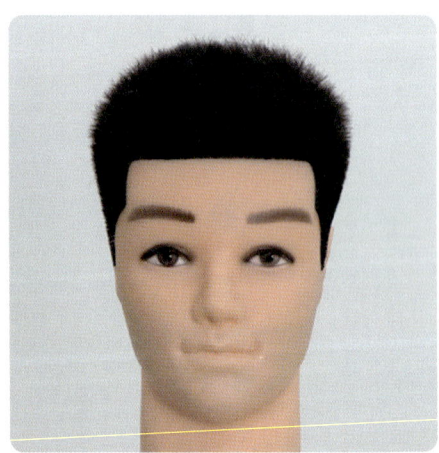

새치머리염색 (둥근스포츠머리)

탈색작업 (하상고머리)

Unit 2

블로킹 순서

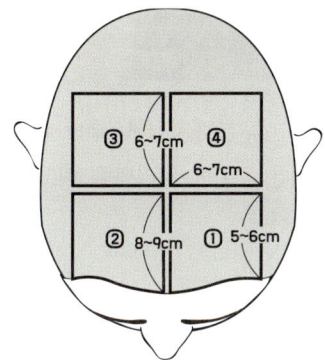

작업 순서

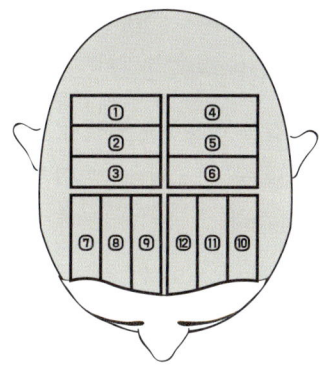

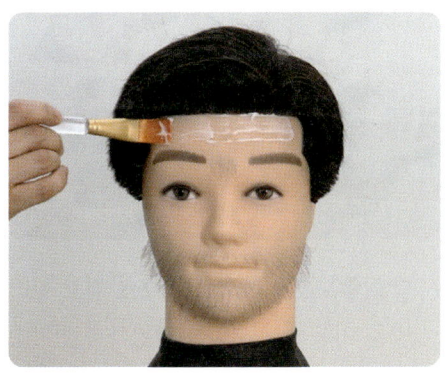

1. 앞치마를 착용 후 앞장을 하고 크림을 헤어라인에 발라준다.

2. 4등분 블로킹을 나눈다. (위에 그림 참고)

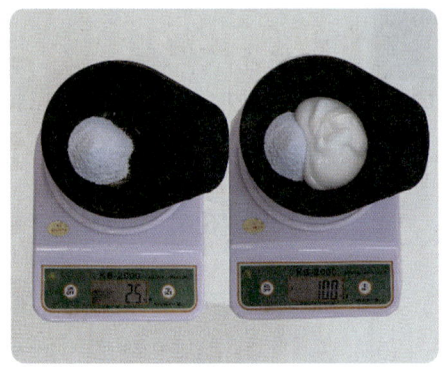

3. 염색장갑을 착용하고 탈색제(25g)와 산화제(75g)를 1 : 3 비율로 혼합하여 충분히 섞어 준다.

4. 섹션을 3등분해서 하단부터 진행한다. 1cm접은 호일에 꼬리빗을 대고 두상에 밀착시킨다.

5. 모근에서 약 1cm이내이격한뒤 탈색제를 골고루 도포한다. 염색빗살로 좌우 방향으로 교차시켜 빗어주어 안쪽까지 탈색제가 충분히 도포될 수 있도록 한다.

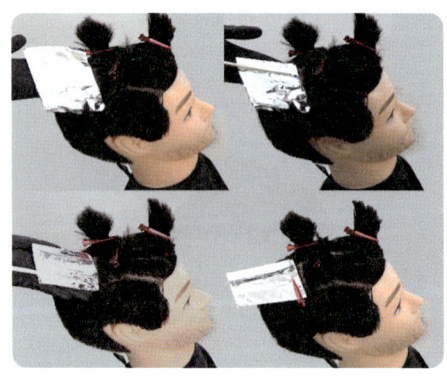

6. 탈색제 도포후 호일을 반으로 접고 꼬리빗을 이용하여 호일을 평평하게 접어준다. (핀컬핀은 선택사항)

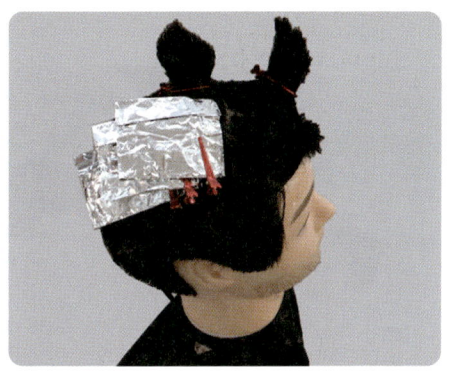

7. 아래쪽에서 위 방향으로 진행한다.

8. 두정부 우측이 끝나면 좌측 두정부 하단부 부터 탈색제 도포한다.

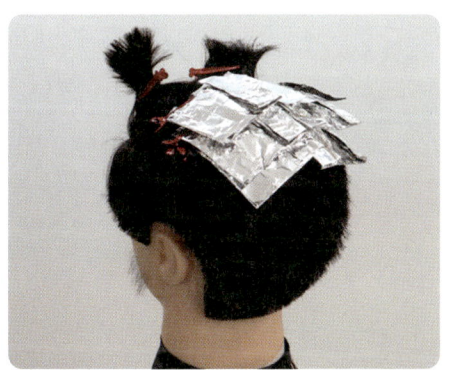

9. 두정부 → 전두부

10. 전두부 하단부터 진행한다.

11. 전두부 우측 작업이 종료된 상태이다.

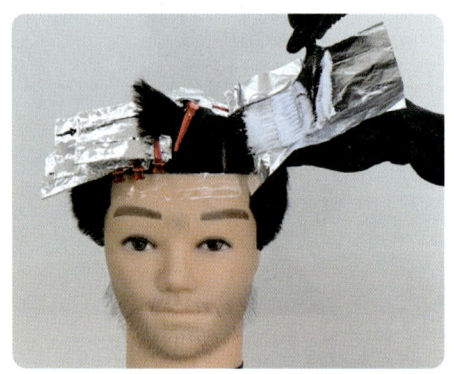

12. 전두부 좌측도 하단부부터 진행한다.

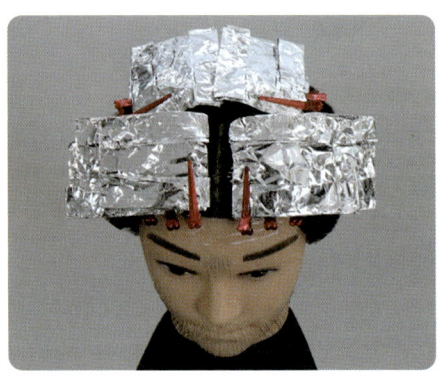

13. 호일 작업이 완료된 상태이다.

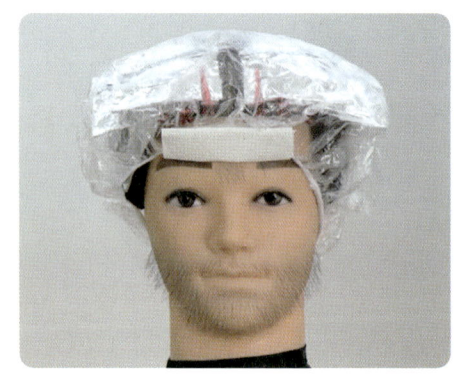

14. 비닐캡을 씌운다.

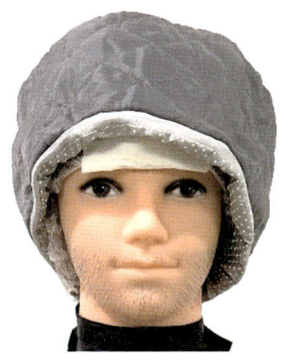
15. 히팅캡을 씌운다.

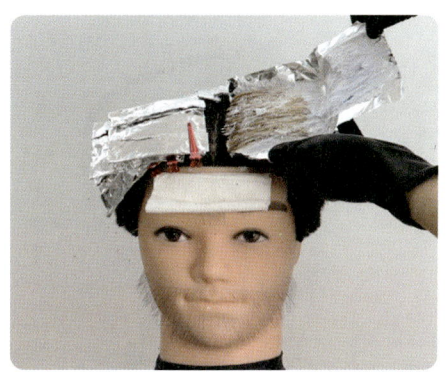
16. 컬러 테스트를 한다.

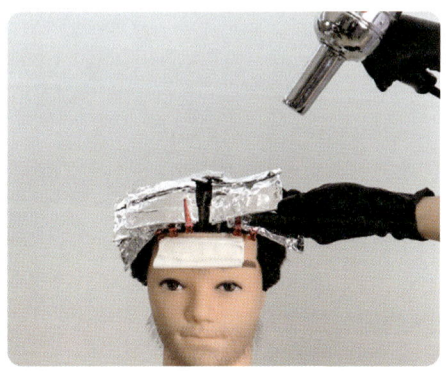
17. 컬러가 안나올시 드라이기로 열처리를 한다.

18. 호일을 제거한 상태이다.

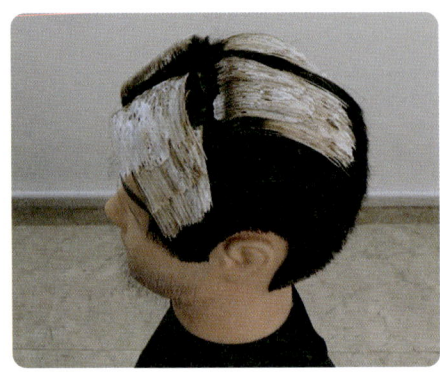#

19. 탈색제를 세척하고 드라이를 사용하여 모발을 건조시킨다.

20. 완성

멋내기 염색

Unit 3

작업 순서

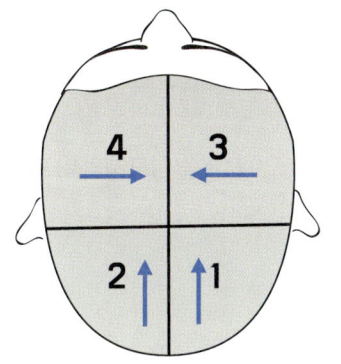
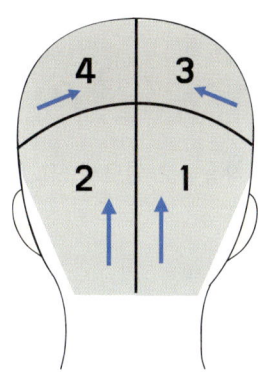

후두부 → 두정부 → 측두부 → 전두부 순서로 작업한다.

1. 앞치마를 착용하고 앞장을 친다.

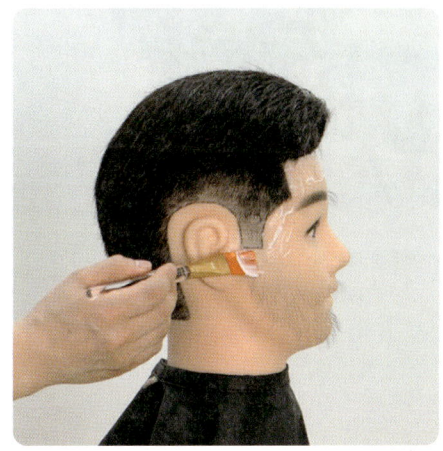

2. 헤어라인에 오염방지 크림을 도포한다.

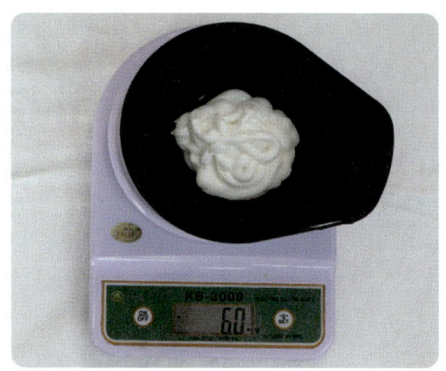

3. 장갑을 착용하고 염모제 60g을 염색 볼에 넣는다.

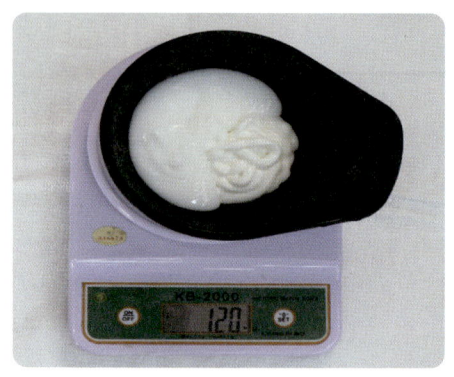

4. 산화제(6%) 60g을 염모제와 1:1로 충분하게 잘 섞는다.

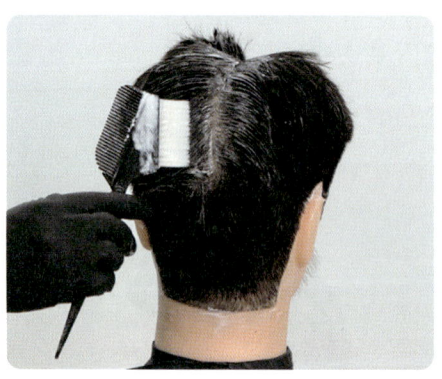

5. 염색제를 이용하여 4블로킹으로 나눈다.

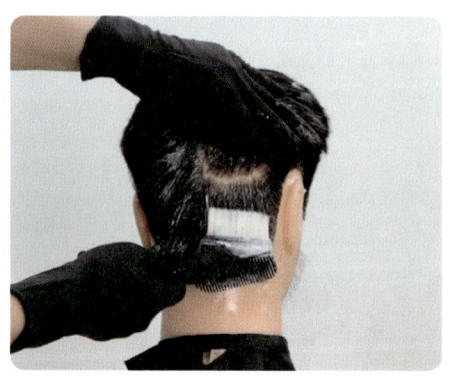

6. 염색약을 한쪽 네이프에서 두정부로 올라가면서 도포한다.

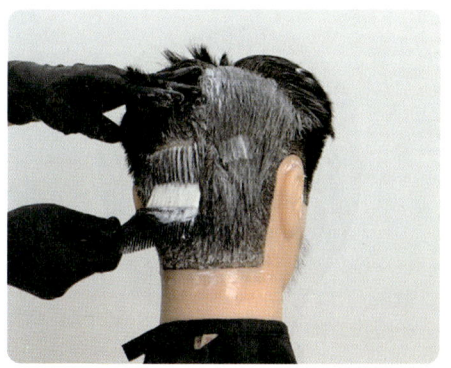
7. 다른쪽도 동일하게 작업한다.

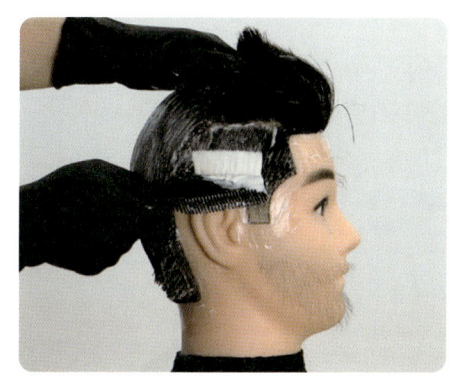
8. 우측부분도 하단부 부터 위로 올라가면서 도포한다.

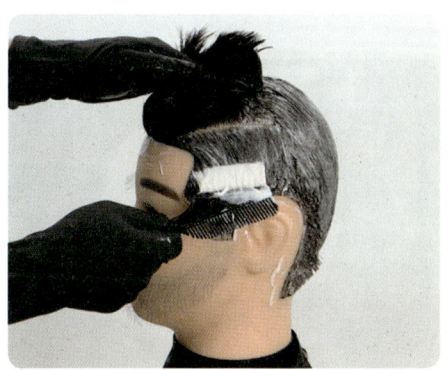
9. 반대편도 동일하게 작업한다.

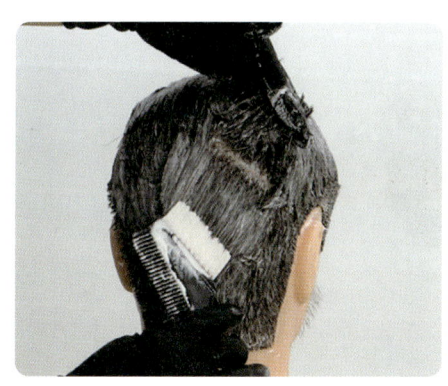
10. 염색제가 전체적으로 골고루 도포 되어 있는지 확인한다.

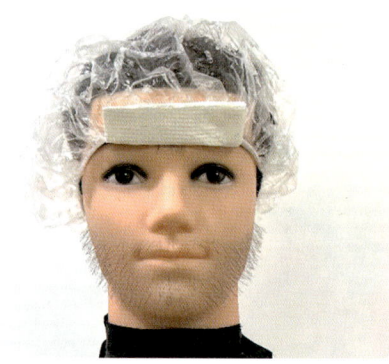

11. 비닐캡을 씌운다.

12. 히팅캡을 씌워 약 4~5분정도 방치한다.
    (방치시간 동안 주변 정리를 깔끔하게 한다)

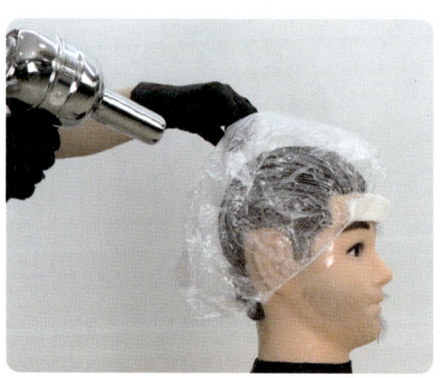

13. 컬러테스트를 하고 만약 컬러가 안나왔을때는 드라이로 열처리를 한다.

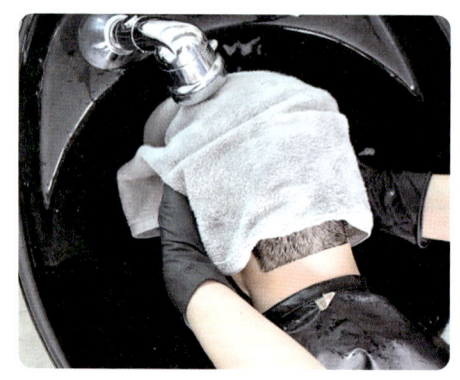

14. 염색제 세척 후 타월드라이한다.

15. 드라이로 완전 건조한다.

새치머리 염색

Unit 4

작업 순서

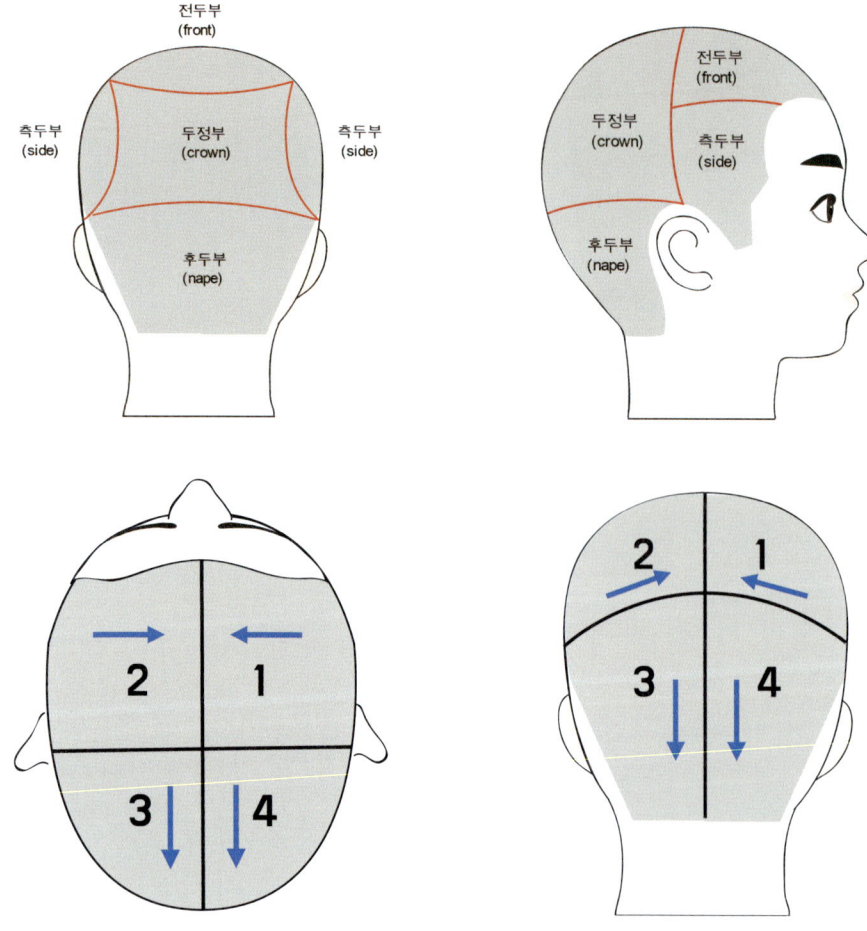

4등분으로 구획하고, 양측두부 → 전두부 → 두정부 → 후두부 순서로 작업한다.

1. 앞치마를 착용하고 앞장을 친다. 헤어라인에 오염방지 크림을 도포한다.

2. 염색장갑을 착용하고 염모제(이용용 6호) 30g을 염색 볼에 넣는다.

3. 염모제와 1:1 비율로 산화제(6%) 30g을 추가하여 충분하게 잘 섞어준다.

4. 페이스라인에 염모제를 도포한다.

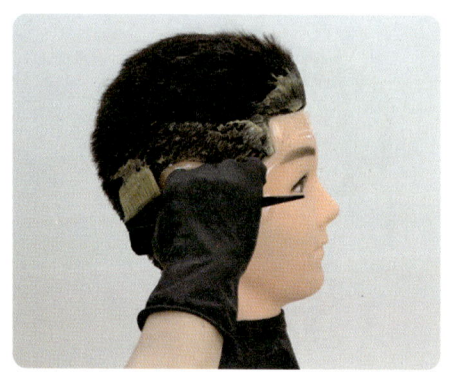

5. 헤어라인을 따라 염모제를 도포한다.

6. 염모제로 4블로킹을 나누고 전두부 상단에서 측두부 하단부 쪽으로 염모제를 도포한다.

7. 반대편도 동일하게 작업한다.

8. 두정부에서 후두부 하단으로 내려오면서 도포한다.

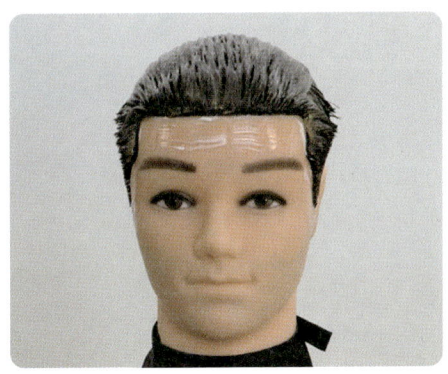

9. 전체적으로 염색제 도포가 끝난 상태이다.

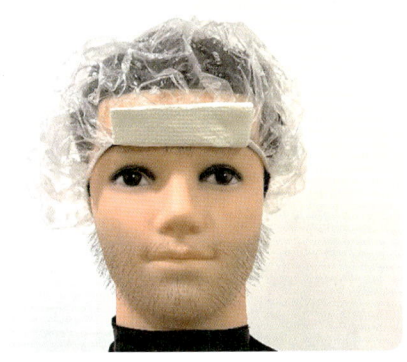

10. 비닐캡을 씌우고 주변정리를 한다.

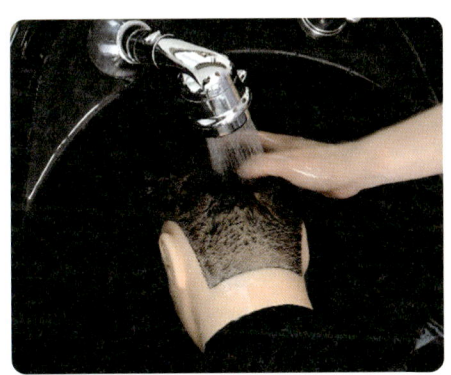

11. 염모제를 세척한다.

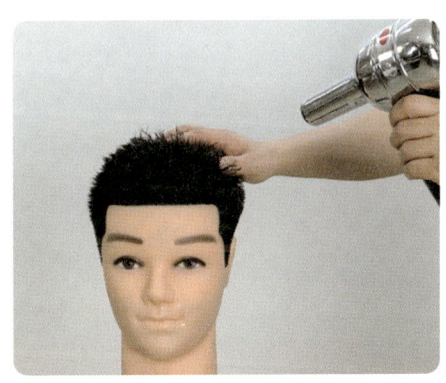

12. 타월 드라이와 드라이기를 말린 후 주변정리를 한다.

05

두피 스케일링 및 샴푸·트리트먼트

- Unit 1 • 과제요구사항
- Unit 2 • 두피스케일링 작업
- Unit 3 • 샴푸·트리트먼트 작업

과제요구사항

Unit 1

과제 세부요구 사항

두피스케일링 및 샴푸·트리트먼트	스케일링제를 사용하여 마네킹의 두피 전체를 스케일링 한 뒤 두발의 좌식 샴푸 및 스캘프 매니플레이션 작업 시술		
샴푸·트리트먼트	단발형(하상고, 중상고)	작업시간	10분
두피스케일링 및 샴푸·트리트먼트	짧은 단발형(둥근형)	작업시간	20분
세부 사항	스틱봉 제조방법	스틱 봉은 우드스틱에 면 솜으로 감은 후 거즈로 한번 더 감고, 끝단을 종이 테이프로 고정한다. 작업시간 내에 스틱 봉을 4개 만들어 3개이상 사용한다.	
	스케일링 순서	전두부 → 두정부 → 우측 두부 → 후두부 → 좌측 두부 순으로 진행한다.	
	샴푸 순서	두정부 → 전두부 → 측두부 → 후두부 순서로 진행한다.	
	스캘프 매니플레이션	두피관리에 적절한 3가지 이상의 손동작으로 작업한다.	
작업순서	두피스케일링 및 샴푸·트리트먼트	① 샴푸보 → ② 스틱봉 만들기 → ③ 두피스케일링하기 → ④ 샴푸 및 세척하기 → ⑤ 트리트먼트제 도포하기 → ⑥ 스캘프매니플레이션 하기 → ⑦모발 세척하기 → ⑧ 얼굴 및 머리부위 물기 제거하기 → ⑨ 타월 드라이하기 → ⑩ 정리정돈 하기	
	샴푸·트리트먼트	① 샴푸보 → ② 샴푸 및 세척하기 → ③ 트리트먼트제 도포하기 → ④ 스캘프매니플레이션 하기 → ⑤ 모발 세척하기 → ⑥ 얼굴 및 머리부위 물기 제거하기 → ⑦타월 드라이하기 → ⑧ 정리정돈 하기	

준비물

세부 과제	두피스케일링	샴푸트리트먼트
사진		
준비물 리스트	스케일링제, 스틱봉 용기, 면솜, 거즈, 우드 스틱, 분무기, 종이 테이프	샴푸, 트리트먼트제, 샴푸보, 수건, 분무기

Unit 2 두피스케일링 작업 (짧은 단발형)

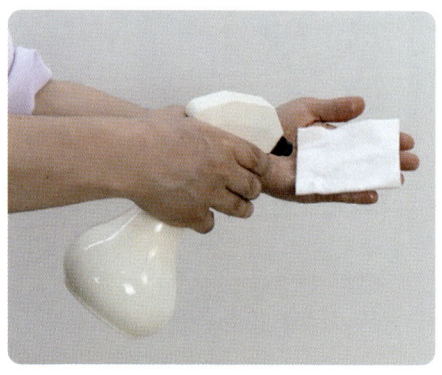

1. 면솜에 적당량의 수분을 도포한다.

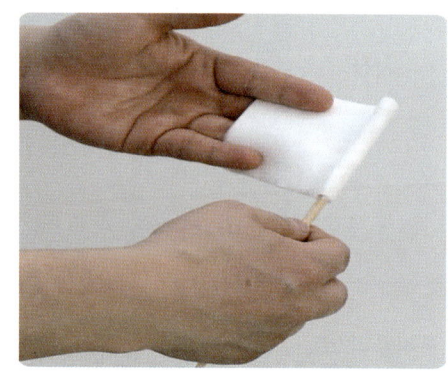

2. 우드스틱에 면솜을 감아준다.

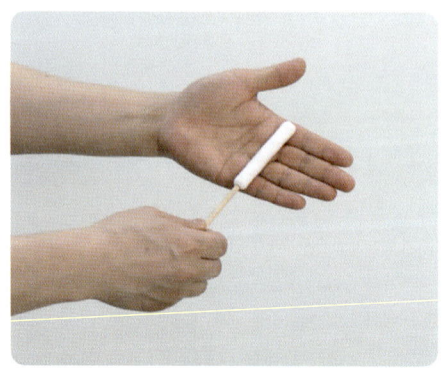

3. 우드스틱이 면솜으로 부터 분리되지 않도록 다시한번 단단하게 돌려 감는다.

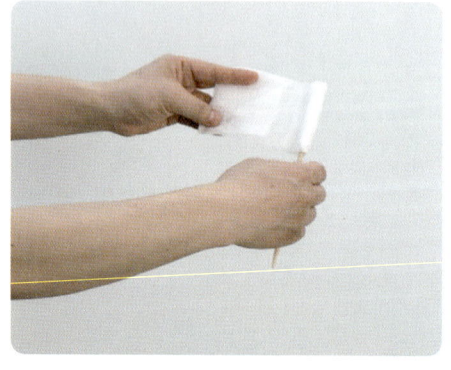

4. 그림과 같이 거즈 끝단을 접은 뒤, 우드스틱을 거즈로 한번 더 감싼다.

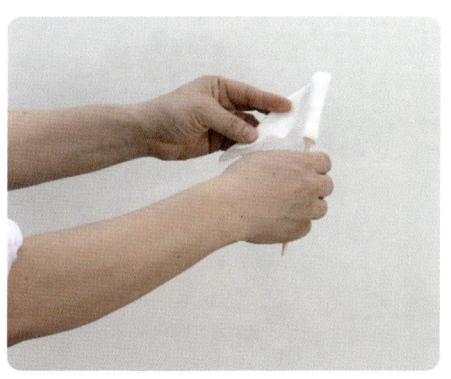

5. 나머지 거즈를 삼각형으로 접고 단단하게 감는다.

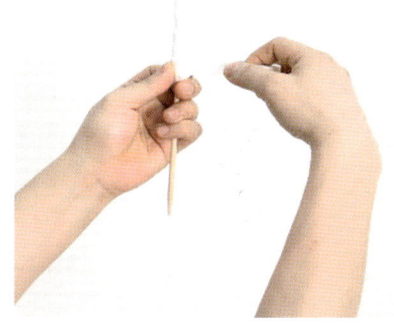

6. 면솜과 거즈가 스틱에서 분리되지 않도록 종이 테이프로 고정한다. (스틱봉은 최소 4개를 만든다.)

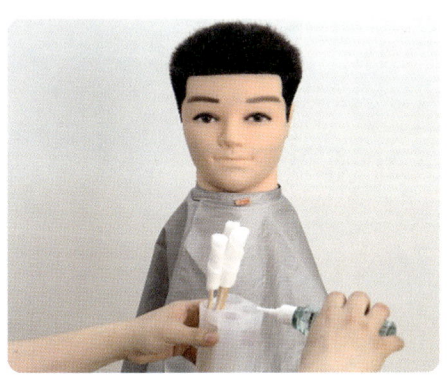

7. 샴푸보를 두르고 준비된 스틱봉 용기에 스케일제를 넣는다.

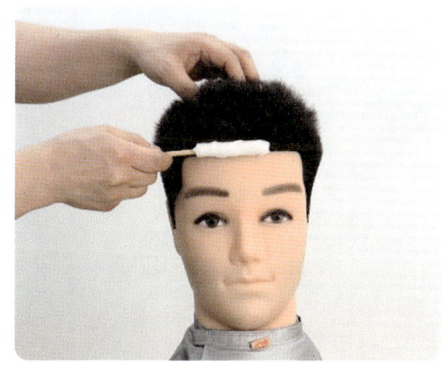

8. 스케일링제를 묻힌 뒤 전두부 페이스라인을 시술한다.
   작업순서는 전두부 → 두정부 → 우측 두부 → 후두부 → 좌측 두부 순으로 작업한다.

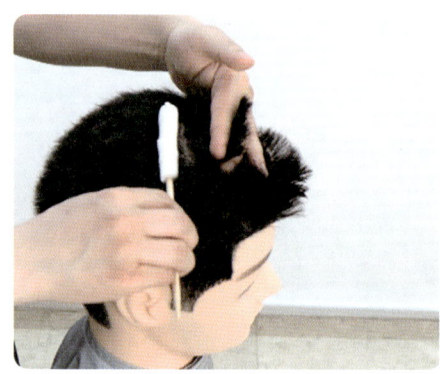

9. 모발을 그림처럼 슬라이싱하고 스틱봉을 좌우로 밀면서 제품을 두피에 도포한다.

10. 우측두부도 모발을 슬라이싱하여 한손으로 잡고 스틱봉을 좌우로 밀면서 시술한다. 동일한 방법으로 후두부와 좌측두부도 계속하여 시술한다.

샴푸·트리트먼트 작업(공통)

Unit 2

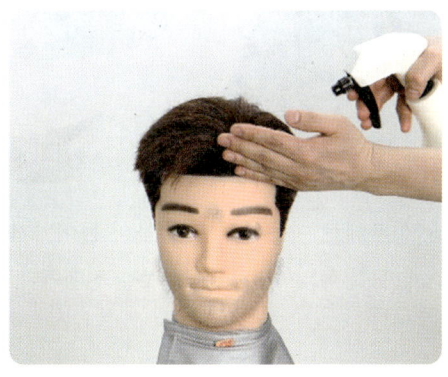

1. 목 수건과 샴푸보를 착용하고 물을 충분하게 뿌려준다.

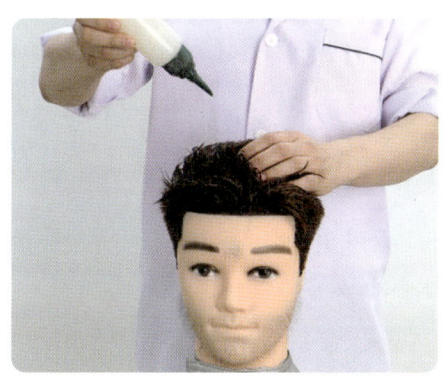

2. 샴푸제를 적당하게 도포한다.

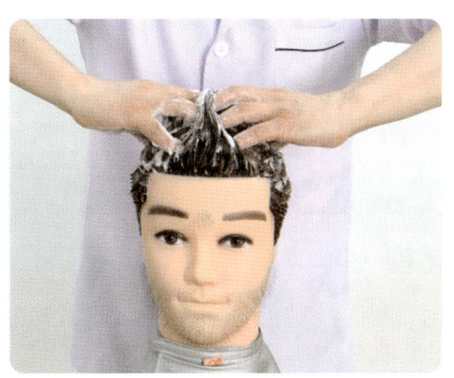

3. 거품을 충분하게 내면서 두정부 → 전두부 → 측두부 → 후두부 순으로 연결하여 샴푸를 진행한다.

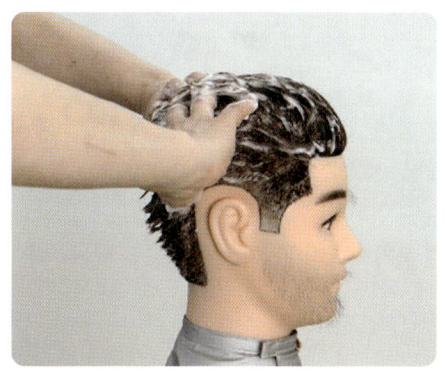

4. 샴푸 마사지는 지그재그, 굴리기, 교차하기, 튕겨주기의 기법을 사용한다.

5. 거품이 얼굴에 흐르지 않도록 두정부 부위로 모은다.

6. 샴푸대로 이동하여 귀에 물이 들어가지 않도록 유의하면서 1차 샴푸를 진행한다.

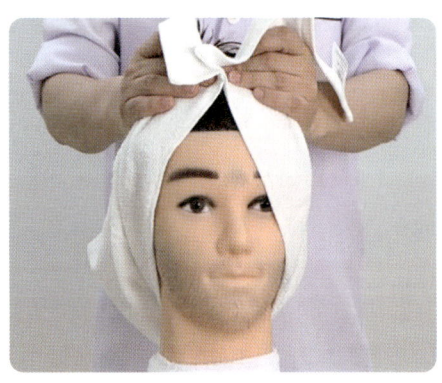

7. 물기가 흘러내리지 않을 정도로 닦아준다.

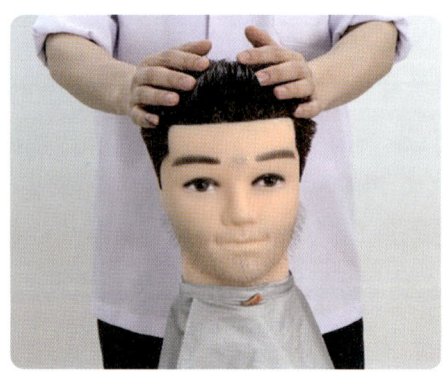

8. 트리트먼트제를 모발에 도포한다.

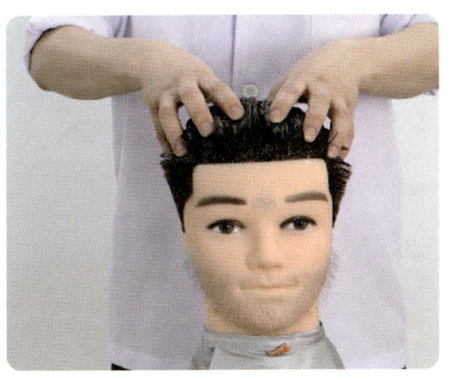

9. 두피마사지는 두정부 → 전두부 → 측두부 → 후두부 순으로 연결하여 진행한다.

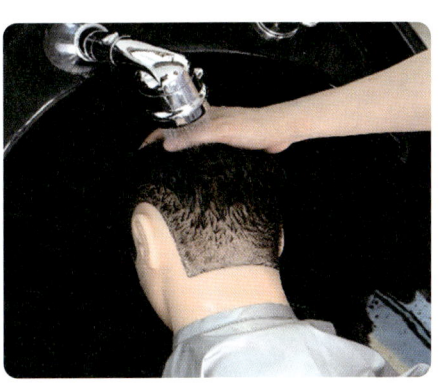

10. 두피마사지는 쓰다듬기, 압주기, 두드리기의 기법을 사용한다.

11. 타월 드라이 작업으로 머리를 말려준다.

12. 머리를 빗고 주변 정리를 한다.

06

정발

Unit 1 • 과제요구사항
Unit 2 • 정발 작업 시술

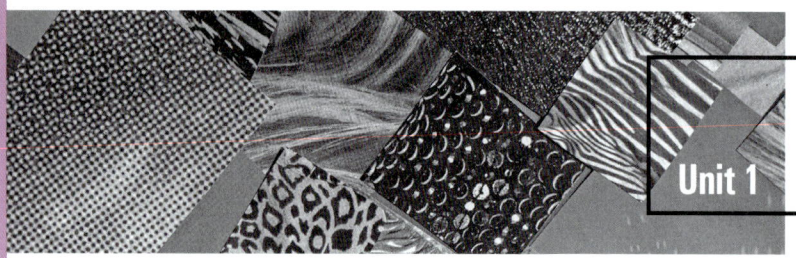

Unit 1 과제요구사항

과제요구사항

정발	이용용 드라이어(dryer)로 덴맨브러시와 일자 빗을 사용하여 앞머리는 볼륨을 만들고 옆머리는 구부려서 단정하고 자연스러운 헤어스타일을 연출하는 시술		
작업대상	보통머리와 상고머리	작업시간	15분
가르마	7:3	마네킹의 좌측을 기준으로 7:3	
작업순서	① 목 수건 착용 → ② 핸드 드라이하기 → ③ 정발제 도포하기 → ④ 머리 정발하기(덴맨브러시로 뿌리볼륨 작업, 일자빗으로 마무리작업) → ⑤ 습포 대고 드라이하기 → ⑥정리 정돈하기		

정발 준비물

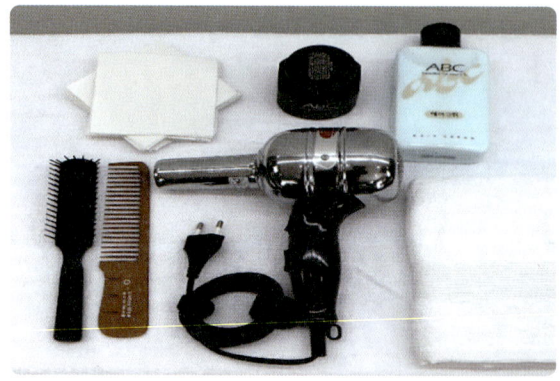

준비물 리스트

마네킹, 이용용 헤어드라이어, 덴맨브러시, 대, 중, 소자 빗, 헤어크림, 포마드, 스파츌라

정발 작업 순서

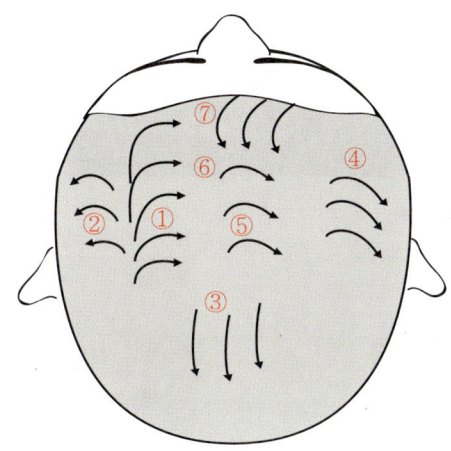

중상고 완성작품

① 하상고 정발

 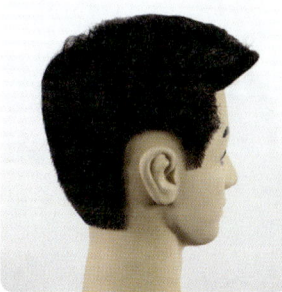 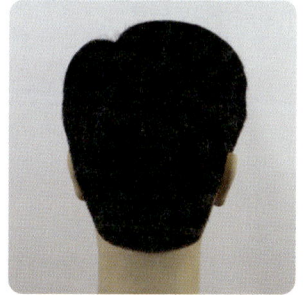

② 중상고 정발

 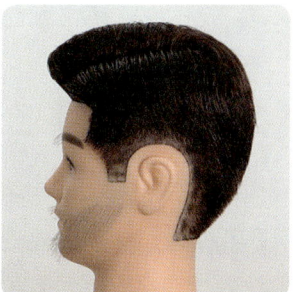 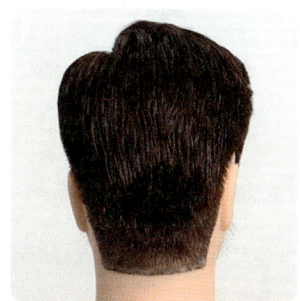

정발 작업 시술

Unit 2

1. 목수건을 두른다.

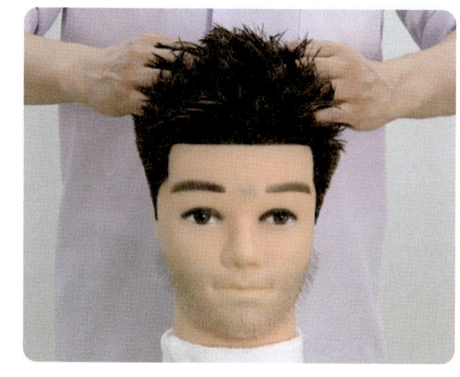

2. 포마드와 헤어크림을 1:1비율로 오백원 동전 크기로 덜어내서 섞은 뒤에 전두부 → 두정부 쪽으로 모발을 일으켜 세우면서 골고루 도포한다. 측두부와 후두부에도 손바닥에 남은 제품을 도포한다.

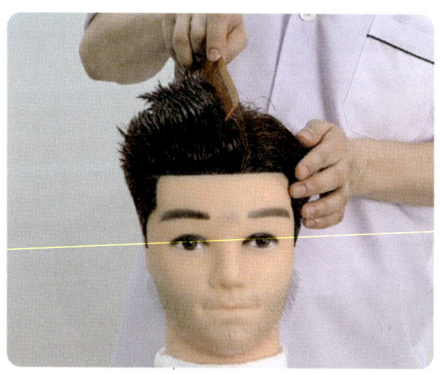

3. 7:3 비율로 가르마를 나누어 가지런하게 빗질한다.

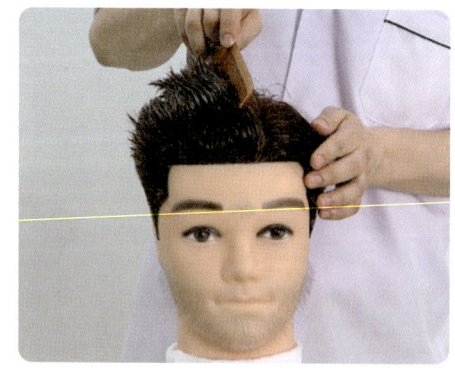

4. 가르마 우측선에서 덴맨브러시로 모발을 걸어 볼륨 선을 만들고 드라이어로 열을 주고 볼륨이 고정되도록 식혀준다.

5. 가르마 좌측선에서 동일한 방법으로 덴 맨브러시로 걸어 볼륨선을 만들어 준다.

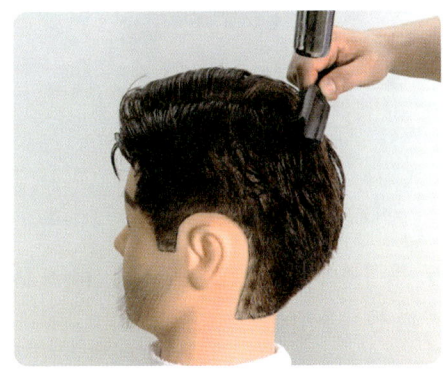

6. 두정부 하단과 후두부 상단의 뿌리볼륨을 만들어 준다.

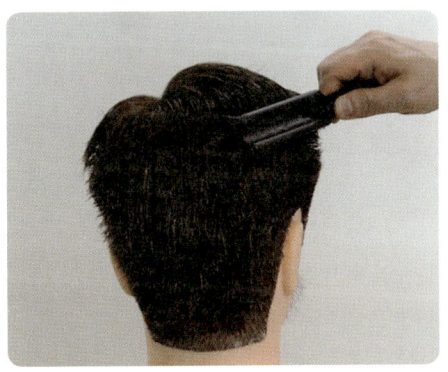

7. 우측두부 방향으로 이동하면서 볼륨선을 만들어 준다.

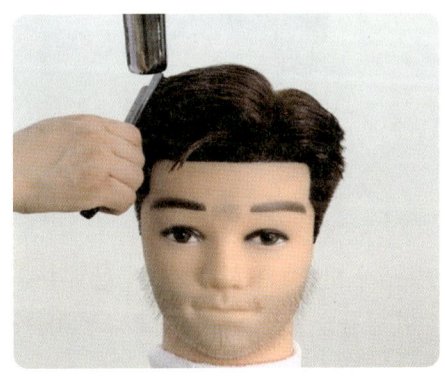

8. 우측두부 상단에 볼륨선을 만들어 준다.

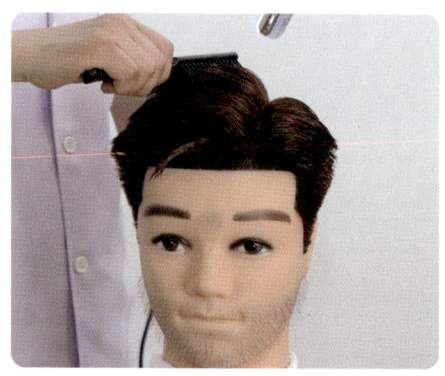

9. 두정부에서 전두부방향으로 사선으로 뿌리 볼륨을 만들어 준다.

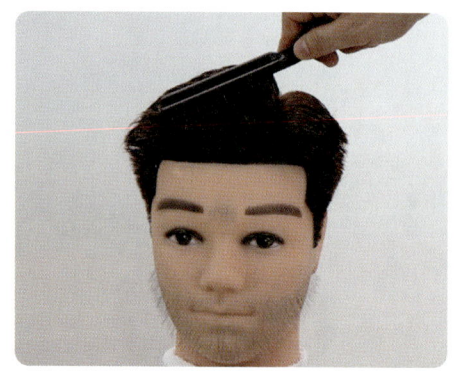

10. 앞머리의 볼륨을 만들어 준다.

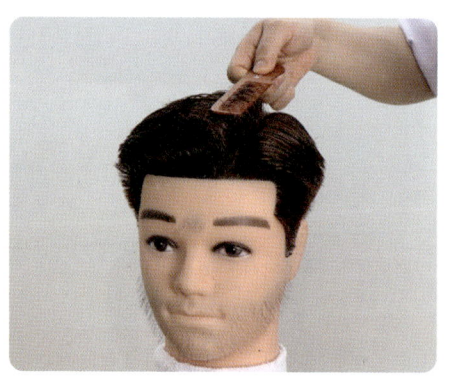

11. 일자 빗을 사용하여 가르마 탑 부분을 걸어 볼륨을 만들고 열을 주고 고정되도록 뜸을 준다.

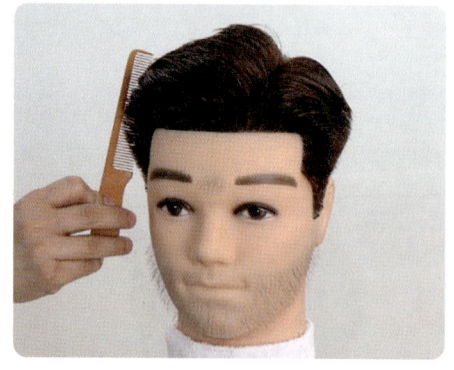

12. 일자 빗을 사용하여 양측두부의 뜨는 부분을 잡아준다.

13. 일자 빗으로 부위별로 세밀하게 빗질하여 정리한다.

14. 습포를 대고 드라이어로 눌러주어 주어 마무리한다.

15. 주변을 정리 정돈하고 시험 위원의 지시를 기다린다.

07

아이론 펌

Unit 1 • 과제요구사항
Unit 2 • 아이론 와인딩 작업

Unit 1 과제요구사항

과제요구사항

아이론 와인딩	아이론 기기를 이용하여 천정부(인테리어)에 요구된 개수의 와인딩을 시술하는 작업			
작업 대상	하상고, 중상고	12mm아이론	작업시간	20분
	짧은 단발형(둥근형)	6mm아이론		
와인딩 개수 및 위치	센터 중심부: 9개 이상(수평 방향) 좌우 사이드: 5개 이상(사선 방향) 			
작업순서	① 재커트(필요 시) → ② 아이론 오일 도포하기 → ③ 3등분 섹션 나누기 → ④ 센터 중심으로 수평 와인딩하기 → ⑤ 양쪽사이드 사선 와인딩하기 → ⑥ 정리정돈하기			
유의사항	㉮ 아이론 작업은 120~140°이내에서 작업해야 한다. ㉯ 샴푸 후 수분은 충분히 제거하여 시술에 임해야 한다. ㉰ 적당량의 아이론 오일을 도포하여 고온 시술로 인한 두발 손상을 예방해야 한다. ㉱ 시술 중 빗은 항상 아이론의 프롱 밑에 두어 두피 화상을 방지해야 한다.			

아이론 와인딩 준비물

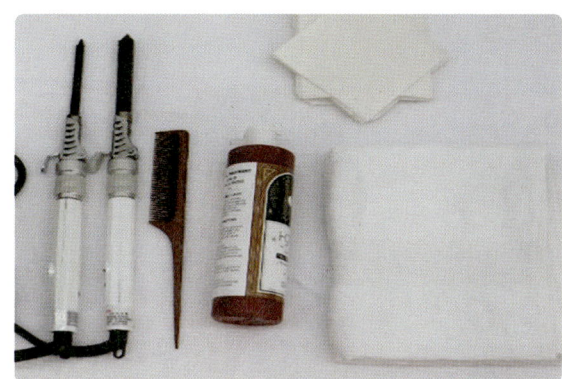

준비물 리스트

아이론 기기 6mm, 12mm, 아이론 오일, 아이론 빗, 수건, 티슈

🌸 아이론 와인딩 완성작품

① 12mm 아이론 와인딩

 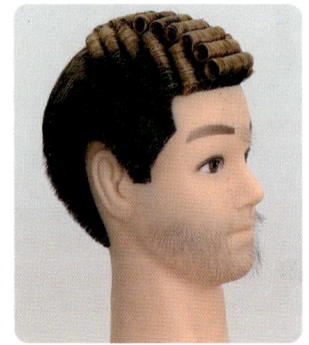 

② 6mm 아이론 와인딩

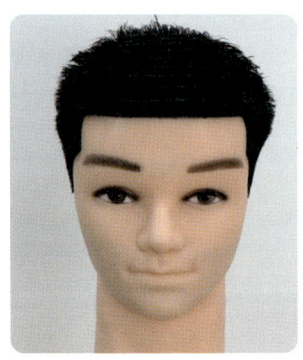 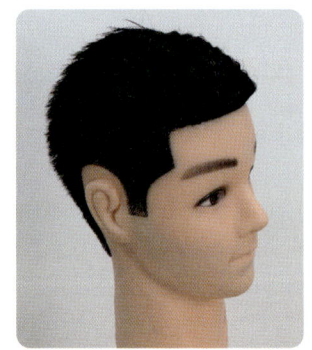 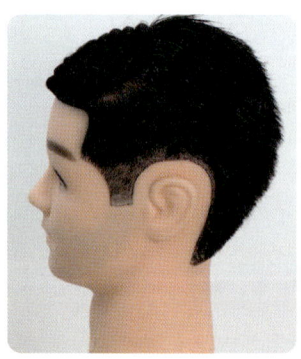

아이론 와인딩 작업

Unit 2

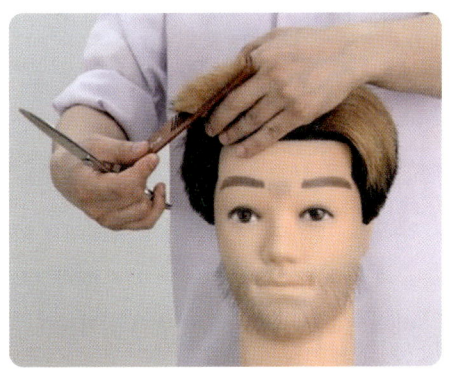

1. 필요 시 수정 커트를 진행한다.

2. 목수건을 두르고 아이론 오일을 오백원 동전 크기로 덜어낸다.

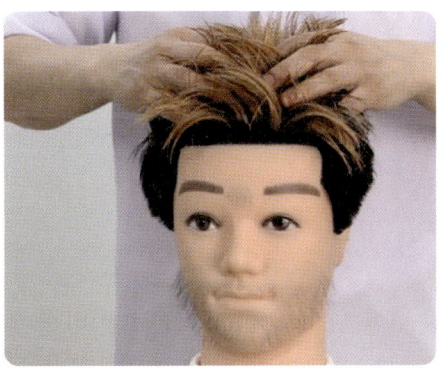

3. 아이론 오일을 골고루 도포한다.

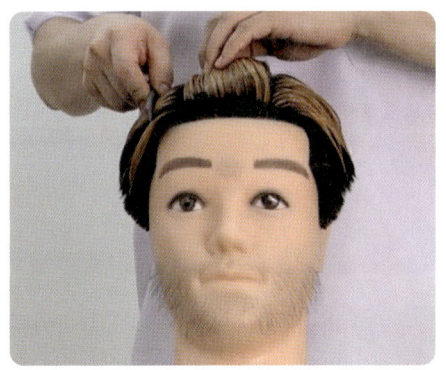

4. 센터 라인을 기점으로 약 6㎝정도로 파팅 한다.

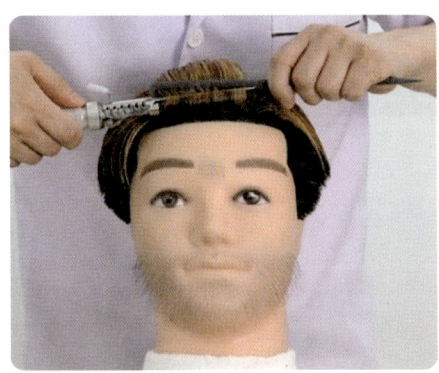

5. 아이론을 한 바퀴 회전시킨 후 뜸을 약 5~7초 정도 들인다.

6. 아이론으로 모발을 다 감은 상태에서 약 4~5초 정도 뜸을 들이고 계속해서 1/4 바퀴씩 회전하면서 웨이브가 안착되도록 한다.

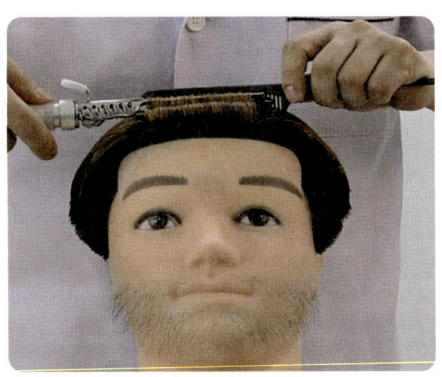

7. 두번째 와인딩도 동일한 방법으로 아이론으로 모발을 감으면서 아이론 빗을 두피 쪽으로 밀어 넣고 와인딩 한다.

8. 와인딩 하면서 직전 와인딩 모양이 잘 유지되는지 확인하면서 작업을 진행한다.

9. 측면으로 빠져나오는 모발은 손으로 정리하면서 모양을 잡아준다.

10. 빗으로 모발을 깨끗하게 빗어 주어야 와인딩 시 모발의 흩어짐과 날림을 막아 준다.

11. 우측두부 첫번째는 약 4㎝정도, 두번째는 약 6㎝길이로 사선방향으로 와인딩한다.

12. 사선 와인딩이 가로 와인딩에 간섭되지 않도록 유의하면서 와인딩한다.

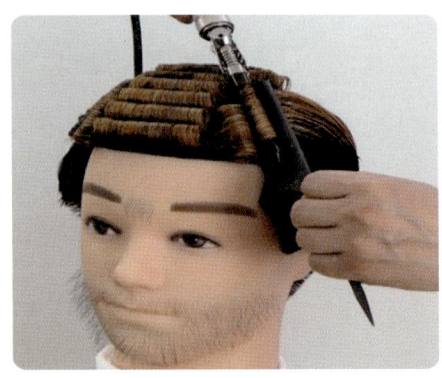

13. 좌측 두부 와인딩도 우측두부와 균형을 맞추어 매끈하게 와인딩한다.

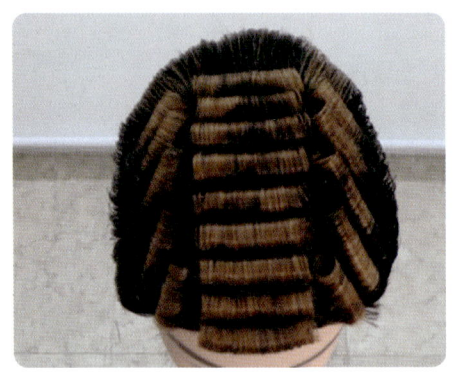

14. 가로방향 9개, 좌우 사선방향 각 5개씩를 와인딩한 모습이다.

• Memo •

08

Appendix

Unit 1 • 과제별 핵심 챙기기

Unit 2 • 시험장 준비물

Unit 1 과제별 핵심 챙기기

이용기구 소독 및 정비

과제명	이용기구소독 및 정비	작업시간	5분
세부요구사항	▶ 소독약(에탄올)을 사용하여 가위, 빗, 면도기, 클리퍼를 소독한다. ▶ 가위와 클리퍼는 오일을 사용하여 정비한다. ▶ 클리퍼는 몸체와 날을 분리하여 소독 후 재결합한다. ▶ 가위, 빗, 면도기는 솜에 소독약을 묻혀서 닦아내듯 소독한다. ▶ 면도기는 소독 후 면도날을 끼워 조립한다.		
작업 순서	① 기구 분해하기 → ② 기구 소독하기 → ③ 기구 결합하기 → ④ 오일 정비하기 → ⑤ 주변 정리정돈하기		

🌸 하상고 커트

단발형 (하상고)	CP: 8~9, TP: 6~7cm, GP: 7~8㎝ 하단부 그라데이션(네이프: 2㎝, 사이드 1㎝)	
시술시간	30분	해당 과제 전체 시술 시간
작업순서	① 커트보 치기 → ② 머리 물 분무하기 → ③ 가르마타기(빗질하기) → ④ 지간 깎기 → ⑤ 하단부 떠내 깎기 → ⑥ 숱고르기 → ⑦ 하단부 그라데이션 만들기 → ⑧ 싱글링 연결 커트하기 → ⑨ 첨가분 칠하기 → ⑩ 수정커트, 옆선 및 뒷선 정리하기 → ⑪ 머리카락 털기 및 커트보 정리하기 → ⑫ 뒷면도하기 → ⑬ 정리정돈하기	
주의사항	▶ 남성적이며, 자연스럽게 연결되고 전체적인 색조와 균형이 이루어지도록 작업한다. ▶ 지간 깎기 순서: 전두부 → 후두부 상단→양측 두부 → 후두부 순서로 진행한다. ▶ 하단부 그라데이션은 가위로 네이프 라인은 2㎝, 사이드는 1㎝ 정도 표현한다. ▶ ⑥ 숱고르기는 틴닝가위만 사용하여야 한다. ▶ 숱 고르기 이외에는 장가위만을 사용하여야 한다. ▶ 뒷면도 범위: 목뒤쪽(네이프), 목옆쪽(귀뒤쪽) 헤어라인의 털, 구레나룻 1㎝ 정도	

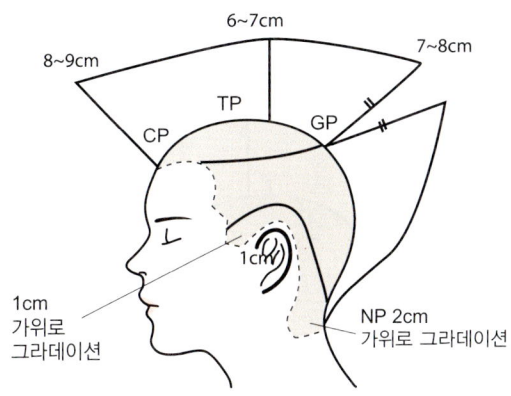

중상고 커트

단발형 (中상고)	CP: 7~8, TP: 5~6cm, GP: 6~7cm, 클리퍼: 3cm (네이프) & 2cm(사이드)	
시술시간	30분	해당 과제 전체 시술 시간
작업순서	① 커트 앞장치기 → ② 머리 물 분무하기 → ③ 가르마타기(빗질하기) → ④ 지간 깎기 → ⑤ 하단부 떠내깎기 → ⑥ 숱고르기 → ⑦ 클리퍼 조발하기 → ⑧ 가위와 빗으로 싱글링하기 → ⑨ 첨가분 칠하기 → ⑩ 수정커트, 옆선 및 뒷선 정리하기 → ⑪ 머리카락 털기 및 커트보 정리하기 → ⑫ 뒷면도하기 → ⑬ 정리정돈하기	
주의사항	▶ 남성적이며, 자연스럽게 연결되고, 전체적인 색조와 균형이 이루어지도록 작업한다. ▶ 지간깎기 순서: 전두부 → 후두부상단, 양측두부, 후두분 순으로 작업한다. ▶ ⑥ 숱고르기는 틴닝가위 만 사용하여야 한다. ▶ ⑧ 가위와 빗으로 싱글링하기와 ⑩수정커트, 옆선, 뒷선 정리는 장가위만을 사용하여야 한다. ▶ 뒷면도 범위: 목뒤쪽(네이프), 목옆쪽(귀뒤쪽) 헤어라인의 털, 구레나룻 1cm 정도 ▶ 클리퍼는 지정된 부위만 사용하여야 하며, 사용 시 덧날과 빗 사용은 금지된다.	

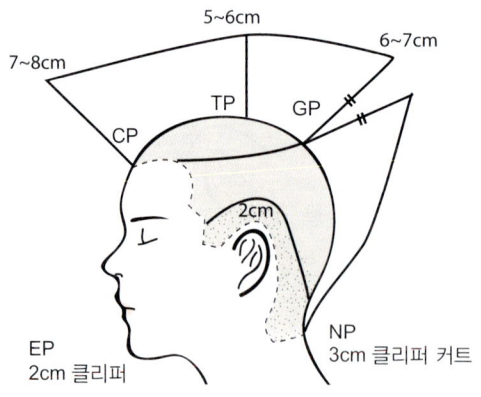

짧은 단발형(둥근형)

짧은 단발형 (둥근형)	CP 3~4cm, TP 2~3cm, GP 3~4 cm, 클리퍼: 4cm (네이프) & 3cm(사이드)	
시술시간	30분	해당 과제 전체 시술 시간
작업순서	① 넥페이퍼 및 커트 앞장치기 → ② 머리 물 분무하기 → ③ 클리퍼 조발하기 → ④ 숱고르기 (틴닝가위) → ⑤ 첨가분 칠하기 → ⑥ 수정커트하기 → ⑦ 머리카락 털기 및 커트보 정리하기 → ⑧ 뒷면도하기 → ⑨ 정리정돈하기	
주의사항	▶ 남성적이며, 자연스럽게 연결되고, 전체적인 색조와 균형이 이루어지도록 작업한다. ▶ ③ 클리퍼 조발 순서: 전두부 → 후두부 상단 → 양측두부 → 후두부 순서로 한다. ▶ 빗과 클리퍼로 커트하고, 지간잡기는 금지된다. ▶ ④ 숱고르기는 틴닝가위를 사용한다. ▶ ⑥ 수정커트시 장가위를 사용한다. ▶ 클리퍼 사용시 덧날 사용은 금지된다. ▶ 뒷면도 범위: 목뒤쪽(네이프), 목옆쪽(귀뒤쪽) 헤어라인의 털, 구레나룻 1cm 정도	

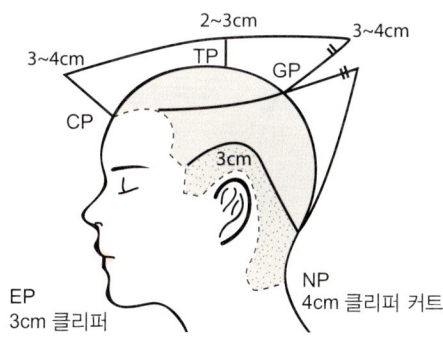

면도

작업명	면도	작업시간	15분
세부요구사항	▶ 면도 전후 습포를 대고, 피부 표면이 상하지 않도록 유의하며 작업한다. ▶ 미간, 구렛나루, 코수염, 턱수염을 면도한다. ▶ 면도 후 스킨로션으로 자극된 피부를 안정화시킨다.		
전체 작업 순서	① 마스크 착용하기 → ② 면도 준비하기(의자위치, 수건대기) → ③ 면도 거품 바르기 → ④ 온습포 대기 → ⑤ 얼굴면도 하기 → ⑥ 얼굴 습포 세척하기 → ⑦ 스킨로션 바르기 → ⑧ 정리 정돈하기		
얼굴 면도 작업 순서			

탈·염색

탈색/염색	모발 색채의 탈색과 모발 염색 작업 시술		
작업 대상	하상고머리	탈색 (7레벨)	35분
	중상고머리	멋내기 염색 (5레벨)	35분
	둥근스포츠 머리	새치 염색 (전체 모발)	30분
세부 사항	탈색	마네킹 천정부(인테리어)부위에 최종 7레벨 정도의 탈색작업	
		전두부	정중선 좌측: 세로섹션 3개, 정중선 우측: 세로섹션 3개 (총 6개)
		두정부	정중선 좌측: 가로섹션 3개, 정중선 우측: 가로섹션 3개 (총 6개)
	멋내기	최종 5레벨 정도의 멋내기 염색(후두부 → 두정부 → 측두부 → 전두부 순으로 작업)	
	새치	전체 모발에 새치 염색 (양측두부 → 전두부 → 두정부 → 후두부 순으로 작업)	
작업 순서	탈색	① 앞치마 하기 → ② 세발앞장치기 → ③ 탈색약 준비 → ④ 헤어라인크림도포 → ⑤ 두정부 호일작업하기 → ⑥ 전두부 호일작업하기 → ⑦ 방치하기 → ⑧ 탈색제 씻어내기 → ⑨ 드라이하기	
	염색	① 앞치마 하기 → ② 세발앞장치기 → ③ 염색약 준비 → ④ 헤어라인 크림도포 → ⑤ 염색하기 → ⑥ 방치하기 → ⑦ 염색제 씻어내기 → ⑧ 드라이하기	

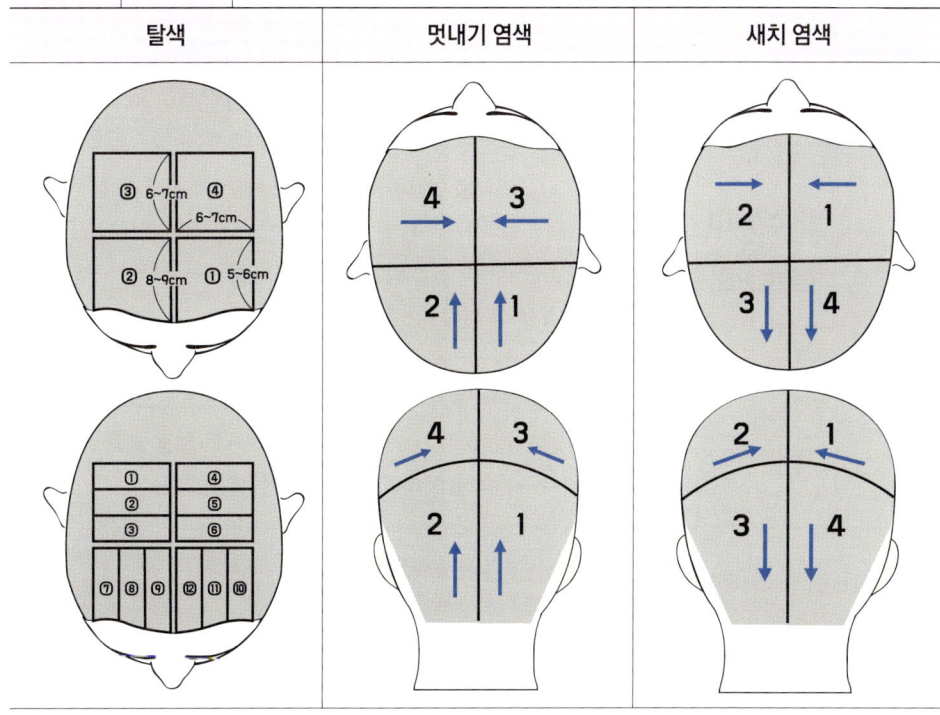

● 두피스케일링 및 샴푸 트리트먼트

두피스케일링 및 샴푸·트리트먼트	스케일링제를 사용하여 마네킹의 두피 전체를 스케일링 한 뒤 두발의 좌식 샴푸 및 스캘프 매니플레이션 작업 시술		
샴푸·트리트먼트	단발형(하상고, 중상고)	작업시간	10분
두피스케일링 및 샴푸·트리트먼트	짧은 단발형(둥근형)	작업시간	20분
세부사항	스틱봉 제조방법	스틱 봉은 우드스틱에 면 솜으로 감은 후 거즈로 한번 더 감고, 끝단을 면 테이프로 고정한다. 작업시간 내에 스틱 봉을 4개 만들어 3개이상 사용한다.	
	스케일링 순서	전두부 → 두정부 → 우측 두부 → 후두부 → 좌측 두부 순으로 진행한다.	
	샴푸 순서	두정부 → 전두부 → 측두부 → 후두부 순서로 진행한다.	
	스캘프 매니플레이션	두피관리에 적절한3가지 이상의 손동작으로 작업한다.	
작업순서	두피스케일링 및 샴푸·트리트먼트	① 샴푸보 → ② 스틱봉 만들기 → ③ 두피스케일링하기 → ④ 샴푸 및 세척하기 → ⑤ 트리트먼트제 도포하기 → ⑥ 스캘프매니플레이션 하기 → ⑦모발 세척하기 → ⑧ 얼굴 및 머리부위 물기 제거하기 → ⑨ 타월 드라이하기 → ⑩ 정리정돈 하기	
	샴푸·트리트먼트	① 샴푸보 → ② 샴푸 및 세척하기 → ③ 트리트먼트제 도포하기 → ④ 스캘프매니플레이션 하기 → ⑤ 모발 세척하기 → ⑥ 얼굴 및 머리부위 물기 제거하기 → ⑦타월 드라이하기 → ⑧ 정리정돈 하기	

정발

정발	이용용 드라이어(dryer)로 덴맨브러시와 일자 빗을 사용하여 앞머리는 볼륨을 만들고 옆머리는 구부려서 단정하고 자연스러운 헤어스타일을 연출하는 시술		
작업대상	보통머리와 상고머리	작업시간	15분
가르마	7:3		마네킹의 좌측을 기준으로 7:3
작업순서	① 목 수건 착용 → ② 핸드 드라이하기 → ③ 정발제 도포하기 → ④ 머리 정발하기(덴맨브러시로 뿌리볼륨 작업, 일자빗으로 마무리작업) → ⑤ 습포 대고 드라이하기 → ⑥ 정리 정돈하기		

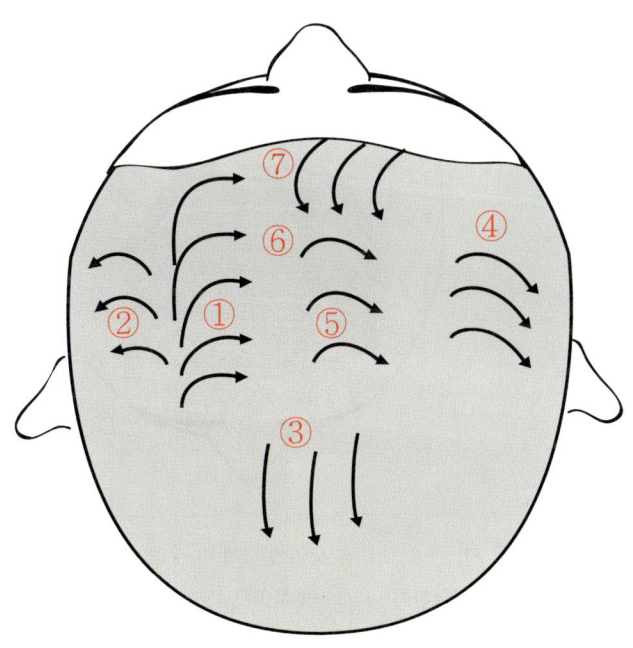

🌸 아이론 펌

아이론 와인딩	아이론 기기를 이용하여 천정부(인테리어)에 요구된 개수의 와인딩을 시술하는 작업			
작업 대상	하상고, 중상고	12mm아이론	작업시간	20분
	짧은 단발형(둥근형)	6mm아이론		
와인딩 개수 및 위치	센터 중심부: 9개 이상(수평 방향) 좌우 사이드: 5개 이상(사선 방향)			
작업순서	① 재커트(필요 시) → ② 아이론 오일 도포하기 → ③ 3등분 섹션 나누기 → ④ 센터 중심으로 수평 와인딩하기 → ⑤ 양쪽사이드 사선 와인딩하기 → ⑥ 정리정돈하기			
유의사항	㉮ 아이론 작업은 120~140°이내에서 작업해야 한다. ㉯ 샴푸 후 수분은 충분히 제거하여 시술에 임해야 한다. ㉰ 적당량의 아이론 오일을 도포하여 고온 시술로 인한 두발 손상을 예방해야 한다. ㉱ 시술 중 빗은 항상 아이론의 프롱 밑에 두어 두피 화상을 방지해야 한다.			

시험장 준비물 — Unit 2

🌸 가발 준비

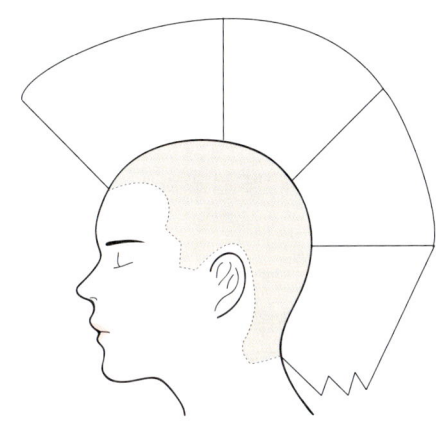

▨ 시험장 가발

① 원형 상태의 가발

② 수염길이: 1㎝이상

③ 재질: 말랑말랑한 재질의 남성 마네킹

④ 머리형: 새치 포함

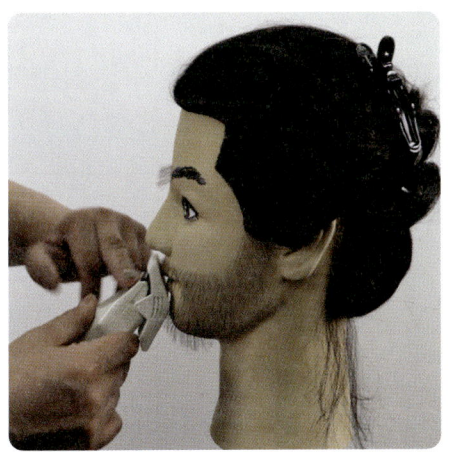

바리캉에 덧날을 끼워 커트

원형상태의 가발

재료 목록

과제명		준비물	수건
1과제	이용기구소독 및 정비	티슈(크리넥스), 화장솜, 스파츌라, 핀셋, 소독액, 클리퍼, 빗(대, 중, 소), 가위(장가위,틴닝가위), 면도기(면도날), 위생비닐(종이테이프)	수건 2장
2과제	커트	클리퍼, 가위(장가위, 틴닝가위), 빗(대 중 소), 커트보, 털이개, 면도기, 면도컵 및 브러시, 스킨과 로션, 천가분, 목종이(두루말이 휴지), 티슈(크리넥스), 위생비닐(종이테이프)	수건 2장
3과제	면도	마스크, 터번(머리수건), 면도기(면도날), 면도컵 및 브러시, 스킨과 로션, 티슈(크리넥스)	수건 4장 (중타월 1장)
4과제	염 탈색	염모제(12레벨), 염모제(흑갈색), 탈색제, 산화제 6%, 염색보울, 염색빗, 꼬리 빗, 염색용 장갑, 비닐 캡, 히팅 캡, 앞치마, 호일(12 x 15cm x15장), 집게핀(핀컬핀 30개), 염색보	수건 2장
5과제	두피스케일링 및 샴푸 트리트먼트	스케일링제, 스틱봉 용기, 소독용면솜, 거즈, 우드스틱, 분무기, 샴푸, 트리트먼트제, 샴푸보, 종이테이프	수건 3장
6과제	정발	이용용 헤어드라이어, 일자 빗, 헤어 크림, 포마드, 스파츌라, 덴맨브러시	수건 2장
7과제	아이론	아이론 기기 6mm, 12mm, 아이론 오일, 아이론 빗	수건 2장

재료 협찬사: 천혜인

• Memo •

• Memo •